高职高专"十二五"规划教材

化工计算

第二版

张桂军　沈发治　薛雪　主编

薛叙明　主审

化学工业出版社

·北京·

本教材主要介绍化工计算的基本原理、基本方法及解题技巧。全书共分为五章。主要内容包括绪论，化工计算的内容和作用，化工计算有关的基础数据以及选取、估算物性数据的方法，化工过程及化工过程参数，化工过程的物料衡算方法和实例，能量衡算的方法和实例以及物料与能量联算。各章均配有适量的例题和习题，书后附有单位换算表和常用化合物的物理性质数据表等，供解题或生产实际中查用。

本教材内容精炼，从典型实例入手，循序渐进，便于教学和自学。可作为高等职业院校、高等专科学校、成人高校及本科二级学院举办的二级职业技术学院化工类、生物技术类及相关专业高年级学生的化工计算课程教材，亦可供从事化工及相关专业设计工作的科学技术人员参考。

图书在版编目（CIP）数据

化工计算/张桂军，沈发治，薛雪主编．—2 版．
北京：化学工业出版社，2014.1（2022.8 重印）
高职高专“十二五”规划教材
ISBN 978-7-122-19139-7

Ⅰ．①化…　Ⅱ．①张…　②沈…　③薛…　Ⅲ．①化工计算-高等职业教育-教材　Ⅳ．①TQ015

中国版本图书馆 CIP 数据核字（2013）第 282845 号

责任编辑：旷英姿　　装帧设计：王晓宇
责任校对：徐贞珍

出版发行：化学工业出版社（北京市东城区青年湖南街 13 号　邮政编码 100011）
印　　装：北京建宏印刷有限公司
710mm×1000mm　1/16　印张 13¼　字数 233 千字　2022 年 8 月北京第 2 版第 5 次印刷

购书咨询：010-64518888　　售后服务：010-64518899
网　　址：http://www.cip.com.cn
凡购买本书，如有缺损质量问题，本社销售中心负责调换。

定　　价：38.00 元

前言

FOREWORD

本书第一版自2007年出版以来，在高职高专化工类及相近专业的教学中发挥了很好的作用，受到了广大师生的一致好评。随着高职教育教学改革的深入发展，教学内容和课程体系都发生了变化；同时在教学中，使用本书的教师不断总结本课程的经验和体会，对本书的不足提出了许多宝贵意见和建议，为本书修订奠定了良好基础。

本次修订是根据高职高专化工类专业化工计算教学基本要求进行的，其指导思想是：从培养高技能应用型人才的需要出发，根据教育部《关于以就业为导向，深化高等职业教育改革的若干意见》文件的精神，突出高职实际教学特色，进一步深化了知识理论“必需、够用”的原则。本书在基本保留第一版教材的知识框架的条件下，与第一版教材相比有如下变化：

1. 对第一版教材的部分不妥之处进行了修改和补充；

2. 每章增加了任务描述和任务分析，大大方便了师生的实际教学和学习；

3. 新工艺、新技术例题和习题做了相应的补充和修改；

4. 附录内容添加数据，方便进行工艺设计时对基础数据的获取；

5. 对原教材第三章内容从知识体系和内容上做了较大的修改，更好地体现了工厂实际的需要。

为方便教学，本书配有电子课件，供教学使用。

本书可作为高等职业院校、高等专科学校、成人高校及本科二级学院举办的二级职业技术学院化工类、生物技术类及相关专业高年级学生的化工计算课程教材，亦可供从事化工及相关专业设计工作的科学技术人员参考。

本书由长沙环境保护职业技术学院张桂军、扬州工业职业技术学院沈发治、长沙航空职业技术学院薛雪担任主编，常州工程职业技术学院薛叙明担任主审。参加修订工作的还有常州工程职业技术学院的郭泉等。

限于编者水平有限，不妥之处在所难免，恳请广大读者批评指正。

编　者

2013年11月

第一版前言

FOREWORD

本书根据高职高专化工类专业《化工计算》教学大纲要求编写。主要内容包括化工工艺计算所依据的基本原理、化工基础数据、物料衡算、能量衡算以及物料与能量联算等。

物料衡算与能量衡算是进行化工工艺过程设计及对现有设备和过程进行经济评价的基本依据。例如，设计化工设备（如精馏塔、吸收塔、反应器等）或生产装置，甚至设计整个化工厂，都必须先对生产过程中整体或局部过程作详细的物料衡算和能量衡算，然后才能确定工艺流程和进行设备计算，从而完成整个设计。又如，在化工生产中，对各项技术经济指标，如消耗定额、产品产率、产品成本等作出评价时，同样需要对生产过程作物料衡算和能量衡算。此外，对化工过程进行深入研究时，需要用数学形式定量地、准确地表达理论和实验的结果。也就是说对所研究的系统建立数学模型。此时，物料衡算和能量衡算成为推导数学模型的基本方程。

由此可见，物料衡算和能量衡算对化工过程开发、设计及操作的改进具有重要的意义。因此，化工计算是化工技术工作者必须掌握的基本技能，也是学习化学工程学的基础，熟练地掌握它们，对今后的学习和工作都有重要意义。

化工计算课程的目的就是使学生掌握化工过程中物料衡算和能量衡算的理论基础、解题方法和技巧，培养学生收集、选取和估算物理性质数据的能力。

本书在编写过程中，总结了湖南化工职业技术学院、常州工程职业技术学院、长沙环境保护职业技术学院和长沙航空职业技术学院等高职院校历年来开设化工计算课程的教学经验，并考虑到高职学生教学上的特点和要求，编写时力求教材精炼、新颖，叙述由浅入深、循序渐进，并注重用典型例题说明基本原理和概念，每章均配难度适中的习题，加强基本功的培养和训练。

化工计算是化工类及相关专业学生必修的一门专业课，其单独设课的目的是为了提高学生在工程计算方面的能力，使学生更好地适应化工生产技术的发展和生产管理水平的提高。

本教材在内容的选择上尽量考虑工艺专业的学生在化工生产第一线工作时所遇到的工艺计算问题，力图将前面基础学科中的知识和方法结合到解决实际工程问题的计算中来，具体内容大致为以下几方面。

1. 进行物料和能量衡算时，合理正确地获取物理性质数据和热力学数据是至关重要的，为加强这方面的知识，将有关化工基础数据的内容独立成章。

2. 物料衡算中反应器的物料衡算是重点也是难点，化学反应过程中转化率、收率和选择性等过程参数是保证反应器物料衡算正确进行的基础。

3. 物料衡算是能量衡算的基础，对高职化工类学生主要是化工计算基础技能的训练，所以在这一章列举的例题深入浅出，且考虑到程度较好的学生的需要，列举了较综合的物料衡算例题。

4. 能量衡算是对化工过程进行经济评价的依据，是衡量工艺过程、设备设计、操作制度是否先进合理的主要指标之一。

本书既可作为高等职业院校、高等专科学校、成人高校及本科院校举办的二级职业技术学院化工类专业的教学用书，也可供从事化工及相关技术的专业人员参考。

全书共分五章，第一、第四章和附录由张桂军编写；第二、第三章由郭泉编写；第五章由薛雪编写。本书由张桂军、薛雪担任主编，薛叙明主审。

化学工业出版社对本书的编写出版给予了大力的支持；在编写过程中，同行们也提出了宝贵意见，对此编者致以衷心的感谢。

限于我们的水平，书中难免有不妥之处，恳请同行和读者批评指正。

编　者

2007 年 1 月

目录 CONTENTS

目录 CONTENTS

目录 CONTENTS

第一章
绪论

一、化工计算的性质

在化工生产中，无论是工艺流程的确定、设备的设计，还是操作参数的选定，乃至经济分析等，都需要了解原料消耗量、产品产量、能量消耗、产品和中间产物的成分及其相互关系等，为此必须进行定量的计算。而化工生产的特点是产品种类多、设备型号各异、影响过程的因素多、技术水平高，因此无论是在工厂从事技术管理，还是在研究单位开展科学研究，特别是在设计单位从事设计工作，都必须要掌握这些计算，工人也需要学习、掌握和运用化工基本计算。比如，为了配制一定浓度的溶液，必须知道要用多少体积或多少质量的各种物质，这就要求我们会进行准确而熟练的浓度计算。在炼油厂气体分离操作中，经常碰到气体的流量、体积和压力的计算问题。在精馏操作中，如果进出物料不平衡，便会引起操作不正常，使产品质量不合格，为了改善操作，使产品质量尽快合格，就要运用物料平衡的基本原理进行计算并指导调节。总之，运用化工基本计算解决生产问题的例子举不胜举。由此可知，化工生产相关人员掌握化工计算的基本知识，对于改善操作、降低成本、提高产品质量、减少生产过程的盲目性都是十分重要的。

通过本课程的学习，掌握化工过程中物料衡算和能量衡算的理论基础、解题方法和技巧，培养收集、选取和估算物性数据的能力和应用计算机解题的能力。

二、化工计算的内容

涉及化工过程的计算很多，大致有以下几个方面。

① 化工过程基本参数如温度、压力、流量、浓度的计算；

② 基础物理性质特别是混合物物理性质的计算；

③ 物料衡算：计算生产过程中各种物料的数量与组成的关系；

④ 能量衡算：计算生产过程中各种物料的状态与能量变化的关系；

⑤ 化学或物理过程的平衡关系：解决过程进行的方向与限度；

⑥ 化学或物理过程的速率的计算：解决过程进行的快慢问题；

⑦ 对各种设备的结构和尺寸进行计算的设备计算。

本课程重点进行以下计算。

① 化工基础数据的获取；

② 物料衡算：对化工过程物料的流量及组成进行计算；

③ 能量衡算：对化工过程能量变化进行计算，在许多情况下，操作所涉及的能量只有热能，这时能量衡算即为热量衡算。

为了熟练地进行化工基本计算，不仅要牢固地掌握有关的概念、公式和方法，而且应具有分析问题和解决问题的能力。为此，必须进行严格认真的基本功训等。

三、化工计算在化工生产中的作用

化工计算在化工生产中占有很重要的位置，主要体现在以下几个方面。

1. 合理组织生产和管理方面

作为化工生产的高等专业技术人员和管理人员，其工作内容往往与生产的组织和管理工作有直接的联系，化工生产的组织和管理所涉及的内容很多，包括从操作岗位的划分、操作人员数的配置、操作规程的制订、事故处理的方法、原材料和各种辅助原料的供应、公用工程的维护、原料和产品的质量控制，到各项工艺技术指标的确定和监控、原料及水、电、煤、汽等辅助原料的消耗指标的确定和考核、生产设备的维修和保养、生产计划的合理调度等诸多方面，它们中间包含着大量的数据指标，这些数据指标的得到都离不开化工计算，虽然有些数据是由原来设备的设计要求直接确定的，但另一些则需根据设备运转的实际情况通过计算而不断加以调整。这些指标的考核和评价，是生产的组织和管理水平高低的依据，而这些考核和评价数据本身也需要利用生产过程中一些可测的数据经过各种的计算而得到，因此化工计算在合理组织生产和管理方面是很重要的。

2. 化工过程开发方面

化工过程开发是指一个新的产品从实验室过渡到工业化装置投产的全过程。

化工过程开发，首先是决定于化学反应的可能性、转化率及反应速率是否具有工业价值，产物分离的难易程度以及机械、设备、材料是否可行。当然，最终取决于是否有经济效益。

广义而言，过程开发是指对一个过程从形成概念开始，经过试验研究、设计放大和施工建设，直到实现生产的整个过程。而化工过程开发是指一个新的产品从实验室研究过渡到工业化装置投产的全过程。这个过程包括对小试结果的评价及预设计，中试及评价，工业装置设计及评价，其中每一个环节都必须通过一定的计算过程给出定量的数据结果，用以判断过程开发的成败与优劣。

化工工艺过程计算过程大体可以分为两种类型，即设计型计算和操作型计算。

3. 设计型计算方面

设计型计算是根据既定的设计要求进行的，例如要设计一个新过程，给定产品的产量和质量要求以及原料组成，先要进行物料衡算，确定原料用量和过程中各个设备的进出口物料的数量和组成，同时进行能量衡算，确定物料的未知状态变量以及设备的热负荷和动力消耗。由此进一步确定设备的工艺尺寸，原材料消耗，水、电和蒸汽的消耗，并进行其他设计计算。在设计型计算中物料衡算和能量衡算是其他计算的前提和必要条件。

4. 操作型计算方面

生产实际操作总是在已定工艺流程和已有设备条件下进行的，这就是操作型计算的背景。操作型计算有下列作用。

① 分析操作条件改变对操作结果的影响。例如当进料量或进料组成发生改变、操作压力和温度等发生改变时对于产品产量和质量的影响。这类计算，对于如何保证操作在优化条件下进行，以及如何进行生产调整以适应条件的变动，都是十分必要的。操作型计算常需根据现有的流程和设备尺寸，将速率方程、平衡关系式和衡算方程联立求解，计算结果则是给出完整的物料衡算和能量衡算的定量关系。

② 分析生产过程的实际操作情况，找出生产中的薄弱环节。通过在生产现场直接测定各种数据，进行物料衡算和能量衡算。这样，衡算结果本身就反映了生产的基本状况，此外，通过这种计算，可以得到一些难以直接测定的物理量数据，或者用来检验测定数据的正确性。

③ 通过对操作设备的物料和能量衡算，可以进一步分析和计算设备的操作特性，例如换热器的传热系数、填料塔的传质单元高度、塔板效率以及设备的水力学特性等，作为评价设备的操作性能和改进设备、强化过程的依据。

一套化工生产装置投入生产运行后，随着生产年限的增加，设备的老化会不同程度地引起生产能力和生产效率的下降，同时化工生产的新技术又在不断地发展，因此通过技术革新和技术改造引进新的工艺和新的设备，解决老装置扩产增效中存在的“瓶颈”问题，是现有生产企业始终关注的一个问题。

四、本课程的学习方法

化工计算是以许多基础学科的理论和方法为基础来解决工艺过程实际问题的一门学科，比如化学、物理、物理化学、化工热力学、化工原理、化工工艺学、数学、计算机等都是化工计算课程的基础。化学和物理提供了物质变化和运动的内在规律；物理化学和化工热力学知识是能量衡算的基础；化工原理使我们掌握了化工单元操作过程的设备结构和工作原理；化工工艺学为我们了解生产工艺流程打下了基础，而数学和计算机应用技术则为化工计算提供了解题的方法和手段，是解决复杂问题的保障。如何将这些理论和方法应用到实际的工程计算中去，熟练地进行化工基本计算，不仅要牢固地掌握有关的概念、公式和方法，而且应具有分析问题和解决问题的能力。为此，必须进行严格认真的基本功训练。为了较好地掌握计算方法和计算技能，提高实际应用的能力，在学习中应当注意以下几个问题。

1. 正确分析化工计算的任务

在进行计算前要运用化工工艺学知识去分析计算对象的过程特征，明确计算目标，这是正确解题的先决条件，也是化工计算顺利进行的关键。

2. 正确收集和处理有关化工基础数据

化工计算过程中往往要用到物质的基础物理性质数据和热力学物理性质数据，这些数据的获得需要通过查阅有关的手册和图表资料，有的还要用相关的经验公式来估算，因此学会各类图表的使用，注意获取数据的适用条件，都是正确进行化工计算的有力保证。随着计算机网络的飞速发展，还应掌握利用计算机检索数据的方法。

3. 合理选择计算方法

对于同一问题可能有不同的解题方法，但计算结果应该是相同的，应尽可能选用步骤简单、所需数据容易查取的解题方法。有时方法选择得不恰当，还会让问题变得无法解决。另外，对于同一计算过程所涉及的数学问题，可能有不同的数值计算方法，而计算结果取决于所采用的数值计算方法和精度要求，应在满足计算精度要求的前提下，尽可能选用过程简单、模型容易建立的方法。

4. 多动手、勤思考

计算技能的培养必须通过对大量实际问题的演算来进行，书中虽然有大量的例题来说明针对各种不同计算内容的计算方法和解题步骤，但是由于实际遇到的计算对象会有各自不同的特点，这就需要大家通过各种类型的习题进行反复练习，然后归纳总结，多动手，多思考，逐步积累经验。这是掌握计算方法，提高计算技能的必由之路。在计算过程中尽量使用国际单位制。对一些比较复杂的过程，容易引入误差的，要注意有效数字的保留，尽可能减少计算误差。

5. 培养严谨、细致的工作作风

计算过程中涉及大量的数据，要注意单位的统一，尽可能用国际单位制，并且对计算结果要进行校核，以保证计算的正确性。过程较复杂和计算结果较多的时候要列表汇总或是画出物料流程衡算图和能量衡算图。

第二章 化工常用基础数据

任务描述

1. 掌握化工常用基础数据类型；
2. 掌握收集化工常用基础数据的方法。

任务分析

要完成该任务，首先要先根据化工计算的要求，需要哪些基础数据从而掌握化工常用基础数据的类型；其次为获取相关化工常用基础，必须掌握相关获取数据的方法。

物质本身的属性叫做性质。物质的有些性质改变时，并不牵涉其化学组成的变化，这些性质就叫做物理性质。如密度、沸点、蒸气压、热容、黏度、热导率、扩散系数、表面张力等都是物质的物理性质，物理性质简称物性。

在化工计算及化工工艺和设备设计中，必不可少地要利用有关化合物的物性数据。例如，化工过程物料与能量衡算时，需要用到密度、沸点、蒸气压、焓、热容及生成热等基础数据；设计一个反应器时，则需要化学反应热的数据；计算传热过程时，需要热导率的数据等。这些数据习惯上称为化工基础数据。

化工基础数据包括很多，常用的一些化工基础数据大致归纳成以下几类。

① 基本物性数据。如临界常数（临界温度、临界压力、临界体积）、密度、状态方程参数、压缩系数、蒸气压、汽-液平衡关系等。

② 热力学物性数据。如热力学能、焓、熵、热容、相变热、自由能、自由焓等。

③ 化学反应和热化学数据。如反应热、生成热、燃烧热、反应速率、活化能、化学平衡常数等。

④ 传递参数。如黏度、扩散系数、热导率等。

在进行化工计算或设计时，设法取得所需的有关基础数据是重要的一步。

物质有关的化工常用基础数据主要来源是通过实验测定和经验估算的，用表格或图的形式表示，可从有关的化学、化工类手册或有关文献资料中查阅到。

①《化学工程手册》（第二版），时钧、汪家鼎、余国琮、陈敏恒主编，化学工业出版社 2003 年出版。

②《化工工艺设计手册》（第四版，上、下册），中国石化集团上海工程有限公司等编写，化学工业出版社 2009 年出版。

③《化工工艺算图手册》，刘光启、马连湘主编，化学工业出版社 2002 年出版。

《化学工程手册》是一部介绍化学工程原理的实际运用和化学工程操作数据的经典性工具书。它提供简明的理论、实用的设计计算方法、丰富的设备性能数据和图表。第一版于 20 世纪 80 年代出版，因其权威性和实用性而具有广泛影响力。本手册第二版，仍以最方便、最实用的方式体现化学工程原理应用的单元操作为框架，对第一版的内容作了许多新的补充和改写。全书共 29 篇，主要内容包括化工基础、化工热力学、流体流动、流体输送、搅拌及混合、传热及传热设备、工业炉、制冷、蒸发、结晶、传质、气体吸收、蒸馏、气液传质设备、萃取及浸取、增湿、减湿及水冷却、干燥、吸附及离子交换、膜过程、颗粒及颗粒系统、流态化、液固分离气固分离、粉碎、分级及团聚、反应动力学及反应器、生物化工、过程系统工程、过程控制。本手册通用于石油、化工、轻工、医药、冶金、建材及能源、环境保护等部门和领域。

《化工工艺设计手册》是中国石化集团上海工程有限公司几十年从事化工、石油化工、医药工程等领域的技术开发、工程咨询、工程设计、工程总承包、工程管理中，广大科技工作者技术和智慧的结晶，凝结了该公司几代设计人员（包括 9 位设计大师）的辛勤汗水。手册分上、下两册，上册包括工厂设计，化工单元工艺计算和选型两篇；下册包括化工系统设计，配管设计，相关专业设计和设备选型三篇。《手册》在保持第三版内容框架的基础上，反映了新修订公布的有关标准规范及产品资料，新型单元设备等内容，对第三版内容中的大量数据进行了更新、补充，基本满足了相关行业发展的需要，体现了自第三版出版以来化工工艺设计方法和技术上的新发展。

《化工工艺算图手册》以化工单元操作为主线，以算图的形式表达了化工单元操作各种工艺参数的关系和计算方法。按单元操作的类别分为流体流动、传热、蒸馏、分离、干燥、萃取、流态化、空气调节、吸收与吸附、结晶、化学反应等内容。《化工工艺算图手册》采用法定计量单位，资料全面，直观性强，实用性强。该算图查阅简洁、使用方便，可避免繁琐的计算。可供化工领域生产、科研、设计、开发等技术人员和大专院校有关专业师生以及其他相关领域的有关工程技术人员使用。

除以上介绍的几本通用性手册外，尚有一些专业性的手册。如《石油化工基础数据手册》、《无机盐工业手册》[上、下册（第二版），天津化工研究院编，化学工业出版社，2003]（卢焕章编，化学工业出版社，1982)、《氮肥工艺设计手册 理化分册》(石油化学工业部化工设计院主编，石油化学工业出版社，1977）等。

当手册或文献中查不到现成的数据或查得数据不完整时，可用估算或用实验直接测定的方法得到。

本节介绍常用化工基础数据的物理意义、物理单位及计算或估算方法。

第一节 常用基本物性数据

一、气体的临界常数

临界常数是重要的物质基本性质数据，它不仅具有本身的物理意义，而且也是用以计算或关联其他物质基本性质的主要数据。

1. 临界温度

气体通过加压的方式可以液化的最高温度称为临界温度，记作 T_c。

2. 临界压力

临界温度下气体液化所需的最低压力称为临界压力，记作 p_c。

3. 临界体积

在临界温度及临界压力下，1mol 气体所占的体积称为摩尔临界体积，记作 V_c，简称为临界体积。

临界温度、临界压力和临界体积通称为临界常数。

常用元素、无机物及有机物的临界常数可由手册直接查得(如表2-1 中，列出了常见单质的临界常数)。也可根据有关手册中介绍的物质基团贡献法，按物质的基本结构进行估算。

表 2-1 常见单质的临界常数

序号	分子式	临界温度 T_c/℃	临界压力 p_c/$\times10^6$Pa	临界密度 ρ_c/g·ml^{-1}
1	Ar	−122.4	4.8734	0.533
2	As	530.0	34.651	—
3	Br_2	311.0	10.334	1.26
4	Cs	1806.0	—	0.44
5	Cl_2	144.0	7.7003	0.573

续表

序号	分子式	临界温度 T_c/℃	临界压力 p_c/×10^6Pa	临界密度 ρ_c/g·ml^{-1}
6	D_2	−234.9	1.6515	0.669
7	F_2	−128.85	5.2149	0.574
8	H_2	−240.17	1.2928	0.0314
9	He	−267.96	0.22695	0.0698
10	^{3}He	−269.84	0.11449	0.0414
11	Hg	1462.0	18.946	—
12	I_2	546.0	—	1.64
13	K	1950.0	16.211	0.187
14	Kr	−63.8	5.5016	0.919
15	Li	2950.0	68.897	0.105
16	N_2	−147.0	3.3942	0.313
17	Na	2300.0	35.462	0.198
18	Ne	−228.75	2.7559	0.484
19	O_2	−118.57	5.0426	0.436
20	O_3	−12.1	5.5726	0.54
21	P	721.0	—	—
22	Ra	104.0	6.2818	—
23	Rb	1832.0	—	0.34
24	S	1041.0	11.753	—
25	Si	−3.5	4.8430	—
26	Xe	16.583	5.8400	1.11

4. 临界常数的应用

在缺少物质基本性质数据时，通常使用临界常数估算常用物质基本性质数据（如密度、蒸气压、黏度、热导率等）和一些经验公式的参数。这里，以临界常数估算范德华常数为例，说明其方法。

范德华方程为：

$$\left(p+\frac{a}{V_m^2}\right)(V_m-b)=RT \tag{2-1}$$

式中 p——气体的压力，Pa；

V_m——气体的摩尔体积，$m^3 \cdot mol^{-1}$；

T——温度，K；

R——摩尔气体常数，8.314J·mol^{-1}·K^{-1}（或 Pa·m^3·mol^{-1}·K^{-1}）；

a，b——范德华常数。

范德华常数可用气体的临界常数计算，经验公式如下：

$$a = 3p_cV_c^2 = \frac{27R^2T_c^2}{64p_c} \tag{2-1a}$$

$$b = \frac{1}{3}V_c = \frac{RT_c}{8p_c} \tag{2-1b}$$

a 的常用单位为 Pa·m^6·mol^{-2}；b 的常用单位为 m^3·mol^{-1}。

R 值可用下式计算：

$$R = \frac{8p_cV_c}{3T_c} \tag{2-1c}$$

式中 p_c——临界压力，Pa；

V_c——临界体积，m^3·mol^{-1}；

T_c——临界温度，K。

【例 2-1】 分别用理想气体状态方程和范德华方程计算氧气在 386K、15.56MPa 时的摩尔体积。

解 由理想气体状态方程：$pV=nRT$

摩尔体积的计算：$V_m=\dfrac{RT}{p}=\dfrac{8.314\text{Pa}\cdot\text{m}^3\cdot\text{mol}^{-1}\cdot\text{K}^{-1}\times 386\text{K}}{15.56\times10^6\text{Pa}}=2.06\times10^{-4}\text{m}^3\cdot\text{mol}^{-1}$

查手册得 O_2 的范德华常数为：

$$a=0.138\text{Pa}\cdot\text{m}^6\cdot\text{mol}^{-2},\ b=3.81\times10^{-5}\text{m}^3\cdot\text{mol}^{-1}$$

将范德华方程整理得：

$$pV_m^3-(bp+RT)V_m^2+aV_m-ab=0$$

将已知数据代入上式得：

$$15.56\times10^6\times V_m^3-(3.81\times10^{-5}\times15.56\times10^6)V_m^2+0.138V_m-0.138\times3.81\times10^{-5}=0$$

（为计算简便起见，本式略去了量纲）。

由试差法解得：

$$V_m=2.10\times10^{-4}\text{m}^3\cdot\text{mol}^{-1}$$

说明：试差法用人工计算工作量较大，可以编写简单的程序在计算机上处理得到结果。此外还可以用牛顿迭代法来进行计算，牛顿迭代法是解决一元高次方程常用的方法，公式如下：

$$x_{k+1}=x_k-\frac{f(x_k)}{f'(x_k)}(k=0,1,2,\cdots) \tag{2-2}$$

式中　x_k——第 k 次迭代时的变量；

$f(x_k)$——第 k 次迭代时的函数值；

$f'(x_k)$——第 k 次迭代时 $f(x_k)$ 的一阶导数值。

此方法用于范德华方程计算摩尔体积时初值可以取利用理想气体状态方程计算得到的摩尔体积值。

二、密度和相对密度

1. 密度

(1) 密度　单位体积的物质所具有的质量称为该物质的密度。定义式为：

$$\rho=\frac{m}{V} \tag{2-3}$$

式中　ρ——密度，$kg \cdot m^{-3}$；

m——物质的质量，kg；

V——物质占有的体积，m^3。

密度的国际单位为 $kg \cdot m^{-3}$。

气体和液体的密度一般可在有关手册中查得。本书附录二及附录三中列出了某些气体及液体的密度。

气体的密度随压力和温度的不同有较大的变化，因此气体的密度必须标明其状态。当查不到某温度和压力条件下的气体密度数值时，可用气体状态方程计算，在一般温度和压力下，可近似用理想气体状态方程来计算，即

$$\rho=\frac{pM}{RT}\times 10^{-3} \tag{2-4}$$

式中　M——气体的摩尔质量，$kg \cdot kmol^{-1}$。

非理想气体的密度需用非理想气体状态方程（如克拉贝龙-克劳修斯方程或范德华方程等）计算。

饱和液体密度可用廷-卡莱斯（Tyn-Calus）法计算

$$V_b=1.468\times 10^{-7}V_c^{1.048} \tag{2-5}$$

式中　V_b——正常沸点下的体积，$m^3 \cdot mol^{-1}$；

V_c——临界体积，$m^3 \cdot mol^{-1}$。

上式除低沸点液体和极性化合物外，一般误差在 3%以内。

液体混合物的密度可由下式计算：

$$\frac{1}{\rho_m}=\frac{x_{w_1}}{\rho_1}+\frac{x_{w_2}}{\rho_2}+\cdots+\frac{x_{w_n}}{\rho_n} \tag{2-6}$$

式中　ρ_1，ρ_2，…，ρ_n——液体混合物中各组分的密度，$kg \cdot m^{-3}$；

x_{w_1}，x_{w_2}，…，x_{w_n}——液体混合物中各组分的质量分数；

ρ_m——液体混合物的密度，$kg \cdot m^{-3}$。

气体混合物的密度可由下式计算：

$$\rho_m = \rho_1 x_{v_1} + \rho_2 x_{v_2} + \cdots + \rho_n x_{v_n} \tag{2-7}$$

式中 ρ_1，ρ_2，…，ρ_n——气体混合物中各组分的密度，$kg \cdot m^{-3}$；

x_{v_1}，x_{v_2}，…，x_{v_n}——气体混合物中各组分的体积分数；

ρ_m——气体混合物的密度，$kg \cdot m^{-3}$。

在物理计算中经常使用密度，在化工计算中往往不用密度，而用重度。

(2) 重度 单位体积物质的重量称为该物质的重度。在化工计算中，重度的单位常用 $kgf \cdot m^{-3}$一般写作 $kg \cdot m^{-3}$（这里 kg 是重量单位而不是质量单位）。在国际单位制中，重度的单位为 $N \cdot m^{-3}$

重度的计算公式为：

$$\gamma = \frac{G}{V} \tag{2-8}$$

式中 G——物质的重量，kgf（通常写作 kg）；

V——物质的体积，m^{-3}。

由于物质的体积随温度而变化，因而其重度也随温度而变化。对于气体来说，重度还随压力而变化。所以，当给定某物质的重度时，必须指明是在什么状态下的（对气体要指明温度和压力，对液体和固体要指明温度）。不同的温度、压力下的气体的重度，可以由理想气体状态方程、实际气体由实际气体状态方程（如克-克方程，范德华方程等）计算出来，或从专用的图表上查得。液体的重度与温度之间的关系也有计算公式和图表（见表 2-2）。当需要时，可以参照有关的专业书，常见液体的密度可从附录三查取，这里就不一一介绍了。

表 2-2 几种常见的气体和液体的重度

物质名称	重度/$kgf \cdot m^{-3}$	状态
氢	0.0899	气体，0℃，101.325kPa
甲烷	0.716	气体，0℃，101.325kPa
氮	1.250	气体，0℃，101.325kPa
一氧化碳	1.250	气体，0℃，101.325kPa
空气	1.293	气体，0℃，101.325kPa
乙烷	1.342	气体，0℃，101.325kPa
氧	1.428	气体，0℃，101.325kPa
二氧化碳	1.963	气体，0℃，101.325kPa
汽油	760	液体，0～20℃

续表

物质名称	重度/kgf·m^{-3}	状态
乙醇（100%）	790	液体，0～20℃
丙酮	810	液体，0～20℃
煤油	850	液体，0～20℃
苯	900	液体，0～20℃
水	1000	液体，0～20℃
盐酸（发烟）	1210	液体，0～20℃
硝酸（92%）	1500	液体，0～20℃
硫酸（98%）	1830	液体，0～20℃

注：1kgf=9.80665N。

2. 相对密度

物质A的相对密度是物质A的密度与基准物质的密度之比。

密度是绝对数值，有单位；而相对密度是相对数值，无单位。

通常来说，液体和固体的基准物质是4℃的水，气体的基准物质是标准状态下的干燥空气。

在一般情况下，液体和固体的密度不随压力的变化，但随温度变化而变化。因此，一般在相对密度数值后面要注明两个温度：一个温度是该物质的温度，另一个温度是基准物质的温度。如A的相对密度为0.73_4^{20}，是指20℃A的密度与4℃水的密度之比为0.73。

常见物质的相对密度一般可通过数据手册查得。

三、蒸气压和饱和蒸气压

在一定的温度下，液体内的一些分子会由于运动而逸出液面形成蒸气，同时还有一部分分子从蒸气中经过液面进入液体内。当逸出液面进入蒸气的分子总数与经过液面进入液体的分子总数相等时，我们就说液体与其液面上的蒸气呈饱和状态。当液体与其蒸气呈平衡状态时，此蒸气所产生的压力称为饱和蒸气压，简称为蒸气压。蒸气压随温度升高而增加。在相同的温度下，不同的液体的饱和蒸气压不同。蒸气压越高，液体越容易汽化。

纯液体的饱和蒸气压是其温度的单值函数（即在某一温度下，饱和蒸气压只有一个确定的相应数值）。常见的纯液体蒸气压与温度的关系式称安托尼（Antoine）公式。其形式如下：

$$\ln p^\circ = A - \frac{B}{T+C} \tag{2-9}$$

式中 p°——饱和蒸气压，Pa；

T——绝对温度，K；

A，B，C——安托尼常数，可由手册查到或通过拟合实验数据得到。

安托尼公式在较宽的压力范围（1330～300000Pa）内适用，

安托尼公式还有另一种形式：

$$\lg p^\circ = A - \frac{B}{t+C} \tag{2-10}$$

式中 t——摄氏温度,℃；

A，B，C——安托尼常数；

p°——饱和蒸气压，mmHg（760mmHg=101.3kPa）；

$\lg p^\circ$即 p°的常用对数。表 2-3 列出了几种液体的 A、B、C 的值。

表 2-3 几种液体的安托尼常数

液体名称	A	B	C	温度范围/℃
水	8.10765	1750.28	235.00	0～60
水	7.96681	1668.21	228.00	60～150
甲醇	8.29338	1731.667	255.26	64～120
乙醇	8.11576	1595.76	226.52	25～110
丙酮	7.11212	1204.67	228.491	50～100
乙腈	7.07354	1279.2	224.00	5～119
乙二醇	9.7423	3193.6	273.17	90～130
乙二醇	9.2477	2994.4	273.17	130～197

【例 2-2】 已知水的安托尼常数 $A=7.96681$，$B=1668.211$，$C=228$。求100℃时水的饱和蒸气压 $p^\circ_水$ 为多少？

解 $\lg p^\circ_水 = A - \dfrac{B}{t+C} = 7.96681 - \dfrac{1668.21}{100+228} = 2.8808$

得：$p^\circ_水 = 760\text{mmHg}$

另一个计算饱和蒸气压的公式为克拉贝龙（Clapeyron）蒸气压方程，其形式如下：

$$\ln p^\circ = A - \frac{B}{T} \tag{2-11}$$

式中 p°——饱和蒸气压，Pa；

T——绝对温度，K；

A，B——克拉贝龙常数。

如果分别知道温度 T_1 和 T_2 时的蒸气压值 $p^{\circ}{}_1$ 和 $p^{\circ}{}_2$，可得到计算克拉贝龙常数的经验公式：

$$A = \ln p^{\circ}{}_1 + \frac{B}{T_1} \tag{2-11a}$$

$$B = \ln\left(\frac{p^{\circ}{}_2}{p^{\circ}{}_1}\right) \Big/ \left(\frac{1}{T_1} - \frac{1}{T_2}\right) \tag{2-11b}$$

克拉贝龙方程在温度范围较小时可近似计算蒸气压，在温度范围较大时会导致较大的误差，不再适用。

第二节　常用热力学数据

热力学物性数据是化工计算中常用的另一类基础数据。常用的有：热力学能、焓、熵、热容、相变热、自由能、自由焓等。本节主要介绍热容、相变热、焓等热力学物性数据的物理意义、计算或估算方法。

一、热容

当对物质进行加热时，其温度升高，当物质被冷却时放出热量，其温度降低。一定量的物质温度升高 1K（或 1℃）所需的热量称为热容。热容和物质的量有关，1kg 物质的热容称为质量热容（比热容），单位为 $J \cdot kg^{-1} \cdot K^{-1}$。恒压过程时为恒压热容（$C_p$），恒容过程则为恒容热容（$C_V$）。1mol 物质的热容称为摩尔热容，单位为$J \cdot mol^{-1} \cdot K^{-1}$。恒压摩尔热容表示为 $C_{p,m}$，恒容摩尔热容表示为 $C_{V,m}$。气体的 $C_{p,m}$和 $C_{V,m}$不同，但固体和液体的 $C_{p,m}$ 和 $C_{V,m}$差别很小，化工计算中所用的热容一般都是恒压热容 $C_{p,m}$。大部分固体、液体和气体的热容表达式都是经验性的，理想气体热容一般为温度的函数，可表示为：

$$C_{p,m} = a + bT + cT^2 + dT^3 \tag{2-12}$$

式中　a，b，c，d——物质热容随温度变化的拟合参数，一般只和物质种类有关。

各拟合参数可从有关的手册中查到，本书附录十七也有部分气体的拟合参数。当缺乏数据时，可用基团结构加和法进行估算。

$$C_{p,m} = \sum_{k=1}^{k} n_k a_k + \sum_{k=1}^{k} n_k b_k T + \sum_{k=1}^{k} n_k c_k T^2 + \sum_{k=1}^{k} n_k d_k T^3 \tag{2-13}$$

式中　n_k——化合物分子中基团 k 的数目；

a_k，b_k，c_k，d_k——理想气体热容基团 k 的贡献系数，列于表2-4 中；

k——化合物分子中的基团数。

表 2-4　理想气体热容基团贡献系数

基团	a_k	$b_k\times10^2$	$c_k\times10^4$	$d_k\times10^6$
$—CH_3$	2.5468	8.9676	−0.3565	0.004749
$—CH_2—$ (|—CH_2)	1.6506	8.9383	−0.5008	0.010862
$>CH_2$	2.2033	7.6806	−0.3992	0.008159
$—\overset{\mid}{\underset{\mid}{C}}—H$	−4.7411	14.2917	−1.1782	0.033535
$—\overset{\mid}{\underset{\mid}{C}}—$	−24.3956	18.6360	−17.6063	0.052844
$H—\overset{\mid}{C}═CH_2$	1.1602	14.4687	−0.8025	0.017280
$—\overset{\mid}{C}═\overset{\mid}{C}—$	1.9815	14.7206	−1.3180	0.038514
$H—C<$	−6.0696	8.0111	−0.5159	0.012489
$—C<$	−5.8086	6.3425	−0.4473	0.011125
$—OH$	1.9674	5.7156	−0.4862	0.017189
$—O—$	11.9081	−0.0418	0.1900	−0.011414
$—\overset{H}{\overset{\mid}{C}}═O$	14.7210	3.9484	0.2569	−0.029196
$>C═O$	4.1907	8.6872	−0.6845	0.018803
$—F$	6.0174	1.4443	−0.0444	−0.000142
$—Cl$	12.8281	0.8878	−0.0536	0.00115

理想气体 $C_{p,\mathrm{m}}$ 和 $C_{V,\mathrm{m}}$ 还存在以下关系：

$$C_{V,\mathrm{m}}=C_{p,\mathrm{m}}-R \text{ 或 } C_p-C_V=nR \tag{2-14}$$

【例 2-3】 计算二氯乙烷在 120℃时的理想气体恒压热容。

解　(1) 查手册得　$a=23.686\mathrm{J\cdot mol^{-1}\cdot K^{-1}}$

$b=17.970\times10^{-2}\mathrm{J\cdot mol^{-1}\cdot K^{-2}}$

$c=-12.644\times10^{-5}\mathrm{J\cdot mol^{-1}\cdot K^{-3}}$

$d=33.016\times10^{-9}\mathrm{J\cdot mol^{-1}\cdot K^{-4}}$

$C_{p,\mathrm{m}}=a+bT+cT^2+dT^3$

$=23.686\mathrm{J\cdot mol^{-1}\cdot K^{-1}}+17.970\times10^{-2}\mathrm{J\cdot mol^{-1}\cdot K^{-2}}\times393\mathrm{K}-$

$12.644\times10^{-5}\mathrm{J\cdot mol^{-1}\cdot K^{-3}}\times393^2\mathrm{K^2}+33.016\times10^{-9}\mathrm{J\cdot mol^{-1}}\cdot$

$K^{-4} \times 393^3 K^3$

$= 80 J \cdot mol^{-1} \cdot K^{-1}$

(2) 由基团结构加和法计算，二氯乙烷由 2 个 CH_2、2 个 Cl 基团，故

$a = 2 \times 2.2033 J \cdot mol^{-1} \cdot K^{-1} + 12.8281 J \cdot mol^{-1} \cdot K^{-1} \times 2 = 30.06 J \cdot mol^{-1} \cdot K^{-1}$

$b = 2 \times (0.076806 J \cdot mol^{-1} \cdot K^{-2} + 0.008878 J \cdot mol^{-1} \cdot K^{-2}) = 0.171476 J \cdot mol^{-1} \cdot K^{-2}$

$c = -2 \times (0.3992 + 0.0536) \times 10^{-4} J \cdot mol^{-1} \cdot K^{-3} = -9.056 \times 10^{-5} J \cdot mol^{-1} \cdot K^{-3}$

$d = 2 \times (0.008159 + 0.001155) \times 10^{-6} J \cdot mol^{-1} \cdot K^{-4} = 9.314 \times 10^{-9} J \cdot mol^{-1} \cdot K^{-4}$

$C_{p,m} = 30.06 J \cdot mol^{-1} \cdot K^{-1} + 0.171476 J \cdot mol^{-1} \cdot K^{-2} \times 393 K - 9.056 \times 10^{-5} J \cdot mol^{-1} \cdot K^{-3} \cdot K^2 \times 393^2 + 9.314 \times 10^{-9} J \cdot mol^{-1} \cdot K^{-4} \times 393^3 K^3 = 86 J \cdot mol^{-1} \cdot K^{-1}$

真实气体的热容可按下式计算：

$$C^{\circ}_p = C_p - \Delta C_p \qquad (2\text{-}15)$$

式中　C_p——为理想气体热容，($J \cdot mol^{-1} \cdot K^{-1}$)

ΔC_p——普遍化热容差，($J \cdot mol^{-1} \cdot K^{-1}$)

二、相变热

任何物质都有三种相态，气相、液相和固相，在化工生产过程中，因为反应条件的变化和化学反应的影响，常有物质会从一种相态变到另一种相态，出现蒸发、冷凝、结晶、升华等相变过程，在相变发生的过程中伴随着热量的产生，称为相变热（即潜热）。有以下三种相变热。

(1) 蒸发热　当温度和压力一定时，一定量的纯液体汽化时所需的热量，又称为汽化热。当物质的量为 1mol 时，则称为摩尔蒸发热，用 ΔH_v 表示。而由气体冷凝为液体放出的热量称为冷凝热。

(2) 熔融热　当温度和压力一定时，一定量固体熔化为液体所需的热量。当物质的量为 1mol 时，则为摩尔熔融热，用 ΔH_m 表示。而由液体变为固态时放出的热称为凝固热。

(3) 升华热　当温度和压力一定时，一定量固体直接变为气体所需的热量。当物质的量为 1mol 时，则为摩尔升华热，用 ΔH_s 表示。而由气体凝结为固体放出的热量称为凝华热。

蒸发热和冷凝热，熔融热和凝固热，升华热和凝华热在数值上相等，符号

相反，正号代表吸热，负号代表放热，在查相关手册的时候注意数据正负所代表的意义。

对于单一组分，可以从热力学图表中查得各种物质在正常温度范围内的相变热数据。当无法查到某物质的相变热时，可用一些经验公式估算。以下介绍几个蒸发热和熔融热的经验公式。

(1) 特鲁顿 (Trouton) 法则

$$\Delta H_v = C_1 T_b \tag{2-16}$$

式中 ΔH_v——蒸发热，$J \cdot mol^{-1}$；

T_b——液体正常沸点，K；

C_1——常数，非极性液体为 $88J \cdot mol^{-1} \cdot K^{-1}$，水与低分子醇类为 $109J \cdot mol^{-1} \cdot K^{-1}$。

(2) 里德尔 (Reidel) 法则

$$\Delta H_v = 1.093RT_c T_{br} \frac{\ln p_c - 12.526}{0.930 - T_{br}} \tag{2-17}$$

式中 ΔH_v——正常沸点下的摩尔蒸发热，$J \cdot mol^{-1}$；

T_c——临界温度，K；

p_c——临界压力，Pa；

T_{br}——对比正常沸点，T_b/T_c；

R——摩尔气体常数，$8.314J \cdot mol^{-1} \cdot K^{-1}$。

(3) 克拉贝龙-克劳修斯 (Clausius-Clapeyron) 方程　可利用查得的蒸气压数据计算蒸发热。

$$\ln \frac{p^\circ_1}{p^\circ_2} = \frac{\Delta H_v}{R} \times \frac{T_1 - T_2}{T_1 T_2} \tag{2-18}$$

式中 p°_1、p°_2——温度 T_1、T_2 下的饱和蒸气压，Pa。

(4) 沃森 (Watson) 公式　蒸发热随温度的变化可用下述经验式计算。

$$\Delta H_{v_2} = \Delta H_{v_1} \left(\frac{1 - T_{r_2}}{1 - T_{r_1}} \right)^{0.38} \tag{2-19}$$

式中 T_{r_1}、T_{r_2}——温度 T_1，T_2 下的对比温度，即 $T_{r_1} = \frac{T_1}{T_c}$，$T_{r_2} = \frac{T_2}{T_c}$

(5) 欣达 (Honda) 法则。熔融热随温度的变化可用下述经验式计算。

$$\Delta H_m = C_2 T_m \tag{2-20}$$

式中 ΔH_m——摩尔熔融热，$J \cdot mol^{-1}$；

T_m——熔点温度，K；

C_2——常数，无机化合物为 $20.92 \sim 29.92J \cdot mol^{-1} \cdot K^{-1}$，有机化合

物为 37.66～46.02J·mol^{-1}·K^{-1}，元素为 8.37～12.55J·mol^{-1}·K^{-1}。

【例 2-4】 用特鲁顿和里德尔公式分别计算乙醚在正常沸点时的摩尔蒸发热（乙醚的 T_c=466.7K、p_c=3.637×10^{6}Pa、T_b=307.6K）。

解 （1）用式（2-16）计算，C_1 取 88，则

$$\Delta H_v = C_1 T_b = 88\text{J}\cdot\text{mol}^{-1}\cdot\text{K}^{-1}\times 307.6\text{K} = 27068.8\text{J}\cdot\text{mol}^{-1}$$

（2）用式（2-17）计算，由 T_c=466.7K、p_c=3.637×10^{6}Pa、T_b=307.6K

$$T_{br} = \frac{T_b}{T_c} = \frac{307.6\text{K}}{466.7\text{K}} = 0.66$$

$$\begin{aligned}\Delta H_v &= 1.093RT_cT_{br}\frac{\ln p_c - 12.526}{0.930 - T_{br}} \\ &= 1.093\times 8.314\text{J}\cdot\text{mol}^{-1}\cdot\text{K}^{-1}\times 466.7\text{K}\times \\ &\quad 0.66\times\frac{\ln(3.637\times 10^6) - 12.526}{0.930 - 0.66} \\ &= 26753.5\text{J}\cdot\text{mol}^{-1}\end{aligned}$$

三、焓

焓是一个状态函数，它的定义式是：

$$H = U + pV$$

式中 H——体系的焓，J；

U——体系的热力学能，J；

p——体系的压力，Pa；

V——体系的体积，m^3。

焓也具有容量性质，其值的大小与物质量的多少有关，另外焓和热力学能一样，其绝对值是没有办法确定的，查手册得到的数据和计算得到的数据都是和基准态作比较得到的。

纯组分的焓可表示成与温度和压力的函数关系：

$$H = nH_m = nf(T,\ p)$$

取全微分，得：

$$dH = n\left(\frac{\partial H_m}{\partial T}\right)_p dT + n\left(\frac{\partial H_m}{\partial p}\right)_T dp \tag{2-21}$$

式中 $(\partial H_m/\partial T)_p$ 为恒压热容，以 $C_{p,m}$ 表示，对于压力不很高的过程，$(\partial H_m/\partial p)_T$ 这一项相对 $(\partial H_m/\partial T)_p$ 对焓差计算的影响很小，可以忽略，故焓差可由下式计算：

$$H_2-H_1=n\int_{T_1}^{T_2}C_{p,\mathrm{m}}\mathrm{d}T \tag{2-22}$$

式中 H_2-H_1——温度从 T_1 变化到 T_2 时纯组分的焓差，J；

n——纯组分物质的量，mol；

$C_{p,\mathrm{m}}$——物质的恒压摩尔热容，$\mathrm{J\cdot mol^{-1}\cdot K^{-1}}$。

对于高压过程，$(\partial H_{\mathrm{m}}/\partial p)_T$ 不能忽略，其值可由实验测定；对于理想气体，焓仅是温度的函数，而与压力、体积的变化无关。

焓与热力学能一样，都是热力学函数中的状态函数，这种状态函数的变化值与过程的途径无关，只与所处的始末状态有关。这一点对于能量衡算时有关的计算是极为重要的，第五章会有较详细的介绍。

第三节　化学反应和热化学数据

化工产品的生产过程往往伴随着化学反应，化学反应过程的反应热是能量衡算过程中的一个重要参数，本节重点介绍标准摩尔生成热、标准摩尔燃烧热及反应热的有关概念及它们之间的联系。

一、标准摩尔生成热

在温度 T 的标准态（100kPa）下，由稳定单质生成 1mol 化合物时的焓变即为标准摩尔生成热，以 $\Delta H_{\mathrm{f}}^{\ominus}$ 表示，单位为：$\mathrm{kJ\cdot mol^{-1}}$，$\Delta H_{\mathrm{f}}^{\ominus}$ 与物质状态有关，同一种物质在气态、液态和固态的标准生成热都是不一样的，在 25℃，标准态下，处于稳定状态的单质其 $\Delta H_{\mathrm{f}}^{\ominus}=0$。常见物质的 $\Delta H_{\mathrm{f}}^{\ominus}$ 可查有关的手册，本书附录十九中也收录了一些常见物质在 25℃时的标准摩尔生成热数据。

二、标准摩尔燃烧热

在温度 T 的标准态（100kPa）下，由各种处于稳定状态的 1mol 物质进行燃烧反应生成指定燃烧产物时的焓变，称为物质的标准摩尔燃烧热，以 $\Delta H_{\mathrm{c}}^{\ominus}$ 表示。常见物质的 $\Delta H_{\mathrm{c}}^{\ominus}$ 可查有关的手册，本书附录十九中也列有一些常见物质 25℃时的标准摩尔燃烧热数据。

指定燃烧产物都有一定的规定，规定的内容主要是物质组成和状态，常见元素的燃烧指定产物如下：C 的燃烧产物为 CO_2(g)；H 的燃烧产物为 H_2O(l)；N 的燃烧产物为 N_2(g)；S 的燃烧产物为 SO_2(g)；Cl 的燃烧产物为 HCl（稀的水溶液）。查手册数据时应注意这些规定，因为并非所有文献规定的燃烧产物都相同，如有的手册规定 H 和 Cl 的燃烧产物分别是 H_2O(g) 和 Cl_2(g)，所以查表时应尽可能使用同一种规定的数据，以减少数据误差，保证计算结果的正确性。

燃烧热的数据和所对应的反应式是有关系的，所以标准摩尔燃烧热所对应的反应式是指 1mol 化合物与正好足够的 O_2 反应，生成指定的燃烧产物的反应式，如：

$$C_5H_{12}+8O_2 \longrightarrow 5CO_2+6H_2O$$

如写成以下反应式，就不符合要求：

$$2C_2H_5SH+9O_2 \longrightarrow 4CO_2+6H_2O+2SO_2$$

对于某些化合物，如果化合物中没有足够的 H 时，可以通过添加 H_2O 来补充 H，如含氯化合物，如果化合物中没有足够的 H 与 Cl 形成 HCl，可加水来平衡，左右两边均可添加，如：

$$CH_3Cl+\frac{3}{2}O_2 \longrightarrow CO_2+HCl(\text{稀的水溶液})+H_2O(l)$$

$$CHCl_3(l)+\frac{1}{2}O_2+H_2O(l) \longrightarrow CO_2+3HCl(\text{稀的水溶液})$$

指定燃烧产物，如 CO_2，SO_2，H_2O (l) 等，其 $\Delta H_c^{\ominus}=0$。

三、反应热

因物质的燃烧反应皆为放热反应，故 $\Delta H_c^{\ominus}$ 的数据均为负值。

1. 反应热

随化学反应的进行而放出或吸收的热量称为化学反应热，简称反应热，它反映了化学反应过程中体系各物质焓值的变化，以 ΔH_r 表示。反应热除与化学反应本身有关外，还和化学反应发生的条件和化学反应方程的配平系数有关，所以反应热的数据是很难从手册中查到的。规定在标准态 (100kPa) 下，各物质按化学计量方程式进行了完全反应的反应热为标准摩尔反应热，记作 $\Delta H_{r,m}^{\ominus}$，单位为 $J \cdot mol^{-1}$ 或 $kJ \cdot mol^{-1}$，此时 1mol 即为反应进度 1mol。

例如，100kPa 下，化学反应：

$$4NH_3(g)+5O_2(g) \longrightarrow 4NO(g)+6H_2O(g)$$

若 4mol NH_3(g) 与 $5O_2$(g) 完全反应，生成了 4mol NO(g) 和 6mol H_2O (g)，则其标准摩尔反应热为 $\Delta H_{r,m}^{\ominus}=-904.6kJ \cdot mol^{-1}$。

2. 反应热的计算

反应热可以用实验方法测定，也可以用已有的实验数据进行计算。根据盖斯定律，化学反应热只决定于物质的初态和终态，与过程的途径无关，反应热可用简单的热量加和法求取。利用标准摩尔生成热或标准摩尔燃烧热可计算标准摩尔反应热。

（1）由标准摩尔生成热 $\Delta H_f^{\ominus}$ 计算标准摩尔反应热 $\Delta H_{r,m}^{\ominus}$　标准态（100kPa）下，由稳定的单质生成1mol化合物的恒压反应热即为标准摩尔生成热用 $\Delta H_f^{\ominus}$表示。

物质的标准摩尔生成热可从化工手册中查到。在标准状况下（即25℃、100kPa），处于稳定状态的单质，它们的 $\Delta H_f^{\ominus}=0$。例如25℃、100kPa下的 H_2（气）、O_2（气）、C（石墨）的 $\Delta H_f^{\ominus}$均等于零，物质的聚集状态不同，$\Delta H_f^{\ominus}$的数据也不同。

根据盖斯定律，标准摩尔反应热可用下式计算：

$$\Delta H_{r,m}^{\ominus}=\sum \mu_i \Delta H_{f_i \text{生成物}}^{\ominus}-\sum \mu_i \Delta H_{f_i \text{反应物}}^{\ominus} \tag{2-23}$$

式中　$\Delta H_{r,m}^{\ominus}$——标准摩尔反应热，$kJ \cdot mol^{-1}$；

μ_i——配平化学反应方程式系数；

$\Delta H_{f_i}^{\ominus}$——标准摩尔生成热，$kJ \cdot mol^{-1}$。

【例2-5】 计算正戊烷（l）燃烧的标准摩尔反应热，设燃烧产物 H_2O 是液态

$$C_5H_{12}(l)+8O_2(g) \longrightarrow 5CO_2(g)+6H_2O(l)$$

解　由附录十九查得标准摩尔生成热的数据如下：

$C_5H_{12}(l)$　$\Delta H_f^{\ominus}=-173.0kJ \cdot mol^{-1}$

$CO_2(g)$　$\Delta H_f^{\ominus}=-393.70kJ \cdot mol^{-1}$

$H_2O(l)$　$\Delta H_f^{\ominus}=-285.84kJ \cdot mol^{-1}$

由式（5-23）得：

$$\begin{aligned}\Delta H_{r,m}^{\ominus}&=\sum \mu_i \Delta H_{f_i \text{生成物}}^{\ominus}-\sum \mu_i \Delta H_{f_i \text{反应物}}^{\ominus}\\&=\{[5(-393.70)+6(-285.84)]-(-173.0)\}kJ \cdot mol^{-1}\\&=-3510.54kJ \cdot mol^{-1}\end{aligned}$$

（2）由标准摩尔燃烧热 $\Delta H_c^{\ominus}$计算标准摩尔反应热 $\Delta H_{r,m}^{\ominus}$　物质的标准摩尔燃烧热 $\Delta H_c^{\ominus}$是标准态（100kPa）下各种处于稳定状态的1mol物质进行燃烧反应生成燃烧产物时的焓变。

根据盖斯定律，标准摩尔反应热等于反应物标准摩尔燃烧热代数和减去产物标准摩尔燃烧热的代数和，即

$$\Delta H_{r,m}^{\ominus}=\sum \mu_i \Delta H_{c_i \text{反应物}}^{\ominus}-\sum \mu_i \Delta H_{c_i \text{生成物}}^{\ominus} \tag{2-24}$$

式中　$\Delta H_{r,m}^{\ominus}$——标准摩尔反应热，$kJ \cdot mol^{-1}$；

μ_i——化学反应方程式系数；

$\Delta H^{\ominus}_{c_i}$——标准摩尔燃烧热，$kJ \cdot mol^{-1}$。

此式与用生成热计算 $\Delta H^{\ominus}_{r,m}$ 的计算式形成上相似，也可写成：$\Delta H^{\ominus}_{r,m} = -(-\sum \mu_i \Delta H^{\ominus}_{c_i生成物} - \sum \mu_i \Delta H^{\ominus}_{c_i反应物})$

【例 2-6】 计算乙烷脱氢的标准摩尔反应热：$C_2H_6 \longrightarrow C_2H_4 + H_2$

解 由附录十九查得标准摩尔燃烧热的数据如下：

$$\Delta H^{\ominus}_{c,\ C_2H_6} = -1559.9 kJ \cdot mol^{-1}$$

$$\Delta H^{\ominus}_{c,\ C_2H_4} = -1410.99 kJ \cdot mol^{-1}$$

$$\Delta H^{\ominus}_{c,\ H_2} = -285.84 kJ \cdot mol^{-1}$$

由式(2-24) 得：

$$\begin{aligned}\Delta H^{\ominus}_{r,\ m} &= \sum \mu_i \Delta H^{\ominus}_{c_i反应物} - \sum \mu_i \Delta H^{\ominus}_{c_i生成物} \\ &= \{(-1559.9) - [(-1410.99) + (-285.84)]\} kJ \cdot mol^{-1} \\ &= 136.9 kJ \cdot mol^{-1}\end{aligned}$$

(3) 由标准摩尔燃烧热 $\Delta H^{\ominus}_{c}$ 计算标准摩尔生成热 $\Delta H^{\ominus}_{f}$ 当用标准生成热计算标准摩尔反应热，而又缺化合物的生成热数据时，可以用标准燃烧热计算标准生成热。

【例 2-7】 已知三氯甲烷的标准摩尔燃烧热 $\Delta H^{\ominus}_{c}$ 为 $-509.6 kJ \cdot mol^{-1}$，试计算 $CHCl_3$ 的标准生成热。

$$CHCl_3(g) + \frac{1}{2}O_2 + H_2O(l) \longrightarrow CO_2(g) + 3HCl(稀的水溶液)$$

解 由反应式可知，要求 $CHCl_3$ 的 $\Delta H^{\ominus}_{f}$，需查出 $H_2O(l)$、$CO_2(g)$ 和 HCl（稀的水溶液）的生成热。由附录十九及附录十八查得：

$$\Delta H^{\ominus}_{f,\ CO_2(g)} = -393.7 kJ \cdot mol^{-1}$$

$$\Delta H^{\ominus}_{f,\ H_2O(l)} = -285.84 kJ \cdot mol^{-1}$$

$$\Delta H^{\ominus}_{f,\ HCl(稀的水溶液)} = -167.46 kJ \cdot mol^{-1}$$

根据 $CHCl_3$ (g) $+\frac{1}{2}O_2 + H_2O$ (l) $\longrightarrow CO_2$ (g) $+3HCl$（稀的水溶液）

此反应为 $CHCl_3$ (g) 的燃烧反应，$CHCl_3$ (g) 的标准燃烧热即为该反应的标准摩尔反应热，即有

$$\Delta H^{\ominus}_{c,\ CHCl_3} = \Delta H^{\ominus}_{f,\ CO_2(g)} + 3\Delta H^{\ominus}_{f,\ HCl(稀的水溶液)} - \Delta H^{\ominus}_{f,\ H_2O(l)} - \Delta H^{\ominus}_{f,\ CHCl_3}$$

$$\begin{aligned}\Delta H^{\ominus}_{f,\ CHCl_3} &= \Delta H^{\ominus}_{f,\ CO_2(g)} + 3\Delta H^{\ominus}_{f,\ HCl(稀的水溶液)} - \Delta H^{\ominus}_{f,\ H_2O(l)} - \Delta H^{\ominus}_{c,\ CHCl_3} \\ &= [(-393.7) + 3(-167.46) - (-285.84) - (-509.6)]\end{aligned}$$

$$kJ \cdot mol^{-1}$$

$$= -100.64kJ \cdot mol^{-1}$$

第四节　传递参数

一、黏度

气体和液体均称流体。当流体流动时，其内部分子间的作用力产生阻力，由于不同的流体产生的阻力大小不同，所以有的流体容易流动，有的流体较难流动。表示这种阻力大小的物理性叫做黏度。黏度是流体黏性的一种量度，以 μ 表示。黏度大表示流体流动时流体内摩擦力（即阻力）大，相对分子质量越大，碳氢结合越多，这种力量也越大。其物理意义可由牛顿黏性定理表述：当促使流体流动产生单位速率梯度的剪应力，或速率梯度为 1 时，在单位面积上由于流体黏性所产生的内摩擦力的大小。黏度的单位为 Pa·s。

对于液体或气体产品，黏度是表示其质量的一个重要指标，比如润滑油或航空汽油的一个重要规格就是黏度。在流体流动及输送过程和在一些化工单元操作中，黏度对压力降以及液滴分散程度起重要作用，因此是计算、设计过程中不可缺少的参数。

一些纯流体的黏度可通过有关手册查取获得，混合物的黏度通常可直接用黏度计测定得到，也可通过有关经验式进行估算。

黏度一般分为动力黏度和运动黏度两种。

（1）动力黏度　动力黏度是两流体层相距 1cm，其面积各为 $1cm^2$，相对移动速率为 $1cm \cdot s^{-1}$时所产生的阻力。通常所指的黏度就是指动力黏度。

（2）运动黏度　运动黏度是流体的动力黏度与其密度之比。

$$运动黏度\ \gamma = \frac{\mu}{\rho} \tag{2-25}$$

低压纯气体黏度可用下式计算：

$$\mu = 5.776 \times 10^{-9} M_r^{0.5} p_c^{0.667} T_r \tag{2-26}$$

式中　μ——纯气体黏度，cP(1cP=0.001Pa·s)；

p_c——临界压力，Pa；

T_r——对比温度；

M_r——相对分子质量。

纯液体在正常沸点以下时的黏度可用下式估算：

$$\lg\left(\frac{8.569\mu_L}{\rho_L^{0.5}}\right)=\theta\left(\frac{1}{T_r}-1\right) \quad (2\text{-}27)$$

式中 μ_L——液体黏度，cP（1cP=0.001Pa·s）；

ρ_L——液体密度，$g \cdot cm^{-3}$；

T_r——对比温度；

θ——结构加和因数，表 2-5 为常见结构加和因数。

当温度低于正常沸点且计算得到的黏度值小于 0.15Pa·s 时，此式准确度较高。对于醇类、酸类或卤素化合物，计算结果和实际结果比较略偏低。用于其他有机液体时，平均误差小于 15%，可根据具体情况对数据精度要求的不同选相应的估算式。

表 2-5　常见结构加和因数表

结　构	θ	结　构	θ	结　构	θ
C	−0.462	Br	0.326	双键	0.478
H	0.249	I	0.335	CO（酮、酯中）	0.105
O	0.054	S	0.043	CN（氰化物）	0.381
Cl	0.340	苯基	0.385		

【例 2-8】 求丙酮$(CH_3)_2CO$的黏度，条件：20℃。由实验测得的值为 3.4×10^{-4}Pa·s。

解　查手册，得 $T_c=508K$，$\rho_L=0.79g \cdot cm^{-3}$

查表 2-5，代入计算得：

$$\theta=2[(C)+3(H)]+(CO)=2\times(-0.462+3\times0.249)+0.105=0.675$$

计算对比温度：$T_r=293/508=0.577$

将数据代入式（2-27）得：

$$\lg\frac{8.569\mu_L}{0.79^{0.5}}=0.675\times\left(\frac{1}{0.577}-1\right)$$

解得：$\mu_L=0.322cP=3.22\times10^{-4}Pa \cdot s$

误差：$\frac{3.4\times10^{-4}-3.22\times10^{-4}}{3.4\times10^{-4}}\times100\%=5.29\%$

二、热导率

在日常生活和生产中可以容易地看到，热量能够从物体的高温部分沿着物体传到其低温部分，这种传热过程叫做热传导。不同的物质传热的本领并不相同。物质的传热本领可以用热导率表示。

热导率的定义为物质厚度为 1m，其两壁面温度相差 1K 时，每单位时间通过该平壁的热量，以 λ 表示，λ 数值越大，该物质的导热性能越好。对常见物质，有这样一个规律，金属的热导率最大，传热效果最好，非金属的固体次之，液体的较小，气体的最小。在不同的情况下，可以根据需要选用不同的材质达到保温或传热的目的。

传热量和热导率之间的关系可用下式表示为：

$$Q=\lambda\left(\frac{A}{\delta}\right)(T_1-T_2) \tag{2-28}$$

式中 Q——传热量，W；

λ——热导率，$W \cdot m^{-1} \cdot K^{-1}$；

A——传热面积，m^2；

δ——传热壁厚度，m；

T_1，T_2——传热壁两壁面温度，K。

各种物质的热导率数值主要靠实验测定，其理论估算是近代物理和物理化学中一个活跃的课题。热导率一般与压力关系不大，但受温度的影响很大。纯金属和大多数液体的热导率随温度的升高而降低，但水例外；非金属和气体的热导率随温度的升高而增大。传热计算时通常取物料平均温度下的数值。

习　题

1. 用理想气体状态方程和范德华方程式分别计算 320K、4.052MPa 下，CO_2 的摩尔体积及密度，将求得的摩尔体积和实测值 $5.4\times10^{-4}m^3 \cdot mol^{-1}$ 作比较，计算相对误差。

2. 练习利用数据手册查找不同条件下不同物质的物性数据。

3. 用 Antoine 蒸气压方程计算 373K 时四氯化碳的蒸气压。

4. 查找有关物质在 25℃标准摩尔生成热，计算下列反应在 25℃的标准摩尔反应热 $\Delta H_r^{\ominus}$

$$2CH_3OH(l)+O_2(g) \longrightarrow HCOOCH_3(l)+2H_2O(l)$$

5. 某气体的相对分子质量为 30，临界温度为 32℃，临界压力为 4.8MPa。分别按理想气体和真实气体计算该气体在 185℃、9.6MPa 下的密度。

6. 分别用四参数代数拟合式和基团贡献法求 358K 时丙酮蒸气的恒压热容。

7. 丙酮的正常沸点为 329.5K。估算丙酮在正常沸点下的摩尔蒸发热，实验值为 $30167J \cdot mol^{-1}$，计算相对误差。

8. 乙烯水合生产乙醇的反应如下：

$$C_2H_4(g)+H_2O(g) \longrightarrow C_2H_5OH(g)$$

试计算该反应的标准摩尔反应热（要求用标准摩尔燃烧热数据计算）。

9. 计算乙醚蒸气在 323.2K 时的理想气体恒压热容。

10. 求 97.11℃时，3%（质量分数）的乙醇水溶液上方的压力（乙醇的安托尼常数为 $A=$

23.1516、$B=3452.15$、$C=-53.98$；水的安托尼常数为 $A=23.5119$、$B=4007.44$、$C=-38.80$）。

11. 在 Internet 网上访问中国知网，搜索美国化学文摘及美国化学工程师学会等所提供的信息。

12. 计算下列各化合物在恒压下，指定温度间的平均摩尔热容。

（1）苯　80～150℃；　（2）CO_2　25～400℃；

（3）甲醇　273～400K；　（4）乙烯　100～300℃；

（5）甲醛　30～150℃　（6）水蒸气　373～500K

第三章
化工过程及过程参数

任务描述

1. 掌握评价化工生产效果的常用指标及计算方法；
2. 掌握工艺技术经济指标及计算方法。

任务分析

要完成该任务，第一，要掌握专业化率、收率、产率、选择性的概念，从而学会其计算方法，第二，要学习化学计量数的概念及计算方法，为限制反应物和过量反应物的判别打下基础，明确限制反应物确定的原则，第三，通过工艺技术经济指标的学习，掌握各种消耗份额的表示方法。

第一节　化工工艺过程的特征与构成

按一定程序使原料发生物理和化学变化成为所需要的产品的过程，都可称为化工工艺过程。

在化工工艺过程中，原料经历一系列化学反应和物理变化，得到结构、组成、形状都和原料完全不同的产品，化学反应通常在各种形式的反应器中进行，它是化工工艺过程的中心环节和基本特征。各种辅助的物理变化过程也是化工工艺过程必不可少的环节。化学反应必须在适当的反应条件下才能迅速、充分、有效地进行，而化工工艺过程的原料通常都含有各种杂质并处于一定的环境状态，因此在反应之前必须进行原料的预处理。例如原料的破碎、分级、溶解、提纯，改变其温度、压力、结构、组成和相态以满足反应要求。反应产物通常是包括产品物质在内的处于反应器出口条件下的混合物，也必须进行后处理。后处理的目的主要有：通过分离精制得到合乎质量规格要求的产品和副产品；

处理过程的排放废料使之达到排放标准；分离小部分未反应的原料进行再循环利用。原料预处理和产物后处理都会伴随着各种物理过程。使物料发生必要的物理变化，同时实现能量的充分利用。即使在反应过程中，也必然伴随着不同的物理过程，如搅拌、混合、加热、冷却等。

由此可见，化工工艺过程通常由原料预处理过程、化学反应过程和产物的后处理过程三个基本部分构成，如图 3-1 所示。

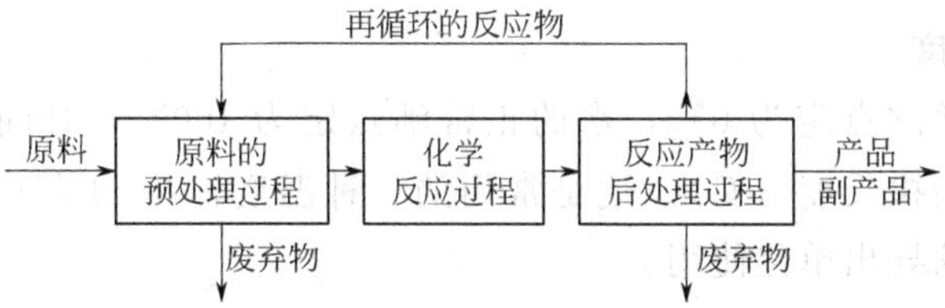

图 3-1　化工工艺过程的基本构成

在复杂的化工工艺过程中，进入过程的原料常常不止一种，而且往往要经过化学反应得到某些中间产品，这些中间产品再进行反应以得到最终产品；在原料提纯和产物的分离过程中，也常遇到化学反应，这又构成了以化学反应为中心环节的各种子过程。这样，化工工艺过程总体上既具有如图 1-1 所示的基本构成，局部上又包括了若干类似基本构成的子过程。用这个观点去分析化工工艺过程，有助于了解过程中每个部分的作用，也有助于综合地进行流程的构成并设计一个新过程，化学工业中进行的一系列使物料发生物理变化的基本操作，诸如物料粉碎、输送、加热、混合和分离等统称为单元操作。因此，化工工艺过程又可看成是以反应器为中心环节配以各种单元操作的有机组合。因此在进行物料衡算和能量衡算都是和具体的化工工艺过程分不开的，只有了解了什么是化工工艺过程才能顺利地完成化工基本计算。

第二节　过程参数

在化工生产中，能影响过程运行和状态的物理量，如温度、压力、流量及物料的百分组成或浓度等，在指定条件下它的数值恒定，条件改变其数值也随之变化，这些物理量称为过程参数。这些参数也常作为控制生产过程的主要指标。

进行化工计算时，上述参数是基本数据，可以直接测定。对一些不易直接测定的参数，可找出与容易测定的参数之间的关系，通过计算求得，有时也可以根据经验数据选定。本节将对温度、压力、流量及物料的百分组成或浓度等参数的基本概念及计算方法作一简要介绍。

一、温度

温度是表示物体冷热程度的物理量。它表示物体内分子热运动的剧烈程度，简称温标，即对温度的零点和测量温度的基本单位或分度方法作了规定。常用的温标有以下三种。

1. 摄氏温度

以水的正常冰点定为0℃，水的正常沸点定为100℃，其间均分为100等分，它的单位为摄氏度（℃）。这是常用的一种温度，在SI制中，摄氏度作为具有专门名称的导出单位使用。

2. 华氏温度

以一种冰-盐混合物的温度定为0℉，以健康人的血液温度定为96℉，而水的正常冰点定为32℉，水的正常沸点定为212℉，中间分为180等分，其单位为华氏度（℉）。这是使用英制单位的国家常用的温度。

3. 开氏温度

以理想气体定律与热力学第二定律为基础，规定分子运动停止（即没有热能存在）时的温度为最低理论温度或绝对零度。指定水的三相点为273.16K。在摄氏温度上，水的三相点为0.010℃，因而水的正常冰点为273.15K，水的正常沸点为373.15K，两者之差为100K。所以，开氏温度温差1度与摄氏温度相同。其单位为开尔文（K）。

开氏温标是热力学温度，是一种理想的温度，已被采纳为国际统一的基本温度。在SI制中，它是基本物理量。

三种温度之间的换算关系：

$$T_F/℉ = 1.8T_C/℃ + 32 \tag{3-1}$$

$$T_K/K = T_C/℃ + 273.15 \tag{3-2}$$

式中　T_F——华氏度，℉；

T_C——摄氏度，℃；

T_K——热力学温度，K。

【例3-1】　求20℉到100℉的温度差值，用℃表示。

解　根据式（3-1）

$$T_C/℃ = \frac{T_F/℉ - 32}{1.8}$$

所以 20℉时 $T_{C_1}/℃=\frac{20-32}{1.8}=-6.6$，$T_{C_1}=6.6℃$

100℉时，$T_{C_2}/℃=\frac{100-32}{1.8}=37.8$，$T_{C_2}=37.8℃$

$$\Delta T=T_{C_2}-T_{C_1}=37.8℃-(-6.6)℃=44.4℃$$

二、压力

通常所说的压力就是物理学中的压强，它的定义是垂直作用于单位面积上的力。

压力的单位，在SI制中用牛顿·米$^{-2}$（$N\cdot m^{-2}$），称帕斯卡（Pa）。此外，目前常用的单位还有：标准大气压（atm）、毫米汞柱（mmHg）、毫米水柱（mmH_2O），千克力·厘米$^{-2}$（$kgf\cdot cm^{-2}$）以及工程大气压（at）等。

以上几种压力单位之间的关系为：

1标准大气压＝760mmHg＝10336mmH_2O＝101.3kPa

1工程大气压＝1$kgf\cdot cm^{-2}$＝10mH_2O＝735.6mmHg＝98kPa

各单位之间的换算见附录一。

在压力测量中，常有以下几种表示压力的方法。

（1）绝对压力——流体的真实压力。

（2）大气压力——围绕我们周围的大气所具有的压力。

（3）表压——工业上所用压力表的指示值，是绝对压力与大气压力之差。所以

$$绝对压力=表压+大气压力$$

（4）真空度——当被测压力低于大气压时，大气压与绝对压力之差为真空度。即

$$真空度=大气压-绝对压力$$

三、流量

单位时间内流过管道某一截面的流体量，称流量。流体的流量可以用体积流量V_s（$m^3\cdot s^{-1}$）或质量流量m_s（$kg\cdot s^{-1}$）来表示。

体积流量V_s与质量流量m_s之间的关系，可根据流体的密度ρ按下式进行换算：

$$m_s=\rho V_s \tag{3-3}$$

由于流体的密度随温度、压力而变化，所以当用体积流量表示时，必须注明流体的温度与压力。对于气体，其体积流量通常以m^3（标准）·h^{-1}表示，

即指气体在 0℃、1 个大气压下的体积流量。对于液体，密度受温度、压力的影响较小，通常当温度变化不大时，可以忽略不计，当需要精确计算时，常规定 15℃时的流量为标准。

但是，流体的质量流量不受温度、压力的影响，所以，计算时有时用质量流量较为方便。

流体在单位时间内流过的距离为流速 u（$m \cdot s^{-1}$）。所以，流体的体积流量除以管截面积的值，即流速。

$$u=\frac{V_s}{A} \tag{3-4}$$

式中 u——流速，$m \cdot s^{-1}$；

A——管子截面积，m^2。

由于温度、压力对流体的体积流量有影响，也影响其速度。因此，计算时也常使用质量流速，即

$$G=\frac{m_s}{A}=\frac{\rho V_s}{A}=u\rho \tag{3-5}$$

式中 G——质量流速，$kg \cdot m^{-2} \cdot s^{-1}$。

四、物料的组成

1. 物质的量

在 SI 制中物质的量定义为：

$$物质的量(n)=\frac{以克表示物质的质量(N)}{相对分子质量(M)} \tag{3-6}$$

物质的量表示一定数目的粒子，如原子、分子、离子等。例如 1 摩尔任何物质表示含有阿佛加德罗数目 6.02×10^{23} 个分子。

物质的量单位为摩尔，以符号 mol 表示。

2. 质量分数、体积分数与摩尔分数

物料混合物中，i 组分的质量分数、体积分数和摩尔分数，其定义如下：

$$质量分数(w_i)=\frac{i\ 组分的质量(W_i)}{混合物的总质量(W_{总})} \tag{3-7}$$

$$体积分数(\varphi_i)=\frac{i\ 组分的体积(V_i)}{混合物的总体积(V_{总})} \tag{3-8}$$

$$摩尔分数(x_i)=\frac{i\ 组分的物质的量(n_i)}{混合物的总物质的量(n_{总})} \tag{3-9}$$

以上表示组成的方法，对混合物或溶液常用质量分数或摩尔分数。对气体混合物，一般常用体积分数。对理想气体混合物，摩尔分数实际上就等于体积

分数，但此关系只适用于理想气体，不适用于真实气体、液体和固体，但是工业生产中的大多数气体都可当或理想气体来处理。

3. 干基和湿基

通常表示燃料、烟道气（燃料经燃烧后生成的气体）或尾气等组成常分干基准（简称干基）和湿基准（简称湿基）两种。所谓“干基”，即不包括水蒸气在内求得的组成含量，而湿基是包括水蒸气在内的组成含量。气体组分分析仪计算的结果，一般常用干基表示。

干基与湿基之间的换算见例 3-2。

（1）湿基 → 干基换算

【例 3-2】 烟道气（以摩尔分数表示各组分）含 N_2 65%，CO_2 12%，CO 2.5%，O_2 8.5%及 H_2O 12%，计算该气体的干基组成。

解 基准为 100mol 湿气体

65mol N_2

12mol CO_2

2.5mol CO

8.5mol O_2

88mol 干气

所以有：

$$x_{N_2}=\frac{65\text{mol}}{88\text{mol}}\times 100\%=73.9\%$$

$$x_{CO_2}=\frac{12\text{mol}}{88\text{mol}}\times 100\%=13.6\%$$

$$x_{CO}=\frac{2.5\text{mol}}{88\text{mol}}\times 100\%=2.8\%$$

$$x_{O_2}=\frac{8.5\text{mol}}{88\text{mol}}\times 100\%=9.7\%$$

（2）干基 → 湿基换算

【例 3-3】 烟道气组成（干基，以摩尔分数表示）N_2 70%，CO_2 14%，CO 6%，O_2 10%。烟道气中含 H_2O 8%。求湿基组成。

解 基准为 100mol 湿气体

干气体 $100\text{mol}\cdot(100\text{mol})^{-1}-8\text{mol}\cdot(100\text{mol})^{-1}=92\text{mol}\cdot(100\text{mol})^{-1}$ 湿气体

所以 $x_{N_2}=70\%\times 92\%=64.4\%$(湿基)

$$x_{CO_2}=14\%\times 92\%=12.88\%$$

$$x_{CO}=6\%\times92\%=5.52\%$$
$$x_{O_2}=10\%\times92\%=9.2\%$$
$$x_{H_2O}=8\%$$

4. 浓度

浓度，是指溶液中溶质所占的量。其表示方法除了用质量分数或摩尔分数外，还常用下列几种方法：

(1) 质量浓度　单位体积溶液中，溶质所占的质量。单位为 $kg\cdot m^3$ 或 $g\cdot L^{-1}$。

(2) 体积摩尔浓度　单位体积溶液中所含溶质的摩尔数，简称摩尔浓度。单位为 $mol\cdot L^{-1}$，或 $kmol\cdot m^{-3}$。

(3) 质量摩尔浓度　每千克溶剂中所含溶质的摩尔数，单位 $mol\cdot kg^{-1}$。

五、生产能力和生产强度

1. 生产能力

生产能力是指生产装置每年生产的产品量。在一定的工艺组织管理及技术条件下，所能生产规定等级的产品或加工处理一定数量原材料的能力。对某一台设备或某一套装置而言其生产能力是指该设备或该装置在单位时间内生产的产品或处理的原料数量。

生产能力一般有两种表示方法，一种是以产品产量表示，即在单位时间内生产的产品数量。如年产 30 万吨乙烯装置表示该装置生产能力为每年可生产乙烯 30 万吨。另一种是以原料处理量表示，此种表示方法也称为“处理能力”。如一个处理原油规模为每年 500 万吨的炼油厂，也就是该厂生产能力为每年可处理原油 500 万吨将其炼制成各种品牌的成品油。

生产能力可以分为三种。即设计能力、查定能力和现有能力。

(1) 设计能力　是指在设计任务书和技术文件中所规定的生产能力，根据工厂设计中规定的产品方案和各种数据来确定。通常新建化工企业竣工投产后，要经过一段时间运转，熟悉和掌握生产技术后才能达到规定的设计能力。

(2) 查定能力　一般是指老企业在没有设计能力，或虽原有设计能力，但由于企业的产品方案和组织管理、技术条件等发生了重大变化，致使原设计能力已不能正确反映企业实际生产能力可达到的水平，此时重新调整和核定的生产能力。它是根据企业现有条件，并考虑到查定期内可能实现的各种技术组织措施而确定的。

(3) 现有能力　现有能力又称计划能力，指在计划年度内，依据现有的生产技术组织条件及计划年度内能够实现的实际生产效果，按计划期内产品方案计算确定的。

这三种生产能力在实际生产中各有不同的用途，设计能力和查定能力是用作编制企业长远规划的依据，现有能力是编制年度生产计划的重要依据。

2. 生产强度

生产强度指的是单位特征几何量的生产能力，例如单位体积或单位面积的设备在单位时间内生产得到的目的产品数量（或投入的原料量），单位是 $kg \cdot m^{-3} \cdot h^{-1}$、$t \cdot m^{-3} \cdot d^{-1}$或 $kg \cdot m^{-2} \cdot h^{-1}$、$t \cdot m^{-2} \cdot h^{-1}$等。

对同一类型（具有相同的物理或化学过程）的设备，生产强度是衡量其生产效果优劣的指标。某设备内进行的过程速率越快，则生产强度就越高，说明该设备的生产效果就越好。提高设备的生产强度，就意味着用同一台设备可以生产出更多的目的产品，进而也就提高了设备的生产能力。可以通过改进设备结构、优化工艺条件，对催化化学反应主要是选用性能优良的催化剂，总之就是提高过程进行的速率来达到提高设备生产强度。

催化化学反应设备的生产强度常用催化剂的空时产率（或称时空收率）来表示，即单位时间内，单位体积（或单位质量）催化剂所能获得的目的产物的数量，可表示为［$kg \cdot (h^{-1} \cdot m^{-3}$催化剂$^{-1})$］、［$t \cdot (d^{-1} \cdot m^{-3}$催化剂$^{-1})$］或［$kg \cdot (h \cdot kg$催化剂$^{-1})$］、［$t \cdot (d \cdot kg$催化剂$^{-1})$］等。

第三节　工艺技术经济指标

工艺技术经济指标是用作衡量生产过程的反应效果和过程经济性的指标，反映了具体生产过程技术的先进性和生产效益的水平，因此是化工过程的控制对象。

一、转化率

1. 单程转化率的总转化率

转化率是反应物料中的某一反应物在一个系统中参加化学反应的量占其输入系统总量的百分数，它表示了化学反应进行的程度。

用表达式可表达如下：

$$转化率=\frac{参加反应的反应物量}{输入系统的反应物量}\times 100\% \tag{3-10}$$

如有反应：$aA+bB \longrightarrow cC+dD$

对反应物 A 而言，其转化率 X_A 的数学表达式为：

$$X_A=\frac{N_{A0}-N_A}{N_{A0}}\times 100\% \tag{3-11}$$

式中　N_{A0}——输入系统的反应物 A 的量，mol；

N_{A}——反应后离开系统的反应物 A 的量，mol。

根据研究的系统不同，工业生产中转化率分为有单程转化率和总转化率，单程转化率是以生产过程中的反应器为系统，其表达式为：

$$\text{单程转化率}=\frac{\text{输入到反应器的反应物量}-\text{从反应器输出的反应物量}}{\text{输入到反应器的反应物量}}\times 100\% \tag{3-12}$$

总转化率是以整个生产过程为系统，其表达式为：

$$\text{总转化率}=\frac{\text{输入到过程的反应物量}-\text{从过程输出的反应物量}}{\text{输入到过程的反应物量}}\times 100\% \tag{3-13}$$

转化率数值的大小说明该反应物在反应过程中转化的程度，转化率愈大，则说明输入原料中该种反应物参加反应的量就愈多，即消耗得越多。从化工生产过程来说，是希望转化率越高越好，可以提高原料的利用率。一般情况下，通入反应系统中的每一种原料都难以全部参加化学反应，即转化率通常不能达到 100%。

在化工生产中，由于原料的配比并不符合化学计量系数之比，所以由不同反应物计算得到的转化率是不同的。因此，应用时必须指明是哪种反应物的转化率，若没指明时，则往往是指限制反应物的转化率，限制反应物的概念在后续的内容中会作说明。

有的反应过程，原料在反应器中的转化率很高，输入反应器的原料几乎都能参加化学反应。如萘氧化制取苯酐的过程，萘的转化率几乎在 99%以上，此时，未反应的原料就没有必要再回收利用。但是很多反应过程由于受反应本身的能力或催化剂性能等条件所限，原料通过反应器时的转化率不可能很高，于是就往往把未反应的原料从反应后的混合物中分离出来循环使用，以提高原料的利用率。因此，即使是对于同一种原料，如果选择不同的“反应体系范围”，就将对应于不同的“输入反应体系的原料总量”，所以转化率也就相应地有单程转化率和总转化率的区别。

2. 平衡转化率

对于可逆反应，当反应达到平衡时的转化率为平衡转化率，平衡转化率数值大小与温度、压力、反应物组成等平衡条件有关，平衡转化率只说明在一定条件下，某种原料参加某一种化学反应的最高转化率。然而，一般的化学反应要达到平衡状态都需要相当长的时间（尤其是有机化学反应），所以，平衡转化率一般只在理论研究时去探讨，实际生产过程不可能去追求最高的转化率。

3. 实际转化率

单程转化率和总转化率反映的是实际生产过程的效果，都是生产过程中的实际转化率，有别于平衡转化率。

（1）单程转化率　以反应器为研究对象，参加反应的原料量占通入反应器原料总量的百分数就称为单程转化率。

（2）总转化率　以包括循环系统在内的反应器和分离器的反应体系为研究对象，参加反应的原料量占通入反应体系原料总量的百分数就称为总转化率。

4. 限制反应物与过量反应物

工业化学反应过程中，当反应原料的配比不按化学计量比时，根据反应物的化学计量数大小可称为限制反应物与过量反应物。计算转化率时，一定要注意一个转化率数据只表示某一种反应物的转化程度，对由两种或两种以上反应物参加的反应过程，当反应原料的配比不符合化学计量系数之比时，这时不同反应物的转化率应分别计算。只有当原料反应物是按化学计量系数比投料时，各反应物的转化率才相同。对于不按化学计量系数比投料的，有如下几种情况。

（1）限制反应物　化学反应原料不按化学计量比配料时，其中以最小化学计量数存在的反应物称为限制反应物。

$$\text{平衡转化率}=\frac{\text{平衡时反应样的反应物量}}{\text{通入的反应物量}}\times 100\% \quad (3\text{-}14)$$

（2）过量反应物　不按化学计量比配料的原料中，某种反应物的量超过限制反应物完全反应所需的理论量，该反应物称为过量反应物。

过量反应物超过限制反应物所需理论量的部分占所需理论量的百分数称为过量百分数。通常以此来表示过量反应物的过量程度。其计算方法有两种。

① 用化学计量数计算

$$\text{过量百分数}=\frac{\text{过量反应物的化学计量数}-\text{限制反应物的化学计量数}}{\text{限制反应物的化学计量数}}\times 100\% \quad (3\text{-}15)$$

式中的化学计量数是指反应物的实际投料量（mol 或 kmol）与其参加反应的化学计量系数之比，因此限制反应物的化学计量数表示了该反应完全进行时所需的理论反应量。

② 用反应物量计算

过量百分数由定义式也可表示为：

$$\text{过量百分数}=\frac{\text{过量反应物的实际投料量}-\text{过量反应物所需的理论量}}{\text{过量反应物所需的理论量}}\times 100\% \quad (3\text{-}16)$$

过量反应物的转化率总是小于限制反应物的转化率，一般没有特别说明的情况下转化率是指限制反应物的转化率，它可以用作衡量反应完全程度的标准。

【例 3-4】 用磨碎的矾土矿与硫酸反应制得硫酸铝，反应式如下：

$$Al_2O_3 + 3H_2SO_4 \longrightarrow Al_2(SO_4)_3 + 3H_2O$$

矾土矿中含 Al_2O_3 55.4%（质量分数），硫酸溶液的浓度为 77.7%（质量分数）。以 1080kg 矾土矿和 2510kg 硫酸溶液为原料，生产出 1798kg 纯的硫酸铝产品。求（1）反应物料中哪一种反应物为过量反应物？（2）过量反应物的过量百分数为多少？（3）过量反应物的转化率是多少？（4）限制反应物的转化率为多少？

解 将已知各物质转化成物质的量（kmol）

1798kg $Al_2(SO_4)_3$ 物质的量 $\dfrac{1798\text{kg}}{342.1\text{kg}\cdot\text{kmol}^{-1}} = 5.26\text{kmol}$

1080kg 矾土矿中含纯 Al_2O_3 的物质的量 $\dfrac{1080\text{kg}\times 0.554}{101.9\text{kg}\cdot\text{kmol}^{-1}} = 5.87\text{kmol}$

2510kg 硫酸溶液中纯 H_2SO_4 的物质的量 $\dfrac{2510\text{kg}\times 0.777}{98.1\text{kg}\cdot\text{kmol}^{-1}} = 19.88\text{kmol}$

（1）过量反应物的判断

计算各反应物的化学计量数：

Al_2O_3 的化学计量数 5.87

H_2SO_4 的化学计量数 $\dfrac{19.88}{3} = 6.63$

所以 H_2SO_4 为过量反应物

（2）过量反应物 H_2SO_4 的过量百分数的计算

用式(3-5）计算：

H_2SO_4 的过量百分数 $\dfrac{(6.63-5.87)\text{kmol}}{5.87\text{kmol}} \times 100\% = 12.95\%$

（3）生产 5.26kmol $Al_2(SO_4)_3$ 需消耗硫酸的量为：5.26kmol×3＝15.78kmol

则硫酸的转化率为：

$$\frac{15.78\text{kmol}}{19.88\text{kmol}} \times 100\% = 79.4\%$$

（4）限制反应物即 Al_2O_3 的转化率为：

$$\frac{5.26\text{kmol}}{5.87\text{kmol}} \times 100\% = 90\%$$

说明：从本题可看出，限制反应物的转化率为 90%，过量反应物的转化率仅为 79.4%，限制反应物的转化率远比过量反应物的转化率大，它才是真正表达了反应的完全程度。

【例 3-5】 乙炔与醋酸气相合成醋酸乙烯，图 3-2 所示为原料乙炔的循环过程。在连续生产过程中，已知每小时流经各物料线的物料中所含乙炔的量各为：A 点 600kg，B 点 5000kg，C 点 4450kg，D 点 4400kg，E 点 50kg。求原料乙炔的单程转化率和总转化率。

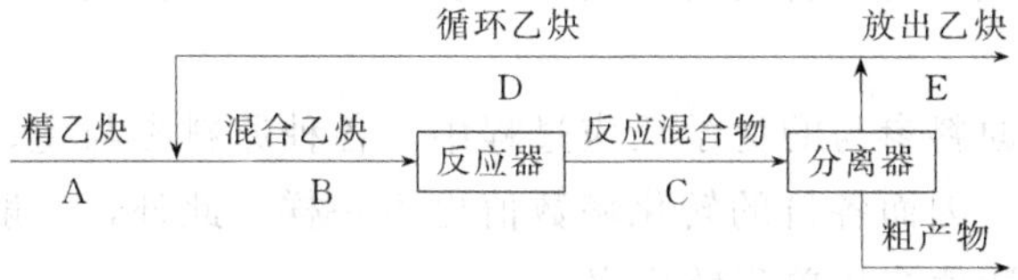

图 3-2　原料乙炔的循环过程

解　在该反应器中每小时内参加反应的乙炔量为 550kg，所以该反应系统中乙炔的单程转化率

$$X_{单}=\frac{550\text{kg}}{5000\text{kg}}\times 100\%=11\%$$

总转化率：

$$X_{总}=\frac{550\text{kg}}{600\text{kg}}\times 100\%=91.67\%$$

由此说明，通入反应器中的乙炔有 11%参加了化学反应。虽然未反应的 89%乙炔量，绝大部分经分离出来循环使用，可使乙炔的利用率从 11%提高到 91.67%，但循环过程的物料量愈大，所增加分离系统的负担和动力消耗也愈大，从经济观点看，还是希望提高单程转化率为最有利。但是单程转化率指标提高后，很多反应过程的不利因素相应增加，如副反应比例增加很多，或停留时间过长等。一般控制多高的单程转化率适宜，要根据反应各自的特点，经实际生产经验总结得到。从图 3-2 中数据也可看出，如果减少放出乙炔 E 的量，增加循环乙炔 D 的量，总转化率还可以提高，可是循环系统中惰性气体的含量会随循环次数的增加而逐步积累，所以放出乙炔 E 的量不能过少，应保证循环系统中惰性气体浓度维持一定。若将放出乙炔 E 再经过处理，使其中的惰性气体等杂质分离出去，提高纯度后返回精乙炔中重复使用，又可以减少新鲜乙炔的原料消耗量，同时也就再一次提高了乙炔的总转化率。实际生产中不仅如此回收乙炔，而且溶解在液体粗产物中的乙炔也是要回收使用的，这也减少了放空尾气中有害气体对环境的污染。上述原料回收循环使用的最终结果，可以使原料乙炔最终的利用率尽可能接近 100%。总之，实际生产中，要采取各种措施来提高原料的总转化率，总转化率愈高，原料的利用程度就愈高。

实际转化率是在化学反应体系中，某一种原料在一定条件下参加各种主、副反应总的转化结果。更具体地说，单程转化率是表示某种原料在反应器中参与化学变化的那一部分物料量的多少，反映出原料通过反应器之后，产生化学变化的程度。而总转化率反映了生产过程中某一种原料经循环使用等工艺措施之后，参与化学变化的利用程度。但是，不论是单程转化率还是总转化率，由于都是某一种原料参加主、副反应的总效果，因此，它们都不能真正说明原料参与主反应而生成目的产物的有效利用程度，用其衡量反应效果时有一定的局限性。

在两种以上原料参与的化学反应过程中，各种原料参与主、副反应的情况和数量各不相同，因而各自的转化率数值也不一样。此外，一般情况下没有特别说明的转化率数值多指单程转化率。

二、收率

收率是指生成目的产物所消耗的反应物的量占其通入系统总量的百分数，它是对产物而言的，表示了投入的原料实际转化为目的产物的比例。

$$收率=\frac{生成目的产物所消耗的反应物的量}{通入系统的总量}\times 100\% \tag{3-17}$$

如有反应：

$$aA+bB \rightarrow cC+dD$$

对目的产物 D 而言，其收率 Y_D 的数学表达式为：

$$Y_D=\frac{N_D\times \frac{a}{d}}{N_{A0}}\times 100\% \tag{3-18}$$

式中 N_D——目的产物 D 的物质的量，mol；

N_{A0}——通入系统的反应物 A 的物质的量，mol；

$\frac{a}{d}$——反应物 A 与目的产物 D 的化学计量系数之比。

与转化率相同，收率也有单程收率和总收率之分。

$$单程收率=\frac{转化为目的产物的反应物量}{输入到反应器的反应物量}\times 100\% \tag{3-19}$$

$$总收率=\frac{转化为目的产物的反应物量}{输入到过程的反应物量}\times 100\% \tag{3-20}$$

【例 3-6】 苯与乙烯烷基化反应制取乙苯，每小时得到烷基化液 500kg，质量组成为苯 45%，乙苯 40%，二乙苯 15%。假定原料苯与乙烯均为纯物质，控制苯与乙烯在反应器进口的摩尔比为 1：0.6。试求（1）进料和出料各组分的量；（2）假定苯不循环，乙烯的转化率和乙苯的收率；（3）假定离开反应器的苯有90%可以循环使用，此时乙苯的总收率。

解 基准 1h

化学反应方程式 $C_6H_6 + C_2H_4 \longrightarrow C_6H_5C_2H_5$

$C_6H_6 + 2C_2H_4 \longrightarrow C_6H_5(C_2H_5)_2$

（1）烷基化液中 苯 $500kg \times 0.45 = 225kg$

乙苯 $500kg \times 0.4 = 200kg$

二乙苯 $500kg \times 0.15 = 75kg$

生成乙苯与二乙苯所需消耗的苯量

$$\left(\frac{200}{106} + \frac{75}{134}\right) kg \cdot kg^{-1} \cdot kmol^{-1} \times 78kg \cdot kmol^{-1}$$

$$= (1.8868 + 0.5597) kg \cdot kg^{-1} \cdot kmol^{-1} \times 78kg \cdot kmol^{-1} = 190.83kg$$

苯的进料量 $190.83kg + 225kg = 415.83kg \Longrightarrow 5.331kmol$

乙烯进料量 $5.331kmol \times 0.6 = 3.1986kmol \Longrightarrow 89.56kg$

（2）乙烯的消耗量 $(1.8868 + 2 \times 0.5597) kg/kg \cdot kmol^{-1} \times 28kg \cdot kmol^{-1} = 84.17kg$

$$\text{乙烯的转化率} \quad \frac{84.17kg}{89.56kg} \times 100\% = 94\%$$

$$\text{乙苯的收率} \quad \frac{1.8868kmol}{5.331kmol} \times 100\% = 35.4\%$$

（3）循环的苯量 $225kg \times 0.9 = 202.5kg$

新鲜苯的需要量 $415.83kg - 202.5kg = 213.33kg \Longrightarrow 2.735kmol$

$$\text{乙苯的总收率} \quad \frac{1.8868kmol}{2.735kmol} \times 100\% = 69.0\%$$

在实际生产中，当反应原料是难以确定的混合物，而反应过程又极为复杂，各种组分难以通过分析手段来确定时，可以直接采用以混合原料质量为基准的收率来表示反应效果。以原料质量为基准的收率称为质量收率。

$$\text{质量收率} = \frac{\text{生成的目的产物的质量}}{\text{混合原料的质量}} \times 100\% \tag{3-21}$$

质量收率的数值是有可能大于100%的，因为混合原料的质量有时并不能包括所有参加反应的物质，如空气中的氧参与反应时，氧的质量就无法计入。

三、选择性

选择性是指生成目的产物所消耗的反应物量与参加反应的反应物量之比值，表示参加反应的反应物实际转化为目的产物的比例。选择性的大小反映了各反应的竞争能力，如果在一个体系中目的产物不止一种，则选择性也不止一个。

由选择性的定义，有

$$选择性=\frac{转化为目的产物的反应物量}{参加反应的反应物量} \tag{3-22}$$

对目的产物D而言，其选择性S_D的数学表达式为：

$$S_D=\frac{N_D\times\frac{a}{d}}{N_{A0}-N_A} \tag{3-23}$$

式中　N_D——目的产物D的量，mol；

$N_{A0}-N_A$——参加反应的反应物A的量，mol；

$\frac{a}{d}$——反应物A与目的产物D的化学计量系数之比。

由转化率和收率的定义可知：

$$选择性=\frac{收率}{转化率} \tag{3-24}$$

上式在应用时应注意转化率有单程转化率和总转化率，收率有单程收率和总收率，应相互对，当选择性为1时，收率和转化率相等，即反应器中发生的化学反应为单一反应。

有时选择性也用产率表示，根据产率的定义式：

$$产率=\frac{目的产物的实际产量}{目的产物的理论产量}\times 100\% \tag{3-25}$$

式中，目的产物的理论产量是指参加反应的反应物全部转化为目的产物时的产量，产率是从目的产物的角度来衡量反应效果，而选择性是从反应物的角度来衡算反应效果，数值上是一致的。

【例3-7】 已知丙烯氧化法生产丙烯醛的一段反应器，原料丙烯投料量为600kg·h^{-1}，出料中有丙烯醛640kg·h^{-1}，另有未反应的丙烯25kg·h^{-1}，试计算原料丙烯的转化率、选择性及丙烯醛的收率。

解　反应器物料变化如图3-3所示

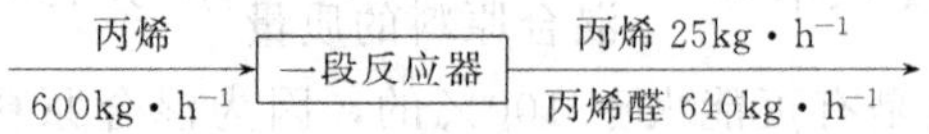

图3-3　丙烯氧化法生产丙烯醛框图

丙烯氧化生成丙烯醛的化学反应方程式：

$$CH_2{=}CHCH_3+O_2 \longrightarrow CH_2{=}CHCHO+H_2O$$

丙烯转化率

$$X=\frac{(600-25)\text{kg}\cdot\text{h}^{-1}}{600\text{kg}\cdot\text{h}^{-1}}\times 100\%=95.83\%$$

丙烯的选择性

$$S=\frac{640\text{kg}\cdot\text{h}^{-1}/56\text{kg}\cdot\text{kmol}^{-1}}{(600-25)\text{kg}\cdot\text{h}^{-1}/42\text{kg}\cdot\text{kmol}^{-1}}\times100\%=83.48\%$$

丙烯醛的收率

$$Y=\frac{640\text{kg}\cdot\text{h}^{-1}/56\text{kg}\cdot\text{kmol}^{-1}}{600\text{kg}\cdot\text{h}^{-1}/42\text{kg}\cdot\text{kmol}^{-1}}\times100\%=80\%$$

四、消耗定额

工艺技术管理工作的目标除了保证完成目的产品的产量和质量，还要努力降低消耗，因此各化工企业都根据产品设计数据和本企业的条件在工艺技术规程中规定了各种原材料的消耗定额，作为本企业的工艺技术经济指标。如果超过了规定指标，必须查找原因，降低消耗以达到生产强度大、产品质量高、单位产品成本低的目的。

所谓消耗定额指的是生产单位产品所消耗的各种原料及辅助材料（水、燃料、电力和蒸汽量等）。消耗定额愈低，生产过程愈经济，产品的单位成本也就愈低。但是消耗定额低到某一水平后，就难以或不可能再降低，此时的标准就是最佳状态。

在消耗定额的各个内容中，公用工程水、电、汽和各种辅助材料、燃料等的消耗均影响产品成本，应努力减少消耗。然而最重要的是原料的消耗定额，因为原料成本在大部分化学过程中占产品成本的60%～70%。所以降低产品的成本，原料通常是最关键的因素之一。

1. 原料消耗定额

原料消耗定额是指生产单位产品所消耗的原料量，即每生产1t产品所需消耗的原料量。

$$消耗定额=\frac{原料量}{产品量}\tag{3-26}$$

按化学反应方程式的化学计量为基础计算的消耗定额，称为理论消耗定额，用$A_{理}$表示。它是生产单位目的产品时，必须消耗原料量的理论值，因此实际过程的原料消耗量绝不可能低于理论消耗定额。

在实际生产过程中，由于有副反应发生，会多消耗一部分原料，在所有各个加工环节中也免不了损失一些物料（如随废气、废液、废渣带走的物料，设备及阀门等跑、冒、滴、漏损失的物料，由于生产工艺不合理而未能回收的物料以及由于操作事故而造成的物料损失等）。因此，与理论消耗定额相比，自然要多消耗一些原料量。如果将原料损耗均计算在内，得出的原料消耗定额称为实际消耗定额，用 $A_{实}$ 表示。理论消耗定额与实际消耗定额之间的关系为：

$$(A_{理}/A_{实})\times 100\% = 1 - 原料损失率 = \eta \tag{3-27}$$

式中，η 为原料利用率，是指生产过程中，原料真正应用于生产目的产品的原料量占投入原料量的百分数，说明原料有效利用的程度。

原料损失率指的是在投入原料中，由于上述原因多消耗的那一部分原料占投入原料的百分数。

【例 3-8】 乙醛氧化法生产醋酸，已知原料投料量为纯度 99.4%的乙醛 $500kg\cdot h^{-1}$，得到的产物为纯度 98%的醋酸 $580kg\cdot h^{-1}$，试计算原料乙醛的理论消耗定额、实际消耗定额以及原料利用率。

解 乙醛氧化法生产醋酸的化学反应方程式为：

$$CH_3CHO + 1/2O_2 \longrightarrow CH_3COOH$$

原料乙醛的理论消耗定额、实际消耗定额以及原料利用率为：

$$A_{理} = \left(\frac{1000\times 44 \div 0.994}{60 \div 0.98}\right)[\text{kg 原料乙醛}\cdot(\text{t 成品醋酸})^{-1}]$$

$$= 723[\text{kg 原料乙醛}/(\text{t 成品醋酸})^{-1}]$$

$$A_{实} = [(1000\times 500)/580][\text{kg 原料乙醛}\cdot(\text{t 成品醋酸})^{-1}]$$

$$= 862.06[\text{kg 原料乙醛}\cdot(\text{t 成品醋酸})^{-1}]$$

$$\eta = (723/862.06)\times 100\% = 83.87\%$$

生产一种目的产品，若有两种以上的原料，则每一种原料都有各自不同的消耗定额数据。对某一种原料，有时因为初始原料的组成情况不同，其消耗定额也不等，差别可能还会比较大。而且，在选择原料品种时，还要考虑原料的运输费用，以及不同类型原料的消耗定额的估算等，选择一个最经济的方案。

2. 公用工程的消耗定额

公用工程指的是化工厂必不可少的供水、供热、冷冻、供电和供气等条件。除生活用水外，化工生产中所用的大量工业用水主要有两种：工艺用水（原料用水和产品处理用水）和非工艺用水。

生活用水应使用经过净化处理的自来水。工艺用水直接与产品等物料接触，对水质要求比较高，且有明确的规定指标，否则水中杂质带入生产物料系统会影响产品质量。具体指标要根据目的产品及其生产工艺要求来制定，如水的浑浊度、总硬度、铁离子、氯离子等。工艺用水一般要经过比较复杂的处理，如过滤、软化、离子交换、脱盐等。非工艺用水在化工厂工业用水中占主要部分，冷却水的水质也应有一定要求，如硬度、Fe^{2+}、Cl^-、SO_4^{2-}、pH、悬浮物等，以免产生水垢、泥渣沉积或腐蚀管道、促使生物或微生物生长等。此外对冷却水的温度要求应尽可能低一些。为了节约工业用水，化工厂应尽可能循环使用冷却水，冷却水在冷却塔中一般可降低温度 5～10℃而重复使用。

供热条件在化工生产中也是不可缺少的，如用来加速化学反应，进行蒸发、蒸馏、干燥或物料预热等操作。根据工艺生产温度要求和加热方法的不同，正确选择热源，充分利用热能，对生产过程的技术经济指标有很大影响。化工厂使用最广的热载体是饱和水蒸气，具有使用方便、加热均匀、快速和易控制的优点。

化工厂为了将物料温度降到比水和周围空气温度更低或是在此温度下移出热量，需要冷冻系统提供低温冷却介质（载冷剂）。常用的载冷剂有四种：低温水（使用温度≥5℃）；盐水（－15～0℃常用 NaCl-水溶液，－45～0℃常用 $CaCl_2$ 水溶液）；有机物（乙醇、乙二醇、丙醇、F-11 等）适用于更低的温度范围，但由于 F-11 等种类的氟氯烃（氟里昂）会对环境保护带来很大危害，所以已被逐步淘汰；另一种常用的载冷剂是氨。

化工厂供电必须根据化工生产的特点和用电的不同要求而供电，为了保证安全生产，对供电的可靠性有不同的要求，对特殊不能停电的生产过程还应有备用电源设施。根据化工过程易燃、易爆、介质较多的特点，电气设备及电机等均有防爆和防静电措施，建筑物应有避雷措施。

此外，一般化工车间还需配有空气和氮气的气源。作为氧化剂使用的空气是工艺用空气，除尘、净制要求比较高，以免将杂质带入反应系统。一般的非工艺用空气只需简单除去机械杂质和灰尘，经压缩后即可供给车间作吹净、置换设备等使用。氮气是惰性气体。可作设备的物料置换、保压等安全措施使用。

各化工产品的工艺技术规程对所需使用的公用工程也与原料消耗定额一样要规定每一项目的消耗定额指标，以限制公用工程的使用量。

化工企业的原材料消耗定额数据是根据理论消耗定额，参考同类型生产工厂的消耗定额数据，考虑本企业生产过程的实际情况（工艺允许的物料损失和生产中应该能达到的水平等）估算出来而编入工艺技术规程，作为本企业的控制指标。

习　题

1. 天然气与空气相混合，混合气含 CH_4 8%（体积分数），天然气组成为 CH_4 85%、C_2H_6 15%。计算天然气与空气的比率（天然气物质的量与空气物质的量的比值）。

2. 用邻二甲苯气相催化氧化生产邻苯二甲酸酐（苯酐）。邻二甲苯投料量 $210kg \cdot h^{-1}$，空气 $4620m^3$（标准状况）。反应器出口物料组成（摩尔分数）为：苯酐 0.654%，顺丁烯二酸酐（顺酐）0.066%，邻二甲苯 0.030%，氧 16.53%，氮 77.75%，其他还有水，二氧化碳等。试计算邻二甲苯转化率及苯酐和顺酐的收率及选择性。

3. 一种煤炭样品分析结果如下：S 2%（质量分数），N 1%，O 6%，灰分 11%，水 3%，其余为 C 和 H，H 与 C 的摩尔比为9∶1。计算该煤炭中 C 和 H 的质量分数。

4. 用氟石（含 96%CaF_2 和 4%SiO_2）为原料，与 93%H_2SO_4 反应制造氟化氢，其反应式如下：

主反应 $$Ca + H_2SO_4 \longrightarrow CaSO_4 + 2HF$$

副反应 $$SiO_2 + 6HF \longrightarrow H_2SiF_6 + 2H_2O$$

氟石的分解度为 95%。每千克氟石实际消耗 93%H_2SO_4 为 1.42kg。计算：(1) 每生产 1000kg HF 消耗的氟石量。(2) H_2SO_4 的过量百分数。

5. 光气可由 CO 与 Cl_2 在含碳催化剂存在下反应而得到，其反应式为：$CO + Cl_2 \longrightarrow COCl_2$，设从反应器中得到 3kmol 的 Cl_2、10kmol 的光气及 7kmol 的 CO，求：(1) 过量反应物的过量百分数；(2) 限制反应物的转化率；(3) 每千摩尔的总反应物会生成多少摩尔的光气？

6. 煅烧 1t 石灰石将产生 168m^3 CO_2，石灰石含 94% $CaCO_3$，求石灰石的分解率（即转化率）。并求在这样的条件下，每生产 1000m^3（标准状况下）CO_2 需要多少石灰石，设反应产率为 100%。

7. 某工厂用硫酸处理白云石制取 CO_2，白云石分析结果为：$CaCO_3$ 68%（质量分数），$MgCO_3$ 30%，SiO_2 2%，硫酸浓度为 94%，假设白云石分解完全，试求 (1) 每吨白云石可生产多少千克 CO_2；(2) 硫酸的理论消耗定额。

8. 某工厂由甲醇和空气反应生产甲醛和水，年生产 37%（质量分数）甲醛水溶液 5000t，年操作时间为 8400h，空气过量 25%，甲醇的总转化率为 95%，计算生产中所需的空气量（$kg \cdot h^{-1}$）。

第四章 物料衡算

任务描述

1. 掌握物料衡算的原理
2. 掌握物料衡算的基本步骤
3. 掌握物料衡算的基本方法

任务分析

要完成该任务，其一，通过对物料衡算理论依据的学习，理解物料衡算的意义；其二，通过对化工过程类型的学习，掌握各种物料衡算式的表示方法，掌握物料衡算的基本步骤；其三，通过各种物料衡算实例的学习，掌握典型的三种物料衡算方法——直接计算法、联系组分法及元素衡算法。

第一节 物料衡算概述

物料衡算是利用质量守恒定律，对化工过程中的各股物料进行分析和定量计算，以确定它们的数量、组成和相互比例关系，并确定它们在物理变化或化学变化过程中相互转移或转化的定量关系。

一般来说，在设计一个生产系统，或者计算某个单元操作及设备时，首先必须进行物料、能量衡算。

物料衡算就是对过程中的各个设备和工序（或单元）逐个计算各物料的流量和组成，定量地表示所研究的对象，一般包括生产过程中的原料、材料消耗定额计算，化学反应程度和平衡组成计算，中间产品和产品产率计算，选择性及副产物、生产过程排出物的计算等。通过计算，查明系统各部分、各设备和各管路中的物料运行情况，找出比较弱的环节，为提出改进措施提供依据，以使整个生产最优化。

一、物料衡算的理论依据

物料衡算的理论依据是质量守恒定律，即在一个孤立物系中，不论物质发生任何变化，其质量始终不变（不包括核反应，因为核反应能量变化非常大，此定律不适用）。质量守恒定律是对总质量而言的，它既不是一种组分的质量，也不是指体系的总物质的量或某一组分的物质的量。在化学反应过程中，体系中组分的质量和物质的量发生变化，而且在很多情况下总物质的量也发生变化，只有总质量是不变的。当然，对于无化学过程的物理过程，总质量、总物质的量、组分质量和组分物质的量都是守恒的。

根据质量守恒定律，在一个稳定的化工过程中，向一个系统或设备中投放的物质量必须等于所得产品量及过程损失量。

即：
$$W_{投}=W_{产}+W_{损}$$

二、物料衡算的意义

对化工过程的物料进行平衡计算。主要是进行物料流量和组成的计算，有以下几点意义。

① 通过物料衡算可以知道原料、产品、副产品及中间产品之间量的关系，从而计算出原料的转化率、产品的收率、物料损失情况及原料的消耗定额。从这些技术经济指标可以揭示物料的利用情况，生产过程的经济合理性，过程的先进性和生产上存在的问题，并作出多方案比较，为选定较先进的生产方法和流程、或对现行生产提出改进意见提供依据。

② 通过物料衡算得到的数据是设计或选择设备类型、台数和尺寸的依据，以便对设备作进一步的计算。

③ 对新建车间、工段或装置的生产工艺指标进行预估，对化工过程和设备进行设计。

从物料衡算的几点意义可以看出，物料衡算是化工计算中最基本、也是最重要的内容之一，它是能量衡算、设备计算以及化工过程的经济评价和优化设计的基础。一般在物料衡算之后，才能计算所需要提供或移走的能量。例如，设计或研究一个化工过程，或对某生产过程进行分析，需要了解能量的分布情况，都必须在物料衡算的基础上，才能进一步算出物质之间交换的能量以及整个过程的能量分布情况。因此，物料衡算是进行化工工艺设计、过程经济评价、节能分析以及过程最优化的基础。

三、物料衡算的分类

物料衡算的分类，按其衡算范围分类，有单元操作（或单个设备）的物料衡算与全流程（即包括各个单元操作的全套装置）的物料衡算；按其操作方式分类，有连续操作的物料衡算、间歇操作的物料衡算以及半间歇操作的物料衡算；按有无反应过程分类，有无化学反应过程的物料衡算与有化学反应过程的物料衡算。此外，化学反应过程的物料衡算还有带循环的化工过程的物料衡算和带排放的化工过程的物料衡算。

通常，物料衡算有两种情况，一种是对现有的生产设备或装置，利用实际测定的数据，算出另一些不能直接测定的物料量。用此计算结果，对生产情况进行分析、作出判断、提出改进措施。另一种是设计一种新的设备或装置，根据设计任务，先作物料衡算，求出进出各设备的物料量，然后再作能量衡算，求出设备或过程的热负荷，从而确定设备尺寸及整个工艺流程。

第二节　物料衡算式

化工过程操作状态不同，其物料衡算的方程亦有差别，在对某个化工过程进行物料衡算时，必须先了解生产过程的类别。

一、化工过程的类型

1. 按操作方式分

化工过程根据其操作方式可以分成连续操作、间歇操作以及间歇连续操作（半间歇或半连续操作）三类。

化工过程中的物流系统可以用图 4-1 表示。

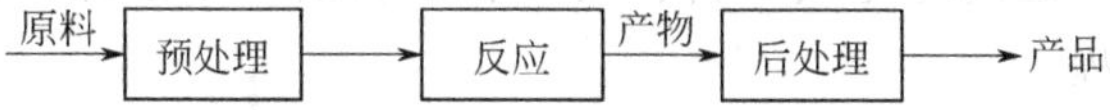

图 4-1　化工过程中的物流系统

(1) 连续操作过程　在整个操作期间，原料不断地输入生产设备，同时不断从设备排出同样数量（总量）的物料。如有化学反应发生，原料的预处理、化学反应及产物的后处理都是连续进行的，设备的进料和出料也是连续的，这样的操作过程即为连续操作过程。在整个操作期间，如果为稳定过程，设备内各部分组成与条件不随时间而变化。

连续过程的特点：由于减少了加料、出料等辅助生产时间，设备利用率较高，操作条件稳定，产品质量容易保证；另外，反应器设备内各点条件稳定，便于设计结构合理的反应器和选择合适的工艺流程，以便于实现自动控制和提高生产能力，因此，连续操作过程适用于大规模的生产。例如合成氨、硫酸、聚氯乙烯等产品的生产方式均采用连续操作。

连续操作的物流系统可以有多种方式，如循环、排放和旁路等。可用图 4-2 示意如下：

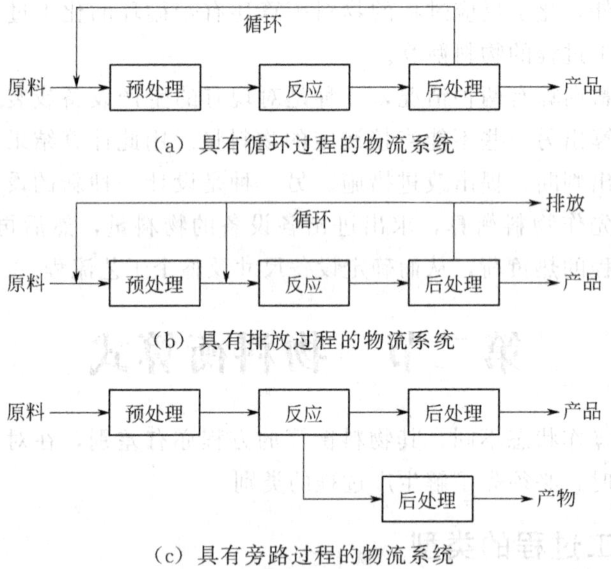

图 4-2　连续操作的物流系统

事实上，排放可以看成是部分循环，即一部分循环，一部分排放。

(2) 间歇操作过程　原料在生产操作开始时一次加入，然后进行反应或其他单元操作，一直到操作完成后，物料一次性排出，即加料、反应、出料，都是分开进行的，不是同时完成加料、反应和出料的三个步骤，这样的操作过程即为间歇操作过程。

间歇操作过程的特点：在整个处理操作时间内，没有物料进出设备，设备中各部分的组成与工艺参数条件随时间而不断变化。这样由于间歇操作的进料和出料等辅助操作过程占据了一定的操作时间，所以它适用于生产规模比较小、产品品种多或产品种类需经常变化的生产。

目前间歇操作过程已经成为化学工程发展的新动向之一，作为精细化工、生物化工、医药工业、食品工业等的主要过程，近年来逐步受到各国科学家的高度重视。它的一个显著特点，就是它具有生产的灵活性，即对于同一系列的生产设备，可以按市场需要生产多品种产品。那些高价值、低产量或生产过程复杂，生产周期长，特别是有固相中间体的产品，间歇操作过程不但不会被淘汰，而且将与连续过程长期并存下去。该过程的生产产值在上述工业中始终占有优势。

间歇过程的优点是操作简便，但每批生产之间需要加料、出料等辅助生产时间，致使劳动强度大，产品质量不易稳定，也成为间歇操作的致命弱点。

（3）间歇连续操作（半连续或半间歇操作）过程　操作时物料一次输入或分批输入，而出料是连续的；或连续输入物料，而出料是一次或分批的，即一半连续一半间歇。

这种操作方式特别适合于反应过程对加料和出料需要作特殊处理的产品，如有的反应物浓度对化学反应的继续进行有很大的影响，就可采用连续加料的方式来控制反应的进行，而出料一次完成；另有一些产品其产物的存在对反应的继续进行有不良的影响，这时可一次加料，连续出料，用这种半连续的操作方式来满足生产的特殊需要，以使反应过程尽可能地优化。

如图 4-3 所示即为半连续操作。图中 A 物质一次性加入，B 连续加入，出料一次完成，这就构成了一个典型的半连续操作过程。

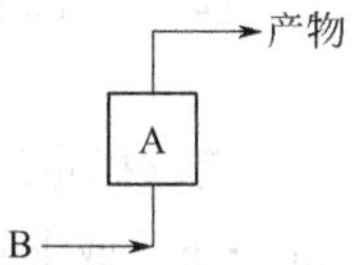

图 4-3　半连续操作

2. 按物系稳定性分

化工过程按物系是否稳定，可分为稳定状态操作和非稳定状态操作。

（1）稳定状态操作　是整个化工过程的操作条件（如温度、压力、物料量及组成等）都不随时间而变化，只是设备内不同点有差别，这种过程称为稳定状态操作过程，简称稳定过程。

（2）不稳定状态操作　是指操作条件随时间变化，在系统内各点的参数也随时间变化，这种化工过程操作即不稳定状态操作，简称不稳定过程。

间歇过程和半连续过程都属不稳定状态操作。连续过程正常操作期间，操作条件比较稳定，此时按稳定状态操作；在开、停工期间或操作条件变化和出现故障时，则属不稳定状态操作。

本章主要是以稳定状态操作过程为主介绍物料衡算的有关方法，对不稳定状态操作过程只作简要的介绍。

二、物料衡算式

根据质量守恒定律，对任何封闭体系，质量都是一定的。对于敞开体系，则进入体系的物料量和离开体系的物料量差额应等于体系内部积累的物料量。当体系内有化学反应时，还应考虑到化学反应所消耗和生成的物料量。因此，对任何一个体系，物料平衡关系式可表示为：

$$输入的物料量-输出的物料量-反应消耗的物料量+反应生成的物料量=积累的物料量 \quad (4\text{-}1)$$

说明：积累的物料量是表示体系内物料随时间而变化时所增加或减少的量，物料量增加时积累项为正值；物料量减少时，积累项为负值；当积累项等于零时，表示进出体系的物料量维持平衡，即达到稳定状态。

上式常称作物料衡算的通式，根据化工过程的特点不同，上式有不同的表达形式。

1. 稳定操作状态

稳定操作时，积累的物料量=0

(1) 有化学反应 此时物料平衡关系式为：

$$输入的物料量-输出的物料量-反应消耗的物料量+反应生成的物料量=0 \quad (4\text{-}2)$$

(2) 无化学反应 反应消耗和生成的物料量为零，此时物料平衡关系式为：

$$输入的物料量-输出的物料量=0 \quad (4\text{-}3)$$

连续稳定过程物料衡算式中，各项均以单位时间的物料量表示，常以 $kg \cdot h^{-1}$、$mol \cdot h^{-1}$ 或 $kmol \cdot h^{-1}$ 表示。

例如，一个贮槽进料量为 $50kg \cdot h^{-1}$，出料量为 $50kg \cdot h^{-1}$，则该贮槽内维持原来的物料量，不增加，也不减少，即达到稳定状态。这时积累的物料量一项等于零。

2. 非稳定操作状态

非稳定操作时，积累的物料量不为零。

(1) 有化学反应

$$输入的物料量-输出的物料量-反应消耗的物料量+反应生成的物料量=积累的物料量$$

(2) 无化学反应

$$输入的物料量-输出的物料量=积累的物料量 \quad (4\text{-}4)$$

例如：一个贮槽进料量为 $50kg \cdot h^{-1}$，出料量为 $45kg \cdot h^{-1}$，则此贮槽中的物料量以 $5kg \cdot h^{-1}$ 速度增加。所以，该贮槽处于不稳定状态，上述通式中积累的物料量一项不为零。

列衡算式时应特别注意，物料平衡是指质量平衡，不是体积或物质的量（摩尔数）平衡。若体系内有化学反应，则衡算式中各项用 $mol \cdot h^{-1}$ 为单位时，必须考虑反应式中的化学计量系数，因为反应前后物料中的分子数不一定守恒。

对于所列的物料衡算式，往往分成两类，即总物料平衡和各组分平衡，所以在列衡算式的时候一定要说明，以免混淆出错。

例如，用图 4-4 表示无化学反应的连续过程物料流程。图中方框表示一个体系，虚线表示体系边界。共有三股物流，进料 F 及出料 P 和 W。有两个组分，分别用下标“1”和“2”来代表，另一组 1、2、3 为各股物流，每股物流的流量及组成如图 4-4 表示。图中 x 为质量分数。

对图 4-4 可列出下列物料衡算式。

总物料衡算式：$F=P+W$

“1”组分衡算式：$Fx_{f_1}=Px_{p1}+Wx_{w1}$

“2”组分衡算式：$Fx_{f_2}=Px_{p2}+Wx_{w2}$

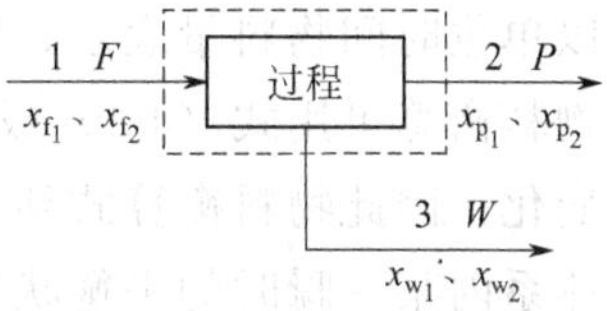

图 4-4　无化学反应的连续过程物料流程

说明：对于连续不稳定过程，其物料衡算式可用（4-1）通式。但是，由于该过程内物料量及组成等随时间而变化，因此，物料衡算式必须写成以时间为自变量的微分方程，表示体系内在某一瞬时的平衡，即用下式表示：

$$\frac{dm}{dt}=m_{入}+r_{生}-m_{出}-r_{耗} \tag{4-5}$$

式中　$m_{入}$，$m_{出}$——物质穿过边界进、出过程的质量流率，$kg \cdot s^{-1}$；

$r_{生}$，$r_{耗}$——体系由于化学反应，物质的生成、消耗速率，$kg \cdot s^{-1}$。

对于间歇过程，由于在操作过程中无物质交换，积累物料量一项为零，因此该过程的物料衡算式与（4-2）式相同。但是，间歇过程内物料组成等条件是随时间而变化的，所以衡算式应写成积分平衡式，表示体系内在两个瞬时之间的平衡，可用下式表示：

$$\int_{t_0}^{t_f} dm = m(t_f)-m(t_0)=\int_{t_0}^{t_f} m_{入}\,dt+\int_{t_0}^{t_f} r_{生}\,dt-\int_{t_0}^{t_f} m_{出}\,dt-\int_{t_0}^{t_f} r_{耗}\,dt \tag{4-6}$$

式中　t_0——初时；

t_f——终时。

在应用上述物料衡算式时应注意以下几点：

（1）物料衡算一般有总物料平衡、组分物料平衡和元素原子平衡 3 个层次，每个层次又有质量平衡和物质的量平衡两种情况，因而总共有 6 种物料平衡形式，采用哪一种形式要根据具体条件决定。当体系内只有物理过程时，6 种平衡形式均可使用，但一般不用元素原子平衡，因为组分物料平衡比较简单，足以解决同样的问题。当体系内有化学反应时，由于体系内总摩尔数不一定守恒，因此总物料平衡中的总摩尔平衡式不适用。组分物料平衡和元素原子平衡可以适用，但因为化学反应一般都用摩尔数计量，所以多采用组分摩尔平衡式和元素原子摩尔平衡式。在化学反应比较复杂，反应计量系数不明确，只有参加反应各物质的化学分析数据时，应用元素原子平衡比较方便，有时甚至只能用元素原子平衡才能解决问题，例如对石油馏分裂解、燃烧等过程的计算。

(2) 对于连续稳态过程，其物料衡算可用式（4-2）或式（4-3）中各项均以单位时间物料量表示，如 $kg \cdot h^{-1}$ 或 $mol \cdot h^{-1}$ 等。对于连续非稳态过程，其物料衡算可用式（4-1）或式（4-4），但由于过程内容物料量及组成等随时间而变化，因此物料衡算式须写成以时间为自变量的微分方程，见式（4-5），表示体系内某一瞬时的平衡状况。

(3) 对于间歇过程，从过程特征上应属非稳态过程，但由于在操作过程中无物质交换，“积累的物料量”一项为零，因此该过程的物料衡算式可用式（4-2）。但是，间歇过程内物料组成等参数是随时间而变化的，所以物料衡算式应写成积分的形式，见式（4-6），表示体系内在两个瞬时之间的平衡状况。

(4) 对一个问题所列出的各种物料平衡式，并不一定全部是独立的，各组分的质量平衡式之和或元素原子的质量平衡式对于其他两组平衡式是不独立的。一个由 N 个组分组成的体系，最多有 N 个独立的物料平衡式，所以在一组物料平衡式中若含有总质量平衡式，则必有一个组分平衡式是不独立的，它可以由总质量平衡式减去其他的组分平衡式而得到。

第三节　物料衡算的基本方法

进行物料衡算时，为了能顺利地解决问题，提高解题的精确度，必须掌握一定的解题技巧，这对把复杂问题简单化有很大的帮助，并且物料衡算也有一定的规范格式，所以按正确的解题方法和步骤进行计算是非常必要的。尤其是对复杂的物料衡算问题，规范准确更显重要。

一、物料衡算的范围

进行物料衡算时，必须首先确定衡算的体系。所谓体系就是物料衡算的范围，它可以是一个设备或几个设备，也可以是一个单元操作或整个化工过程，可以根据实际需要人为地选定，体系的确定以能简化解题为原则。

物料衡算必定是针对特定的衡算体系的，它主要研究在某一个体系内进、出物料量及组成的变化。

物料衡算的体系有边界，在边界之外的空间物质称为环境。体系和环境之间有可能发生质量交换和能量交换两种情况，物料衡算只考虑质量交换。凡是与环境没有质量交换的体系称为封闭体系，而与环境有质量交换的体系称为敞开体系。

二、物料衡算的基本步骤

进行物料衡算时，尤其是那些设备和过程较多的复杂体系的物料衡算，应按照一定的计算步骤来进行。这对培养同学们严密地逻辑思考问题的能力，对以后在实际工作中解决复杂问题都是有帮助的。物料衡算的一般步骤如下。

1. 收集、整理计算数据

计算数据包括以下几方面。

（1）设计任务数据

① 生产规模。根据设计任务、生产能力来确定。

② 生产时间。即年工作时数（操作时间），一般为7200～8000h左右。

③ 有关工艺技术经济指标。即转化率、收率、选择性（或产率）、原料的消耗定额、生产能力与生产强度等。

（2）物性数据　如质量、密度、浓度、反应平衡常数、相平衡常数、热容等。

（3）工艺参数　如温度、压力、流量、原料配比、停留时间等。

不同情况下数据有不同的来源，对于设计一个新的工艺过程，有关数据可由实验室试验或中间试验提供，对于已有的生产过程，则由生产装置实测而得。衡算中所需的物性数据可以从设计手册及有关专业书籍中查取，当某些数据无法获得或不能精确测定时，可在工程设计计算所允许的范围内推算或假定，所有收集的数据应该使用统一的法定计量单位。

2. 画出物料流程简图

求解物料衡算问题，首先应该根据给定的条件和实际工艺过程画出物料流程简图。

画物料流程图的方法如下。用简单的方框表示过程中的设备，方框中标明过程的特点或设备的名称，如过滤、蒸发、燃烧、混合等；用带箭头的线条表示每股物流的途径和流向。箭头的方向代表了物料的流向，指向方框的代表输入，反之为输出。有时箭头方向也仅代表处理前和处理后的物料，在线条的上方和下方标出每股物流的已知变量（如流量、组成）、未知变量及单位。

例如：含CH_4 0.85和C_2H_6 0.15（摩尔分数）的天然气与空气在混合器中混合。得到的混合气体含CH_4 0.10。试计算100mol天然气应加入的空气量及得到的混合气量。所画的物料流程简图如图4-5所示。

画物料流程图时，将各股物流的已知变量及未知变量清晰地标记在图上，有助于分析、思考问题，并对正确列出物料衡算式有帮助。尤其是流程较复杂、

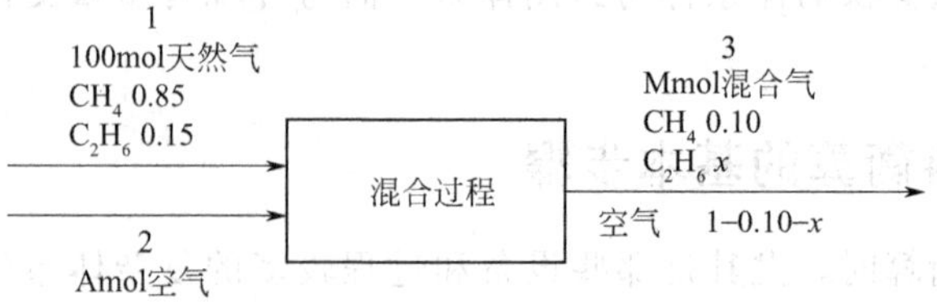

图 4-5 混合过程物料流程简图

物流股又比较多的时候，则更需要在画出流程图之后，才能列衡算式求解。

在图中，应表示出所有物料线，并注明所有已知和未知变量。如果过程中有很多股物流，则可将每股物流进行编号，以避免出错。

正确画出物料流程简图有助于理解题意，了解体系的特点和性质，辨别出是简单体系还是复杂体系，是化学反应过程还是物理过程。同时也有助于列出物料衡算式，全面了解未知变量的情况，以便采用正确的解题方法。

3. 确定衡算体系

根据衡算对象的情况，用框图形式画出物料流程简图后，必要时可在流程图中用虚线表示体系的边界，从虚线与物料流股的交点可以很方便地知道进出体系的物料流股有多少。

当物料衡算过程较复杂，包含有很多设备时，合理选择衡算体系对解题是很有帮助的，特别是第一个衡算体系的确定，往往是解题的突破口，解决问题之关键，这时原则上应选择已知条件最多、物料组分最多、未知变量最少的体系作为第一个衡算系统，这些条件有时不一定能同时满足，可视具体情况进行取舍。如果再不能确定衡算体系，需列表进行自由度分析，检查给定的数据条件与求解的变量数目是否相符，确定求解的步骤。例：图 4-6 中虚线框即表示了衡算体系的边界。

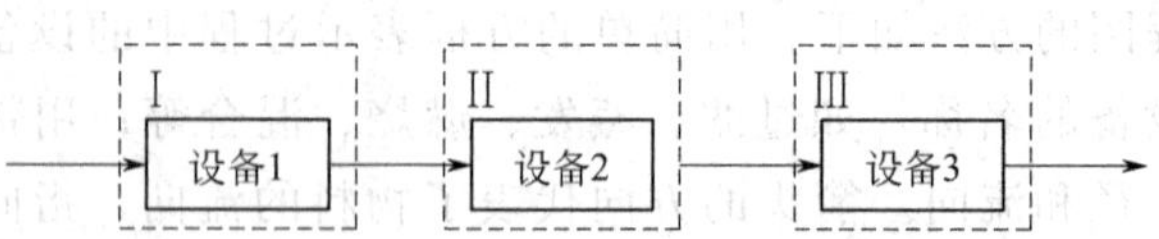

图 4-6 衡算体系表示方法

4. 写出化学反应方程式

写化学反应方程式时，应按化学反应方程式的正确配平方法将方程式配平，包括主反应和副反应，并将参与反应的各反应物和生成物的相对分子质量列表汇总表示出来，以备计算时用。如果无化学反应或化学反应过于复杂，而无法列出时，则此步可免去。

5. 选择合适的计算基准，并在流程图上注明所选的基准值。

计算基准即进行物料衡算时先确定的某一股物料的量。在物料、能量衡算中，计算基准的选取至关重要，从原则上说选择任何一种计算基准，都能得到正确的解答。但是，计算基准的选择恰当，可以使计算简化，避免错误。计算中必须将所选取的基准写清楚，并在计算过程中始终保持一致。如果在计算过程中要变更基准，必须加以说明，并注意计算结果的换算关系。在一般化工计算中，根据过程的特点选择计算基准大致可以从以下几个方面考虑。

(1) 时间基准　以一段时间，如一天、一小时的投料量或产品产量作为计算基准，如 $kg \cdot h^{-1}$。对间歇操作的体系可选每釜或每批作基准，也可先按一个方便的数量如 1000kg、100t 等，最后再换算为实际的量。

(2) 质量基准　当系统介质为液、固相时，选取原料或产品的质量作为计算基准是适宜的。如以 1kg、100kg 的原料作为基准。

(3) 物质的量基准　当体系有化学反应发生时，选择物质的量（即 mol 或 kmol）为基准是最适宜的，因为化学反应中各反应物和生成物之间是按照摩尔比参与反应的，在对有化学反应发生的过程进行物料衡算时，可以利用化学反应方程式来直接进行物料衡算。

(4) 体积基准　主要在对气体物料进行衡算时选用，应把实际情况下的体积换算为标准状态下的体积。这样不仅排除了温度、压力变化带来的影响，而且可以直接换算为物质的量（1mol 的任何气体在标准状况下其体积为 22.4L）。气体混合物中，各组分的体积分数和摩尔分数在数值上是相等的。

对于不同化工过程，采用什么基准适宜，需视具体情况而定，不能作硬性规定。例如，当进料的组成未知时（比如以煤、原油等作为原料），只能选单位质量作基准；当密度已知时，也可选体积作基准。但是，不能选 1mol 煤或 1mol 原油作基准，因为不知道它们的相对分子质量。对有化学反应的体系，可以选某一个反应物的物质的量作基准，因为化学反应是按反应物之间的摩尔比进行的。

根据不同过程的特点，选择计算基准时，应该注意以下几点。

① 计算基准在数值上可取 1 或 100 等整数，以方便计算。

② 应选择已知变量数最多的流股作为计算基准。例如，某一个体系，反应物组成只知其主要成分，而产物的组成已知，就要以选用产物的单位质量或单位体积作基准。反之亦然。

③ 对液体或固体的体系，常选取单位质量作基准。

④ 对连续流动体系，用单位时间作计算基准有时较方便。例如，以 1h、1d 等的投料量或产品量作基准。对间歇的体系，则选择加入设备的批量作计算基

准。对于处理量数值很大的计算，例如年处理400万吨原油的炼油厂，可以先按100t或100kg进行计算，最后再换算到实际需要量。

⑤ 对于气体物料，如果环境条件（如温度、压力）已定，则可选取体积作基准。

下面举例说明选择不同的物料流股为计算基准对解题繁简的影响程度。

【例4-1】 丙烷充分燃烧（即转化率100%）时，实际输入的空气量为理论所需量的125%，反应式为：$C_3H_8+5O_2 \longrightarrow 3CO_2+4H_2O$，求：每生成100mol的燃烧产物实际需要输入多少摩尔空气？

解 由题意物料流程简图如图4-7所示。

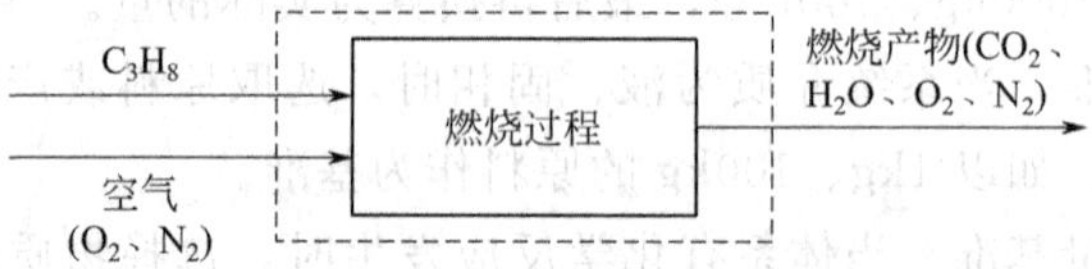

图4-7 例4-1物料流程简图

由流程图4-7可知：

该体系有三股物流：丙烷、空气、燃烧产物。

原则上基准的选择有三种方法：

① 选一定量的丙烷为计算基准；

② 选一定量的空气为计算基准；

③ 选一定量的燃烧产物为计算基准。

下面分别以这三种物料为基准，比较各种计算方法的难易程度，以说明合理选择基准的重要性。

方法一 基准：1mol C_3H_8。

1mol C_3H_8 完全燃烧需要的理论空气量计算：

由反应式，完全燃烧理论上需氧量（即实际耗氧量）5mol

由空气过量125%即氧气过量125%，有

实际供氧的量 $1.25\times5mol=6.25mol$

折算成实际供空气的量（空气中含氧21%） $\dfrac{6.25mol}{0.21}=29.76mol$

29.76mol空气中含氮的量 $29.76mol\times0.79=23.51mol$

反应后剩余 O_2 的量 1.25mol

反应所产生的 CO_2 的量 3mol

反应所产生 H_2O 的量 4mol

总的燃烧产物的量　(23.51＋1.25＋3＋4)mol＝31.76mol

所以，每 100mol 燃烧产物所需空气的量为

$$\frac{100\text{mol}\times 29.76\text{mol}}{31.76\text{mol}}=93.7\text{mol}$$

物料衡算结果汇总如表 4-1 所示。

表 4-1　物料衡算结果汇总表一（基准：1mol C_3H_8）

输入			输出		
组分	物质的量/mol	质量/g	组分	物质的量/mol	质量/g
C_3H_8	1	44	CO_2	3	132
空气中 O_2	6.25	200	H_2O	4	72
空气中 N_2	23.51	658.28	O_2	1.25	40
			N_2	23.51	658.28
总计	30.76	902.28	总计	31.76	902.28

分析：从表 4-1 可以看出，输入物料的总质量和输出物料的总质量皆为 902.28g，所以质量是守恒的，但是输入物料的总物质的量为 30.76mol，输出物料的总物质的量为 31.76mol，显然物质的量是不守恒的。因为丙烷燃烧反应是物质的量增大的反应，1mol 的丙烷燃烧总物质的量增加 1mol。从结果也可以看出物质的量增加的情况与反应方程式表达情况相符。进一步验证了结果的正确性。

方法二　基准：1mol 空气。

按题意输入的空气量为理论量的 125%，则理论上所需空气量为：

$$\frac{1\text{mol}}{1.25}=0.8\text{mol}$$

因为 1mol 空气中含氧量为 0.21mol；所以

供燃烧 C_3H_8 的氧量（即反应消耗氧）　0.8×0.21mol＝0.168mol

由反应式，燃烧 C_3H_8 的量为　$\frac{0.168\text{mol}}{5}=0.0336\text{mol}$

反应产生 CO_2 的量　0.0336mol×3＝0.1008mol

反应产生 H_2O 的量　0.0336mol×4＝0.1344mol

反应后剩余 O_2 的量　(0.21－0.168)mol＝0.042mol

通入 1mol 空气产生的燃烧产物的总量为

$$(0.1008+0.1344+0.042+0.79)\text{mol}=1.068\text{mol}$$

所以，每 100mol 燃烧产物需空气量为

$$\frac{100\text{mol 燃烧产物}\times 1\text{mol 空气}}{1.068\text{mol 燃烧产物}}=93.6\text{mol}$$

物料衡算结果汇总如表 4-2 所示。

表 4-2 物料衡算结果汇总表二（基准：1mol 空气）

输入			输出		
组分	物质的量/mol	质量/g	组分	物质的量/mol	质量/g
C_3H_8	0.0336	1.48	CO_2	0.101	4.44
空气中 O_2	0.21	6.72	H_2O	0.135	2.43
			O_2	0.042	1.34
空气中 N_2	0.79	22.12	N_2	0.79	22.12
总计	1.0336	30.32	总计	1.068	30.33

方法三 基准：100mol 燃烧产物。

有六个未知变量，引进六个参数，分别为

N——燃烧产物中 N_2 的量，mol；

M——燃烧产物中 O_2 的量，mol；

P——燃烧产物中 CO_2 的量，mol；

Q——燃烧产物中 H_2O 的量，mol；

A——入口空气的量，mol；

B——入口 C_3H_8 的量，mol。

因有 6 个未知量，所以必须列 6 个独立方程。体系中有四种元素，可以列四个独立物料衡算方程。

列元素平衡：

由 C 平衡 $$3B = P \quad (1)$$

由 H_2 平衡 $$4B = Q \quad (2)$$

由 O_2 平衡 $$0.21A = M + P + \frac{Q}{2} \quad (3)$$

由 N_2 平衡 $$0.79A = N \quad (4)$$

另有两个辅助条件方程如下：

燃烧产物总量 $$M + N + P + Q = 100\text{mol} \quad (5)$$

反应后剩余的氧量 $$M = 0.21A - \frac{0.21A}{1.25} \quad (6)$$

按照反应式的化学计量关系，还可列出另外几个线性方程，但是都与以上 6 个式子有关，独立方程只有以上式(1)～式(6)。其中共含 6 个未知量，有确定解。由于方程较简单，可用消元法解上列方程组。

由式(1) 和式(2) 联立求解得 $$P = \frac{3}{4}Q \quad (7)$$

将式(7)、式(4)、式(6)代入式(3)得

$$0.21A=0.042A+\frac{3}{4}Q+\frac{Q}{2} \tag{8}$$

整理得　　$Q=0.1344A$

将式(7)、式(4)、式(6)代入式(5)式得

$$0.79A+0.042A+\frac{3}{4}Q+Q=100\text{mol} \tag{9}$$

以式(8)代入式(9)解得　　$A=93.7\text{mol}$

由式(4)解得　$N=74.02\text{mol}$

由式(8)解得　$Q=12.59\text{mol}$

由式(2)解得　$B=3.148\text{mol}$

由式(7)解得　$P=9.445\text{mol}$

由式(6)解得　$M=3.945\text{mol}$

所以得到100mol燃烧产物输入的空气量为93.7mol。

从上述三种不同基准的解法可看出，第三种解法虽然避免了换算，但是比第一、第二种解法工作量大。如果线性方程组较复杂，则解方程组时工作量更大。所以，从题意看，第一、第二种解法所选的基准比较恰当。

由上例可见，选择合适的基准，能简化解题、减少计算工作量，将复杂问题简单化，否则会适得其反，将简单问题复杂化，所以基准的合理选择是解题步骤中一个很重要的技巧。

6. 列出物料衡算式，然后用数学方法求解

根据衡算体系的具体情况，列出所有独立的物料衡算式，当未知变量数等于独立方程式个数时，可用代数法求解。如当未知数变量多于独立方程式个数时，只能采用试差法等较复杂的方法求解。在求解单元设备的简单问题时，也可不必列出物料衡算式而直接算出结果，如本例中的很多参数就是直接得到结果的。

对组成较复杂的一些物料，可以先列出输入-输出物料表，表中用符号表示未知量，这样有助于列物料衡算式，最后将求得的数值填入表中。

7. 校核、整理计算结果

将物料衡算的结果加以整理、校核，列成物料衡算表。表中需列出输入、输出的物料名称、数量及单位和占总物料的百分数。当进行工艺设计时，物料衡算结果除将其列成物料衡算表外，衡算结果需要在流程图上表示，即画出物料衡算图。当流程比较复杂、流股又比较多时，还可将每个流股编号，这样，物料的来龙去脉可以一目了然。

进行物料衡算时，对一些简单问题上述步骤似乎有些繁琐，在实际解题时

确实也可简化某些步骤，但是训练这种有条理的解题方式，有助于培养良好的解题习惯，对今后解决复杂的问题是有帮助的。

第四节　无化学反应过程的物料衡算

物料衡算按有无化学反应可分两大类：无化学反应过程的物料衡算和有化学反应过程的物料衡算。无化学反应过程是指一些只有物理变化而没有化学反应的单元操作，例如流体输送、粉碎、换热、混合、精馏、蒸发、干燥、吸收、结晶、萃取、过滤等，或是虽有化学反应，但以物理变化为主，这些过程的物料衡算都可以根据质量守恒定律，由物料衡算式(4-4)，列出总物料和各组分的衡算式，再用代数法求解即可；有化学反应过程的物料衡算是指包含反应器的以化学反应过程为主的物料衡算，典型流程有循环、排放及旁路三种工艺过程，这些过程的物料衡算较复杂，应掌握有关反应器的物料衡算后，根据不同工艺过程的特点，才能完成相关物料衡算。

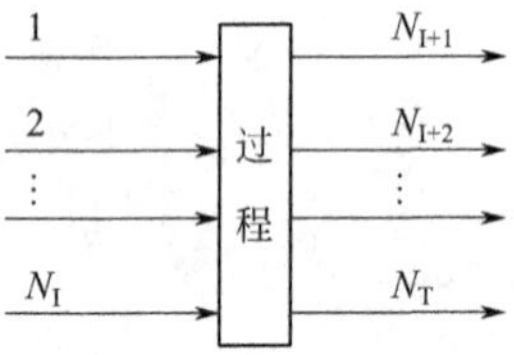

图 4-8　简单衡算系统示意图

对任意系统皆可简化为下述的具有 N_I 股进入物流及（$N_T \sim N_{I+1}$）股引出物流的简化示意图（称简单衡算模型），如图 4-8 所示。

对于该示意流程图，可写出下一组物料衡算通式：

总物料衡算式

$$\sum_{i=1}^{N_I} F_i = \sum_{i=N_{I+1}}^{N_T} F_i \tag{4-7}$$

各组分的物料衡算式

$$\sum_{i=1}^{N_I} F_i Z_{i,j} = \sum_{i=N_{I+1}}^{N_T} F_i Z_{i,j} \quad j=1,2,\cdots,N_T \tag{4-8}$$

组成的约束条件

$$\sum_{j=1}^{N_C} Z_{i,j} = 1 \quad i=1,2,\cdots,N_C \tag{4-9}$$

简单衡算模型中的符号说明见表 4-3。

表 4-3　简单衡算模型中的符号明细表

符　号	说　明	符　号	说　明
N_C	组分的数目	N_T	物质流股的总数
N_E	化学元素的数目	F_i	第 i 个流股的总流率
N_I	进入流股的总数	$Z_{i,j}$	在第 i 个流股中 j 组分的组成

例如，根据图 4-4，若每股物流有 n 个组分，则可以列出以下衡算式：

总物料衡算式 $$F=P+W \tag{1}$$

各组分的衡算式 $$Fx_{F_1}=Px_{P_1}+Wx_{W_1} \tag{2}$$

$$Fx_{F_2}=Px_{P_2}+Wx_{W_2} \tag{3}$$

$$\vdots$$

$$Fx_{F_n}=Px_{P_n}+Wx_{W_n} \tag{n}$$

式中 F——输入物料的流量；

P、W——输出物料的流量；

x_F、x_P、x_W——分别为 F、P、W 中同一种组分的质量分数（对无化学反应过程，同样可以用摩尔分数）。

可见，有 n 个组分的物料，可列出 n 个组分衡算式及 1 个总物料衡算式，共 $n+1$ 个衡算方程。但是，在同一个物料中，各组分的质量分数（或摩尔分数）之和等于 1。所以，$n+1$ 个方程中，只有任意 n 个方程是独立的，由这 n 个独立方程用代数运算可以得到另一个方程。因此，有 n 个组分的体系，最多只能求解 n 个未知量，即在一个衡算体系中由物料衡算所列的独立方程个数满足以下式子：

$$\text{独立方程数}=\text{体系中组分数} \tag{4-10}$$

一、简单过程的物料衡算

简单过程，是指仅有一个设备或一个单元操作，或整个过程虽有多个设备，但可简化成一个设备的过程。这种过程的物料衡算叫做简单过程的物料衡算，这种过程的物料衡算比较简单，在物料流程简图中，设备边界就是体系边界。

下面通过举例说明计算步骤和计算方法。

1. 混合

当物料的浓度不符合化工生产要求时，经常需要通过加入其他浓度的物质来进行调整，这就是混合，混合有气体和气体之间的混合，液体和液体之间的混合。混合是比较容易完成的操作，只要物料之间的配比确定，另注意物质混合过程是否有强放热现象发生，除此以外，给予足够的空间就可以完成混合操作了。

【例 4-2】 现有 800kg 用过的稀电池溶液，内含 H_2SO_4 12.43%（质量分数）。现在需将其配制成含有 H_2SO_4（18.63%）的溶液再重新利用，问需加入 77.7%的 H_2SO_4 多少千克合适？可制得多少千克可利用的酸？

解 根据题意可画出如图 4-9 所示的物料流程图。

此题中有四个已知数据：一个质量数据，三个组成数据，要求的有两个未知变量，体系中有两种物质，可列出两个独立的物料衡算方程，问题可解。

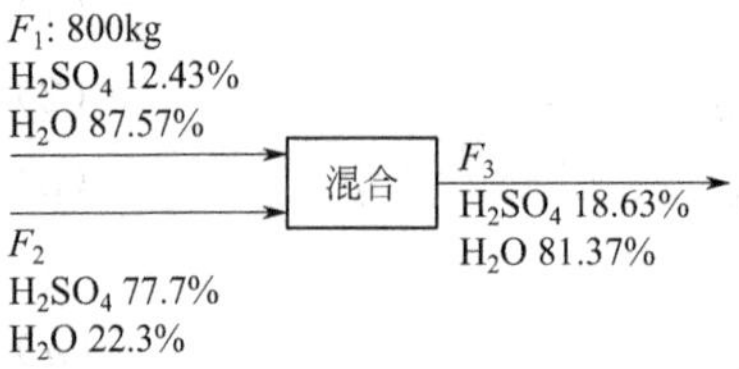

图 4-9　例 4-2 物料流程图

设 F_2 为 77.7% H_2SO_4 的质量，F_3 为 18.63%的 H_2SO_4 质量。可以写出一个总物料平衡式和两个组成平衡式，其中任意两个方程组合都是独立方程，可以解出两个未知变量。

基准：800kg 稀电池溶液。

列总物料平衡　$F_1 + F_2 = F_3$　(1)

列 H_2SO_4 组分平衡：

$$F_1 \times 12.43\% + F_2 \times 77.7\% = F_3 \times 18.63\% \quad (2)$$

将已知数据代入式(1)、式(2) 得 $800\text{kg} + F_2 = F_3$　(3)

$$12.43\% \times 800\text{kg} + 77.7\% F_2 = 0.1863 F_3 \quad (4)$$

联式(2)、式(3)、式(4) 求解得 $F_2 = 83.97\text{kg}$

$$F_3 = 883.97\text{kg}$$

将上述结果代入 H_2O 的平衡式，可校核计算的正确性。

$$800\text{kg} \times 87.57\% + 83.97\text{kg} \times 22.3\% = 883.97\text{kg} \times 81.37\%$$

上式左右两边成立，说明计算结果正确。

【例 4-3】 一种废酸，组成为 23%（质量分数）HNO_3，57% H_2SO_4 和 20% H_2O 加入 93%的浓 H_2SO_4 及 90%的浓 HNO_3，要求混合成含 27% HNO_3 及 60% H_2SO_4 的混合酸，计算所需废酸及加入浓酸的数量。

解　设 x——废酸的质量，kg；

y——浓 H_2SO_4 质量，kg；

z——浓 HNO_3 的质量，kg。

① 画出物料流程图（见图 4-10）。

② 选择基准，可以选废酸或浓酸的量为基准，也可以用混合酸的量为基准，因为四种酸的组成均已知，选任何一种作基准，计算都很方便。

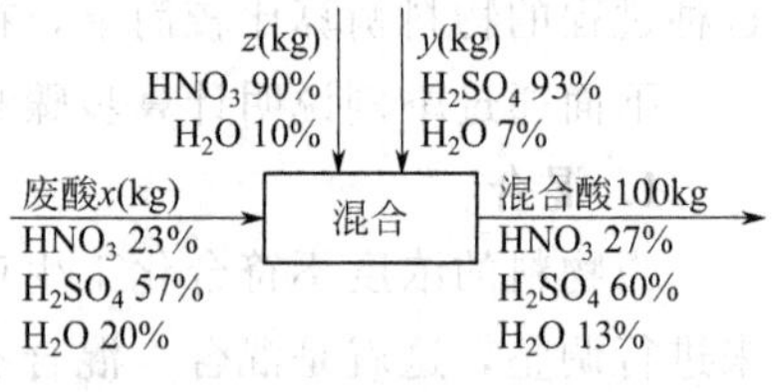

图 4-10　例 4-3 物料流程图

③ 列物料衡算式，该体系有 3 种组分，可列出 3 个独立方程，所以能求出 3 个未知量。

基准：100kg 混合酸。

总物料衡算式　$x + y + z = 100\text{kg}$　(1)

H_2SO_4 的衡算式：

$$57\% x + 93\% y = 100\text{kg} \times 60\% \quad (2)$$

HNO_3 的衡算式：

$$23\%x + 90\%z = 100\text{kg} \times 27\% \tag{3}$$

解 由式(1)、式(2)、式(3) 得 $x = 41.8\text{kg}$

$$y = 39\text{kg}$$

$$z = 19.2\text{kg}$$

即：由 41.8kg 废酸、39kg 浓 H_2SO_4 和 19.2kg 浓 HNO_3 可以混合成 100kg 混合酸。

根据水平衡，可以核对以上结果：

加入的水量$=(41.8\times20\%+39\times7\%+19.2\times10\%)\text{kg}=13\text{kg}$

混合后的酸，含 13% H_2O，所以计算结果正确。

以上物料衡算式，亦可以选总物料衡算式及 H_2SO_4 与 H_2O 二个衡算式或 H_2SO_4、HNO_3 和 H_2O 三个组分衡算式进行计算，均可以求得上述结果。

【例 4-4】 需要制备富氧湿空气。把空气、纯氧和水通入蒸发室，水在蒸发室汽化。出蒸发室的气体经分析含 0.015（摩尔分数）H_2O。水的体积流量为 $0.0012\text{m}^3\cdot\text{h}^{-1}$，纯氧的摩尔流量（$\text{kmol}\cdot\text{h}^{-1}$）为空气摩尔流量（$\text{kmol}\cdot\text{h}^{-1}$）的$\frac{1}{5}$，计算所有的未知量及组成。

解 设 Q——空气流量，$\text{kmol}\cdot\text{h}^{-1}$；

$0.2Q$——纯氧流量，$\text{kmol}\cdot\text{h}^{-1}$；

F——富氧湿空气流量，$\text{kmol}\cdot\text{h}^{-1}$；

x——富氧湿空气中含氧的摩尔分数量。

① 画出物料流程图（见图 4-11）

② 基准：H_2O 流量 $0.0012\text{m}^3\cdot\text{h}^{-1}$。

③ 列物料衡算式

H_2O 的体积流量 $0.0012\text{m}^3\cdot\text{h}^{-1}$，$H_2O$ 的密度 $1000\text{kg}\cdot\text{m}^{-3}$

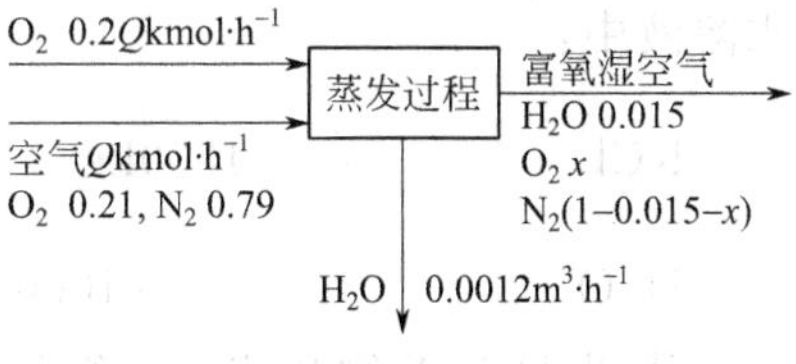

图 4-11 例 4-4 物料流程图

故，水的摩尔流量：

$$W=\left(0.0012\times1000\times\frac{1}{18}\right)\text{kmol}\cdot\text{h}^{-1}=0.0666\text{kmol}\cdot\text{h}^{-1}$$

H_2O 的衡算式：

$$W = F\times0.015 = 0.06666\text{kmol}\cdot\text{h}^{-1} \tag{1}$$

总物料衡算式 $$0.2Q + Q + W = F \tag{2}$$

N_2 的衡算式 $$Q\times0.79 = F(0.985 - x) \tag{3}$$

由式(1)、式(2)、式(3) 求得

$$F = 4.44\text{kmol} \cdot \text{h}^{-1}$$

$$Q = 3.648\text{kmol} \cdot \text{h}^{-1}$$

$$x = 0.337 \text{ 即 } 33.7\%$$

对一些比较简单的、只有一个未知量或一个未知组成的无化学反应过程的物料衡算，可以用算术法直接求解，不必列物料衡算式用代数法求解。

2. 结晶

在化工生产中，为了精制固体物质，使溶解于液体中的固体溶质呈结晶状析出的操作称为结晶。它是获得纯净固体物质的重要方法之一，应用较广泛。

在有关结晶的物料衡算中，溶解度和质量分数之间的换算是必需的，因为对于饱和溶液从手册上能查到的是溶解度数据而非质量分数数据。

【例 4-5】 1000kg KCl 饱和水溶液盛于结晶槽中，温度为 80℃。将此溶液冷却到 20℃，若在冷却过程中，进料溶液中的水有 7%蒸发掉，求从溶液中结晶出的 KCl 量。

解 由手册查得 KCl 在水中的溶解度数据如下。

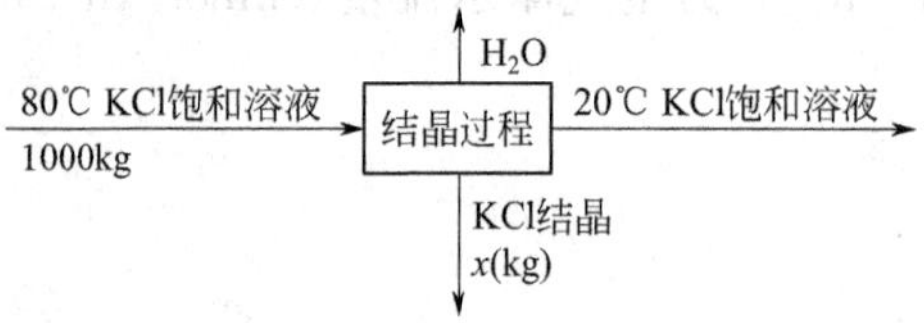

图 4-12 例 4-5 物料流程图

80℃：51.1g KCl·(100g H_2O)$^{-1}$；

20℃：24.0g KCl·(100g H_2O)$^{-1}$。

画物料流程示意图（见图 4-12）。

基准：1000kg、80℃、KCl 饱和水溶液。

① 进料各组分量

由 80℃ KCl 溶解度为 51.1g KCl·(100g H_2O)$^{-1}$，可知 1000kg KCl 饱和水溶液中：

KCl $$1000\text{kg} \times \frac{51.1\text{g}}{(51.1+100)\text{g}} = 338\text{kg}$$

H_2O $(1000-338)\text{kg} = 662\text{kg}$

② 出料 KCl 饱和溶液各组分量

由于冷却时进料中的水 7%蒸发掉，溶液中剩下的水应为：

H_2O $662\text{kg} \times (1-7\%) = 615.7\text{kg}$

由 20℃ KCl 溶解度为 24.0g KCl·(100g H_2O)$^{-1}$，则

$$\text{KCl} \quad 615.7\text{kg} \times \frac{24\text{g}}{100\text{g}} = 147.8\text{kg}$$

③ 结晶 KCl 量 x

$$x = (338 - 147.8)\text{kg} = 190.2\text{kg}$$

3. 吸收

在石油化工生产中，常常需要分离气体混合物以获得纯净的原料气或气体产品，吸收操作就是分离气体混合物的一种有效方法。气体吸收过程示意图见图 4-13。

吸收操作的工艺条件一般选择低温高压，为使吸收剂回收利用，一般吸收操作后吸收剂进入解吸塔，为吸收的逆过程，其工艺条件为高温低压，所以吸收和解吸应合理进行能量利用，以降低成本。

【例 4-6】 将含 20%（质量分数）丙酮与 80%空气的混合气输入吸收塔，塔顶用喷水吸收丙酮。吸收塔塔顶出口气体含丙酮 3%，空气 97%，吸收塔底得到 50kg 含 10%丙酮的水溶液，计算输入吸收塔气体的量。

解 由题意画出物料流程示意图（见图 4-14）。

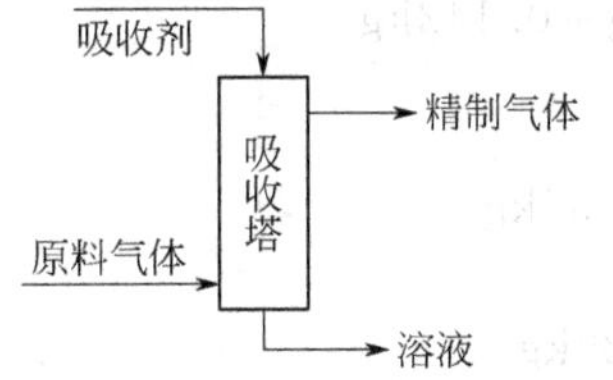

图 4-13 气体吸收过程示意图

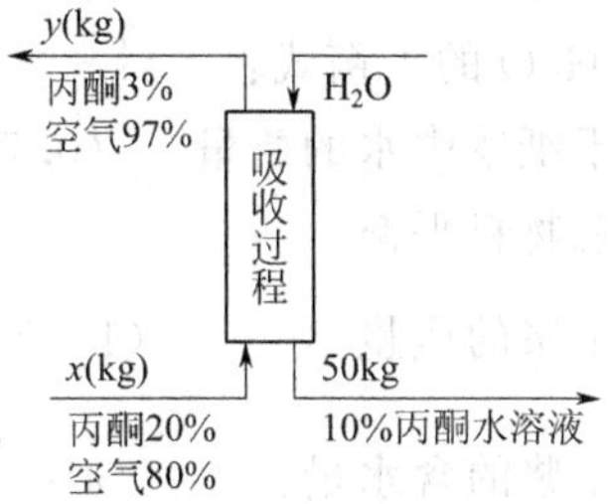

图 4-14 例 4-6 物料流程图

基准：50kg 10%丙酮水溶液。

设塔底输入的混合气为 x（kg），塔顶的混合气为 y（kg）

10%丙酮水溶液中，丙酮　50kg × 10% = 5kg

水　(50 − 5)kg = 45kg

混合进料气体中，丙酮　$0.20x$（kg）

空气　$0.80x$（kg）

列衡算式：

丙酮衡算式　$0.20x = 0.03y + 5$　(1)

空气衡算式　$0.80x = 0.97y$　(2)

由式(1)、式(2) 得 $x = 28.52$kg，$y = 23.52$kg

进料气中丙酮　$0.20x = 0.20 \times 28.52$kg $= 5.70$kg

所以输入吸收塔气体的量为 28.52kg。

4. 干燥

在化工生产中，有些原料、半成品和成品常含有水分（或其他溶剂）。为了便于加工、运输、贮藏和使用，需将物料中的水分（其他溶剂）除去。这种从物料中去除水分（或其他溶剂）的操作称去湿，去湿的方法很多，可分三类：①化学去湿法；②机械除湿法；③热能去湿法。热能去湿法也称干燥。

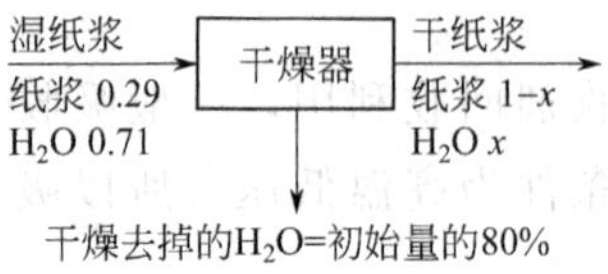

图 4-15　例 4-7 物料流程图

【例 4-7】 现有湿纸浆含水 0.71（质量分数），需通过干燥去掉其初始水分的 80%，试计算干燥后纸浆中的含水量和每千克湿纸浆去掉的水分量。

解　由题意干燥过程的物料流程如图 4-15 所示。

设干燥后的纸浆中含水量为：x

基准：1kg 湿浆。

由已知，湿纸浆中水的质量　0.71×1kg=0.71kg

由题意，去掉的水的质量　0.71kg×80%=0.568kg

列 H_2O 的平衡式：

干纸浆中水的质量　（0.71−0.568）kg=0.142kg

由总物料平衡

干浆的质量　（1−0.568）kg=0.432kg

干浆的含水量　$x=\frac{0.142\text{kg}}{0.432\text{kg}}=0.329\text{kg}$

所以干燥后纸浆中的含水量为 0.329，每千克湿纸浆去掉的水分量为 0.568kg。

5. 蒸馏

蒸馏是利用液体混合物中各组分的挥发度不同进行组分分离，多用于分离各种有机物的混合液，也有用于分离无机物混合液的，例如液体空气中氮与氧的分离。

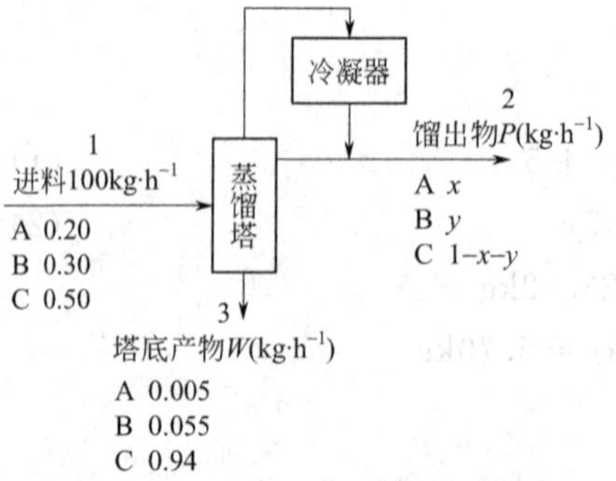

图 4-16　例 4-8 物料流程图

【例 4-8】 有一个蒸馏塔，输入和输出物料量及组成如图 4-16。输入物料 1 中 A 组分的 98.7% 自塔顶蒸出。求每千克输入物料可得到塔顶馏出物 2 的量及其组成。

解　基准：100kg·h^{-1}输入物料。

令 x = 馏出物中 A 的质量分数，y = 馏出物中 B 的质量分数。

将各物料的流量与组成列于表 4-4。

表 4-4　各物料的流量与组成汇总表（基准：100kg・h⁻¹进料）

流股号	流量/(kg・h⁻¹)	组分质量分数		
		A	B	C
1	100	20	30	50
2	P	x	y	$1-x-y$
3	W	0.5	5.5	94.0

由上表可以看出，共有 5 个未知量，即 P、W 及流股 2 的组成 A、B、C，由于组成 A、B、C 的百分含量之和为 1，所以只需求得任意两个组成，如 A、B（或 B、C 或 C、A），第三个组成就可求出。因此实际上是 4 个未知量，需要 4 个方程。但是输入和输出物料中共有 3 个组分，因而只能写出 3 个独立物料衡算式。第四个方程必须从另外给定的条件列出。

根据题意，已知输入物料中 A 组分的 98.7%自塔顶蒸出，即

流股 2 中 A 组分量为

$$Px = 100\text{kg}\cdot\text{h}^{-1} \times 20\% \times 98.7\% = 19.74\text{kg}\cdot\text{h}^{-1} \tag{1}$$

总物料衡算式有 P 和 W 两个未知量。A、B、C 三个组分的衡算式中，A 组分的衡算式只含一个未知量 W，所以先列 A 组分的衡算式。

A 组分衡算式：

$$100\text{kg}\cdot\text{h}^{-1} \times 20\% = W \times 0.5\% + 19.74\text{kg}\cdot\text{h}^{-1} \tag{2}$$

总物料衡算式　$$100\text{kg}\cdot\text{h}^{-1} = P + W \tag{3}$$

B 组分衡算式：

$$100\text{kg}\cdot\text{h}^{-1} \times 30\% = 5.5\% \times W + P \times y \tag{4}$$

由式(2) 得　$w = 52\text{kg}\cdot\text{h}^{-1}$

代入式(3) 得

$$p = (100 - 52)\text{kg}\cdot\text{h}^{-1} = 48\text{kg}\cdot\text{h}^{-1}$$

代入式(4) 得　$y = 56.54\%$

由式(1) 得

$$x = \frac{19.74\text{kg}\cdot\text{h}^{-1}}{P} = \frac{19.74\text{kg}\cdot\text{h}^{-1}}{48\text{kg}\cdot\text{h}^{-1}} = 41.13\%$$

馏出物中 C 组成为

$$1 - x - y = 1 - 41.13\% - 56.54\% = 2.83\%$$

由 C 组分衡算式得

$$100\text{kg}\cdot\text{h}^{-1} \times 50\% = 52\text{kg}\cdot\text{h}^{-1} \times 94\% + 48\text{kg}\cdot\text{h}^{-1}(1 - x - y)$$

$$1 - x - y = 2.83\%\quad \text{结果符合}$$

由上例可以看出，因为第二个方程只有一个未知参数，先解这样的方程，可以避免解方程组。

6. 过滤

过滤是使液固或气固混合物中的流体强制通过多孔性过滤介质，将其中的悬浮固体颗粒加以截留，从而实现混合物的分离，是一种属于流体动力过程的操作。

【例 4-9】 将一种含有 30%（质量分数）固体的浆料进行过滤分离，进入过滤机的浆料流量为 $2400kg \cdot h^{-1}$，滤液中含有 1.5%的固体，滤饼则含有 8%的液体，试计算滤液和滤饼的流量。

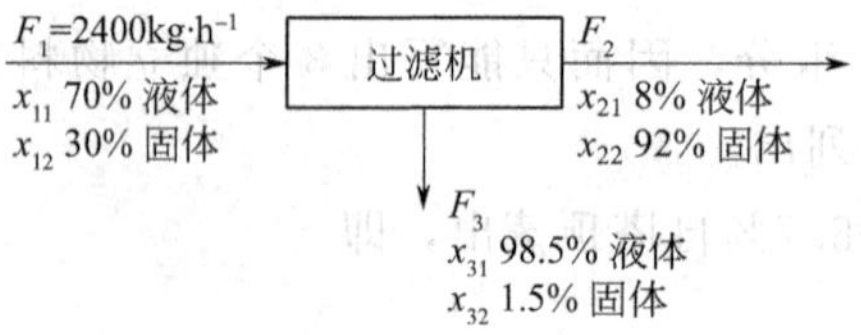

图 4-17 例 4-9 流程图

解 对过滤机进行物料衡算，物料流程如图 4-17 所示。

过程中没有积累量，是一个稳态过程。

设滤饼流量为 F_2，滤液流量为 F_3，共有两个未知变量，根据题意可以列出一个总物料平衡式，一个固体平衡式和一个液体平衡式，其中只有两个是独立方程式，可任选取其中两个平衡式，皆可解决本题的问题。

基准：$2400kg \cdot h^{-1}$浆料。

总物料平衡 $$F_1 = F_2 + F_3 \tag{1}$$

液体平衡 $$F_1 x_{11} = F_2 x_{21} + F_3 x_{31} \tag{2}$$

代入已知数据 $$2400kg \cdot h^{-1} = F_2 + F_3 \tag{3}$$

$$2400kg \cdot h^{-1} \times 0.7 = F_2 \times 0.08 + F_3 \times 0.985 \tag{4}$$

联立式(3)、式(4) 求解得 $F_2 = 755.8kg \cdot h^{-1}$

$$F_3 = 1644.2kg \cdot h^{-1}$$

将上述结果代入固体平衡式进行校核：

$$0.3 \times 2400kg \cdot h^{-1} = 0.92 \times 755.8kg \cdot h^{-1} + 0.015 \times 1644.2kg \cdot h^{-1}$$

上式成立，说明计算结果是正确的。

以上几例为无化学反应过程的物料衡算，当利用代数法求解时，列衡算式应注意下列几点。

① 无化学反应体系，能列出的独立物料衡算式数目，最多等于输入和输出物料中化学组分的数目。如例 4-3 中，有 H_2SO_4、HNO_3 和 H_2O 三个组分，所以只有三个独立方程，若未知量超过三个，则必须搜集另外数据或找出其他关系，不然就无法求解。见例 4-8。

② 首先列出含未知量数目最少的物料衡算方程，最好是能列出一个方程解

一个未知数，然后一步一步地列出其他的方程，避免了解方程组的繁琐。

③ 若体系内具有很多多组分的物料，则最好将每股物流编号，并列表表示出已知的量和组成，检查能列出的衡算方程数目是否等于未知量的数目，判断能否通过物料衡算式解决问题。

二、多单元体系的物料衡算

无化学反应过程多单元体系是指由若干个设备（即单元操作）组合而成的体系，且不能作为一个整体来处理。因为在有些体系中，如例 4-8，蒸馏塔通常除了塔体外还有塔釜和塔顶冷凝器等设备，但由于我们把它当作一个整体对待，只考虑过程的输入和输出，所以仍可列入简单过程进行处理。而对无化学反应过程多单元体系需要计算其中每一单元设备的流量及组成，这样的过程在计算过程要考虑的因素就较多，既要考虑衡算体系的范围，又要考虑先选择哪些衡算体系作为计算的突破口，所以计算过程就比较复杂。

在进行无化学反应过程多单元体系的物料衡算时，关键要解决两个问题。第一是划分衡算系统。对多单元体系而言，可供选择的衡算体系很多，其中的每个设备都是一个小的衡算系统，另外还可以有包括部分设备的子系统和包括所有设备的总系统。如一个由 3 个设备组成的多单元体系，其系统的划分如图 4-18 所示。第二是计算的突破口的选择，因为多单元体系可划分的体系较多，选择一个合适的突破口就成了解决问题的关键。

由此可见，无化学反应过程多单元体系的物料衡算应注意以下两个问题。

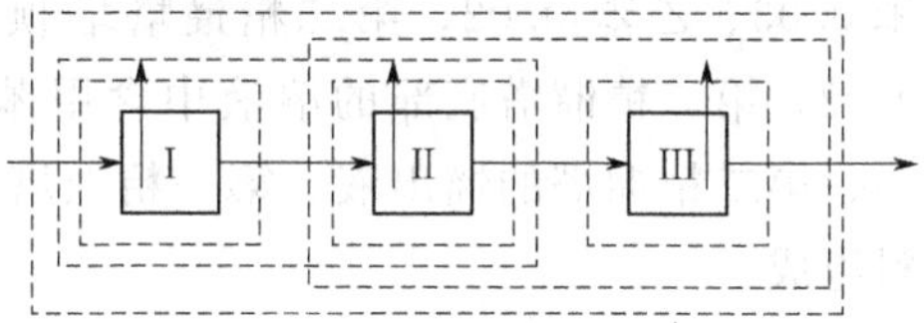

图 4-18　多单元体系衡算系统划分图

1. 独立衡算体系确定

从图 4-18 中可以看出，由 3 个串联的设备构成的体系可划分为 6 个不同的系统，即以每一个独立的设备Ⅰ、Ⅱ、Ⅲ分别为衡算体系的 3 个子系统，以设备Ⅰ和设备Ⅱ联合、设备Ⅱ和设备Ⅲ联合分别为衡算体系的另 2 个子系统，以设备Ⅰ、设备Ⅱ和设备Ⅲ联合为衡算体系的 1 个总系统，总计 6 个系统。在物料衡算中，每一个系统皆可成为衡算体系，每一个衡算体系均可依据质量守恒定律列出物料衡算式。但需注意的是并非所有衡算体系都是独立的衡算体系，可以证明由 M 个单元设备组成的化工过程，无论多么复杂，只有 M 个衡算体系是独立的。上例就只有 3 个衡算体系是独立的，也就是说 6 个系统中只能选择任意三个作为衡算体系来列物料衡算方程来求解未知参数，因此，必须根据已知的条件和所需求解的问题正确划分和选择独立的衡算体系。

2. 选择计算的着手点

选择计算的着手点是指在可供选择的衡算系统中，选择已知变量最多或列出的平衡方程式足以解出未知变量的衡算系统即计算的着手点，计算基准也应在与这一衡算系统有关的物料中选定。

【例 4-10】 由苯、甲苯和乙苯组成的混合物，现将其分离，分离方法采用由两个精馏塔组成的分离装置，物料流程图如图 4-19 所示。

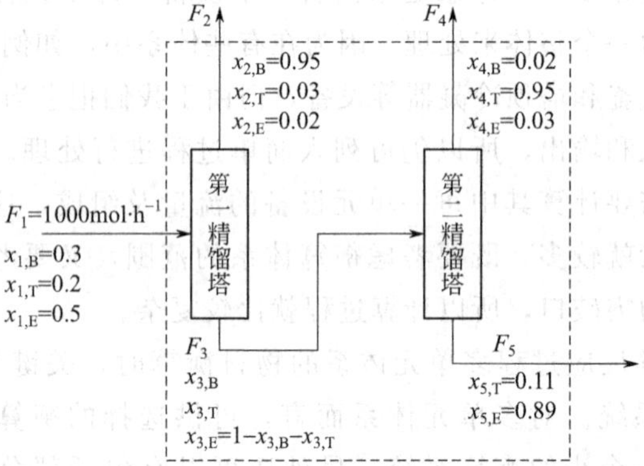

图 4-19　例 4-10 物料流程图

已知进料流量为 1000mol·h^{-1}，其组成为苯 0.3、甲苯 0.2、乙苯 0.5（摩尔分数）。3 股出料的组成情况为：第一精馏塔顶部得到的溶液中含苯 0.95、甲苯 0.03、乙苯 0.02，第二精馏塔塔顶的溶液中含苯 0.02、甲苯 0.95、乙苯 0.03，第二精馏塔底部的溶液中含甲苯 0.11，乙苯 0.89，不含苯。试计算第一、第二精馏塔的馏出液、第一精馏塔釜底液流量，以及第一、二精馏塔的进料组成。

解　图中下标符号的说明：B—苯；T—甲苯；E—乙苯

根据物料流程图对系统进行分析，该体系共有 3 个系统。

单元Ⅰ系统：第一精馏塔

有 5 个未知变量，可列出 3 个独立的平衡方程和 1 个浓度限制关系式。由于不能在本衡算系统解决本衡算系统未知变量，故该系统不是解决问题的突破口。

单元Ⅱ系统：第二精馏塔

有 6 个未知变量，同样可列出 3 个独立的平衡方程和一个浓度关系式。由于不能在本衡算系统解决本衡算系统未知变量，故该系统也不是解决问题的突破口。

总系统：第一精馏塔、第二精馏塔（虚线框范围）

有 3 个未知变量，可列出 3 个独立平衡方程式，所以解题应从总系统入手。

基准：第一精馏塔进料 1000mol·h^{-1}，即 F_1＝1000mol·h^{-1}。

衡算体系：总系统（即第一、第二精馏塔）。

总物料平衡　　$F_1=F_2+F_4+F_5$　　(1)

苯的平衡　　$F_1x_{1,B}=F_2x_{2,B}+F_4x_{4,B}$　　(2)

甲苯的平衡　　$F_1x_{1,T}=F_2x_{2,T}+F_4x_{4,T}+F_5x_{5,T}$　　(3)

代入已知数据　　$1000\text{mol}\cdot\text{h}^{-1}=F_2+F_4+F_5$　　(4)

$$1000\text{mol}\cdot\text{h}^{-1}\times0.3=F_2\times0.95+F_4\times0.02 \quad (5)$$

$$1000\text{mol}\cdot\text{h}^{-1}\times0.2=F_2\times0.03+F_4\times0.95+F_5\times0.11 \quad (6)$$

联立式(4)、式(5)、式(6) 可得：

$$F_2=313.05\text{mol}\cdot\text{h}^{-1}$$

$$F_4=137.23\text{mol}\cdot\text{h}^{-1}$$

$$F_5=313.05\text{mol}\cdot\text{h}^{-1}$$

求解出三个未知数 F_2、F_4和 F_5之后，此时分别以第一精馏塔和第二精馏塔为衡算体系的两个子系统的未知变量均已降到 4 个，所以任选一个子系统都可以求解。如选单元Ⅱ系统即第二精馏塔解题。

衡算系统：第二精馏塔。

总物料平衡：

$$F_3=F_4+F_5 \quad (7)$$

苯的平衡　　$F_3x_{3,B}=F_4x_{4,B}$　　(8)

甲苯的平衡　　$F_3x_{3,T}=F_4x_{4,T}+F_5x_{5,T}$　　(9)

由第二精馏塔进料浓度限制关系有

$$x_{3,E}=1-x_{3,B}-x_{3,T} \quad (10)$$

代入数据，联立式（7）～式（10）解得

$$F_3=686.95\text{mol}\cdot\text{h}^{-1}$$

$$x_{3,B}=0.004$$

$$x_{3,T}=0.2778$$

$$x_{3,E}=0.7182$$

将计算结果代入单元Ⅰ系统（即第一精馏塔）的平衡式可以校核计算的正确性。计算结果汇总如表 4-5。

表 4-5　计算结果汇总

物　流	1	2	3	4	5
$F/(\text{mol}\cdot\text{h}^{-1})$	1000	313.05	686.95	137.23	549.72
x_B	0.3	0.95	0.004	0.02	—
x_T	0.2	0.03	0.2778	0.95	0.11
x_E	0.5	0.02	0.7182	0.03	0.89

从上例可以看出，两单元体系就有不止一个衡算系统，再加上有大量多组分流股，于是可列出的物料衡算方程式很多。但是不管衡算系统如何选择，可以证明独立的衡算系统数始终等于设备数，而每个衡算系统的独立物料衡算方程式数等于该衡算系统中物料的最大组分数，因此整个体系中独立的衡算方程式总数目最多等于设备数（M）与物料组分数（C）（该组分数为体系中出现的组分总数）的乘积，即有

$$整个体系中独立的总衡算式数最多 = M \times C \tag{4-11}$$

式中　M——体系中设备总数；

　　C——体系中组分总数。

$M \times C$ 个独立方程，能求解 $M \times C$ 个未知变量，此式是判断一个系统用物料衡算式能否解决问题的依据。如上例中 $M=2$，$C=3$，所以共有 6 个独立方程，题中看似有 7 个未知变量，但由于浓度限制关系使 F_3 流股中的未知组分减少 1 个，实际上还是 6 个未知量，因此该题有明确解。

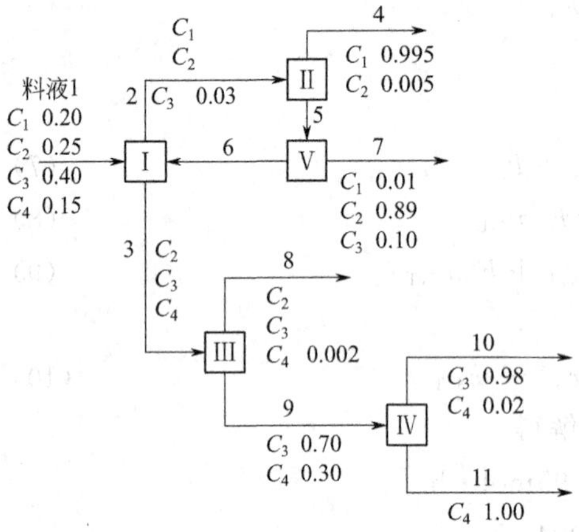

图 4-20　例 4-11 流程示意图

【例 4-11】 一分离流程如图 4-20 所示：用 4 个塔来分离 $1000\text{mol}\cdot\text{h}^{-1}$ 的碳氢化合物，碳氢化合物中含有四种物质，分别用 C_1、C_2、C_3 和 C_4 表示，其组成为 C_1：0.20，C_2：0.25，C_3：0.40，C_4：0.15（摩尔分数）。现要求将其分为 5 个馏分，各物料流股的已知条件如图 4-20 所示（图中所标示的组成均为摩尔分数）。现假设循环至单元Ⅰ的量为单元Ⅱ塔底液量的 50%，试计算系统中各物流的流量。

解　首先对物料流程图中符号进行分析。

（1）示意图中，标号“Ⅰ、Ⅱ、Ⅲ、Ⅳ、Ⅴ”为设备编号；

（2）示意图中，编号“1、2、3、4、5、6、7、8、9、10、11”为物料流股编号，计算中分别用 F_1、F_2、F_3、F_4、F_5、F_6、F_7、F_8、F_9、F_{10} 和 F_{11} 表示其流量；

（3）示意图中，C_1、C_2、C_3、C_4 表示各物料流股中的组分；

（4）示意图中，若某一流股物料中无某一组分符号，表示这一物料中无该组分；

（5）示意图中，某一组分符号后标示的数据皆为摩尔分数，如未标定，表示为未知，需求取。

然后对此过程的衡算系统进行分析，5 个单元可以有 5 个独立的衡算系统，这里可供选择的系统很多，但总系统和若干单元组合而成的子系统均含有较多的未知变量，解题并不方便，因此首先考虑以各单元为独立的衡算系统。

以各单元为衡算系统的未知变量数和物料平衡方程式数如表 4-6 所示。

表 4-6　变量数和方程式数分析

单　元	Ⅰ	Ⅱ	Ⅲ	Ⅳ	Ⅴ
未知变量	8	5	6	3	3
物料平衡方程数	4	3	3	2	1
浓度限制关系式附加条件	2	1	2	0	1

从表中可以看出单元Ⅳ的未知变量最少，如设定一个计算基准似乎就可解决问题，但问题是单元Ⅳ的计算结果已知后仍不能解决其他单元的问题，即其他单元的未知变量仍然比能列出的独立方程式数多，所以在这里必须考虑一些其他的线索，由题意可知，只有四个塔是分离塔，单元Ⅴ是一个机械分离器，由机械分离器的特征，只有物质的分离，没有化学反应发生，其进出口的组成都是一样的，即

$$x_{5,c1}=x_{6,c1}=x_{7,c1}=0.01$$

$$x_{5,c2}=x_{6,c2}=x_{7,c2}=0.89$$

$$x_{5,c3}=x_{6,c3}=x_{7,c3}=0.10$$

根据题意假设循环 F_6 为进分离器量 F_5 的 50%，所以有

$$F_6=0.5F_5 \quad 或 \quad F_6=F_7$$

这样单元Ⅴ的未知变量比解题要求仅多 1 个，可在单元Ⅴ这个系统选一个计算基准来解决。所以选择单元Ⅴ作为计算的着手点。

基准：物料流股 5 的流量为 $1000\text{mol}\cdot\text{h}^{-1}$，即 $F_5=1000\text{mol}\cdot\text{h}^{-1}$。

衡算体系：单元Ⅴ（计算的着手点）。

总物料平衡　　$F_5=F_6+F_7=1000\text{mol}\cdot\text{h}^{-1}$　　(1)

由已知

$$F_6=0.5F_5=0.5\times1000\text{mol}\cdot\text{h}^{-1}=500\text{mol}\cdot\text{h}^{-1} \tag{2}$$

$$F_7=F_6=500\text{mol}\cdot\text{h}^{-1} \tag{3}$$

衡算体系：单元Ⅱ。

总物料平衡　　$F_2=F_4+1000\text{mol}\cdot\text{h}^{-1}$　　(4)

C_2 组分平衡：

$$x_{2,c2}F_2=0.005F_4+0.89\times1000\text{mol}\cdot\text{h}^{-1} \tag{5}$$

C_3 组分平衡　　$0.03F_2=0.1\times1000\text{mol}\cdot\text{h}^{-1}$　　(6)

由式(6) 得　　$F_2=3333.3\text{mol}\cdot\text{h}^{-1}$

由式(4) 得　　$F_4=2333.3\text{mol}\cdot\text{h}^{-1}$

由式(5) 得　　$x_{2,c2}=0.2705$

根据物料流股 2 的浓度限制关系式，有：$x_{2,c1}=1-0.2705-0.03=0.6995$

衡算体系：单元Ⅰ。

注意：因为 F_5 成为了计算基准，因此现在的 F_1 与题目给定的进料量已经不同，而成为了一个未知变量。

总物料平衡：

$$F_1+500\text{mol}\cdot\text{h}^{-1}=3333.3\text{mol}\cdot\text{h}^{-1}+F_3 \tag{7}$$

C_1 组分平衡：

$$0.2F_1+0.01\times500\text{mol}\cdot\text{h}^{-1}=0.6995\times3333.3\text{mol}\cdot\text{h}^{-1} \tag{8}$$

C_2 组分平衡：

$$0.25F_1+0.89\times500=0.2705\times3333.3\text{mol}\cdot\text{h}^{-1}+x_{3,c2}F_3 \tag{9}$$

C_4 组分平衡　　$0.15F_1=x_{3,c4}F_3$　　(10)

由式(8) 得　　$F_1=11633\text{mol}\cdot\text{h}^{-1}$

由式(7) 得　　$F_3=8800\text{mol}\cdot\text{h}^{-1}$

由式(9) 得　　$x_{3,c2}=0.2786$

由式(10) 得　　$x_{3,c4}=0.1983$

根据浓度限制关系式：

$$x_{3,c3}=1-0.2786-0.1983=0.5231$$

衡算体系：单元Ⅲ。

总物料平衡　　$8800\text{mol}\cdot\text{h}^{-1}=F_8+F_9$　　(11)

C_2 组分平衡：

$$0.2786\times8800\text{mol}\cdot\text{h}^{-1}=x_{8,c2}F_8 \tag{12}$$

C_4 组分平衡：

$$0.1983\times8800\text{mol}\cdot\text{h}^{-1}=0.002F_8+0.3F_9 \tag{13}$$

由式(11) 和式(13) 联立得

$$F_8=3003.4\text{mol}\cdot\text{h}^{-1}$$

$$F_9=5796.6\text{mol}\cdot\text{h}^{-1}$$

由式(12) 得　　$x_{8,c2}=0.8163$

根据物料流股 8 的浓度限制关系式　$x_{8,c3}=1-0.8163-0.002=0.1817$

衡算体系：单元Ⅳ。

总物料平衡　　　$5796.6\text{mol} \cdot \text{h}^{-1} = F_{10} + F_{11}$　　　(14)

C_3 组分平衡　$0.7 \times 5796.6\text{mol} \cdot \text{h}^{-1} = 0.98F_{10}$　　　(15)

由式(15) 得　　　$F_{10} = 4140.4\text{mol} \cdot \text{h}^{-1}$

将数据代入式(14) 得

$$F_{11} = 1656.2\text{mol} \cdot \text{h}^{-1}$$

上述所有计算结果都是根据 $F_5 = 1000\text{mol} \cdot \text{h}^{-1}$ 这一基准计算得到的，其中 $F_1 = 11633\text{mol} \cdot \text{h}^{-1}$，而实际进料量为 $F_1 = 1000\text{mol} \cdot \text{h}^{-1}$，所以比例系数为 1000/11633=0.08596。将计算得到的所有物料量的结果乘以该系数后得到的实际数据列于表 4-7，其中物料组成的数据不变。

表 4-7　计算结果

流股号		1	2	3	4	5	6	7	8	9	10	11
流量/$\text{mol} \cdot \text{h}^{-1}$		1000	286.5	756.5	200.6	86.0	43.0	43.0	258.2	498.3	355.9	142.4
各组分组成	C_1	0.20	0.6995	—	0.995	0.01	0.01	0.01	—	—	—	—
	C_2	0.25	0.2705	0.2768	0.005	0.89	0.89	0.89	0.8163	—	—	—
	C_3	0.40	0.03	0.5231	—	0.10	0.10	0.10	0.1817	0.7	0.98	—
	C_4	0.15	—	0.1983	—	—	—	—	0.002	0.3	0.02	1.0

第五节　化学反应过程的物料衡算

有化学反应的过程，物料中的组分比较复杂，这是由于化学反应使体系内的物质分子发生了变化，使得参加反应的每一种物质输入的质量或摩尔流量和输出体系的质量或摩尔流量不能平衡，所以化学反应过程的物料衡算比无化学反应过程的计算要复杂得多，所考虑的因素也多得多。伴随化学反应的发生就伴随着转化率、收率、选择性等一系列的因素要考虑。另外，工业上影响化学反应的因素很多，原料中反应物的配比往往不符合化学反应方程式中化学计量系数之比，常常把较廉价的某些原料过量。例如乙烯用空气氧化生产环氧乙烷，采用空气过量。此外，在工业化学反应中，化学反应的程度即转化率往往不完全，会留下剩余的反应物，或者由于反应过程中的中间反应、平行反应或串联反应等副反应而生成副产物，或者存在不参加反应的组分即惰性组分等。这些中间产物、副产物、剩余反应物以及不参加反应的惰性组分与产物混在一起离开反应器，使得物料衡算的计算难度大大增加，尤其是当物料组成及化学反应比较复杂时。因此，在进行化学反应过程的物料衡算时必然会涉及原料的配比、反应的转化率、收率、反应的选择性等许多因素。

一、反应器的物料衡算

以进行化学反应为主要任务的设备是反应器，所以对化学反应过程进行物料衡算就是以反应器为衡算对象。虽然反应设备在整个化工过程中数量上只占很少的部分，但反应效果的好坏，如转化率的大小，收率的高低，选择性的大小等数据往往决定了整个化工过程的经济效益，所以对反应器的研究越来越多，也成为化工生产优化的一种关键设备。对反应器进行物料衡算时，可以根据式(4-1) 列出物料衡算式，但反应过程有不同的特点，需根据反应过程的不同特点而灵活选用不同的计算方法，本部分主要介绍四种对反应器的物料衡算适用的方法。

1. 直接计算法

利用反应物在反应过程中的消耗量和产物的生成量之间符合化学计量系数之比，来进行反应物消耗和生成物生成量之间的换算，以达到进行反应器的物料衡算的目的，这种方法就叫直接计算法。

直接计算法适用于反应过程有明确的化学反应方程式，且反应过程比较简单，没有很多的副反应发生，并且已知条件比较充分的情况。这样的计算比较简便，不必按前面所介绍的方法列出物料衡算式。

【例 4-12】 甲醛由甲醇催化氧化制得，反应物和生成物均为气态，氧化剂由空气提供，且过量 40%，现已知甲醇转化率为 70%。试计算反应完成后离开反应器的气体混合物的摩尔组成。已知反应器中所发生的化学反应如下：

$$CH_3OH(g)+\frac{1}{2}O_2(g)\longrightarrow HCHO(g)+H_2O(g)$$

解 由题意，物料流程如图 4-21 所示。

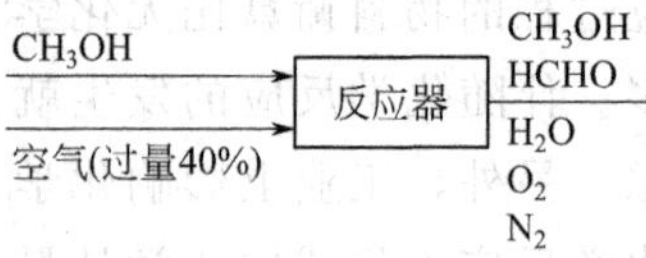

图 4-21 例 4-12 物料流程图

分析：本题反应器中只发生了一个化学反应，且已知反应物的转化率及过量百分数，属反应体系简单，且已知条件较多的情况，所以选用直接计算来进行物料衡算。

基准：100mol CH_3OH。

由化学反应方程式：

理论需 O_2 量　100mol×0.5=50mol，即为 1.6kg

由已知空气过量 40%，那么 O_2 也过量 40%，有

实际输入 O_2 量　50mol×1.4=70mol，即为 2.24kg

实际输入的空气量　$\frac{70\text{mol}}{0.21}=333.33\text{mol}$

带入的 N_2 量　333.33mol×0.79=263.33mol，即为 7.37kg

由已知 CH_3OH 转化率为 70%，有

反应掉了的 CH_3OH 量　100mol×70%=70mol，即为 2.24kg

离开反应器各组分的输出量：

剩余的 CH_3OH　100−70=30mol，即为 0.96kg

生成的 HCHO　70mol，即为 2.1kg

生成的 H_2O　70mol，即为 1.26kg

剩余的 O_2　（70−70×0.5）mol=35mol，即为 1.12kg

输出的 N_2　263.33mol，即为 7.37kg

将计算结果整理后列入物料衡算表 4-8 中。

表 4-8　计算结果

组　分	物质的量（进）/mol	质量（进）/kg	物质的量（出）/mol	质量（出）/kg
CH_3OH	100	3.2	30	0.96
HCHO	—	—	70	2.1
H_2O	—	—	70	1.26
O_2	70	2.24	35	1.12
N_2	263.33	7.37	263.33	7.37
总计	433.33	12.81	468.33	12.81

由表 4-8 数据可以看出，输入物料的总质量和输出物料的总质量相等，而物质的量不相等。

【例 4-13】 一台生产苯乙烯的反应器，年生产能力为 10000t，年工作时间为 8000h，苯乙烯收率为 40%，以反应物乙苯计的苯乙烯选择性为 90%，苯选择性为 3%，甲苯选择性为 5%，焦油选择性为 2%。原料乙苯中含甲苯 2%（质量分数），反应时通入水蒸气提供部分热量并降低乙苯分压，乙苯和水蒸气比为 1∶1.5（质量比），要求对该反应器进行物料衡算，即计算进出反应器各物料的流量。

解　由题意物料流程如图 4-22 所示。

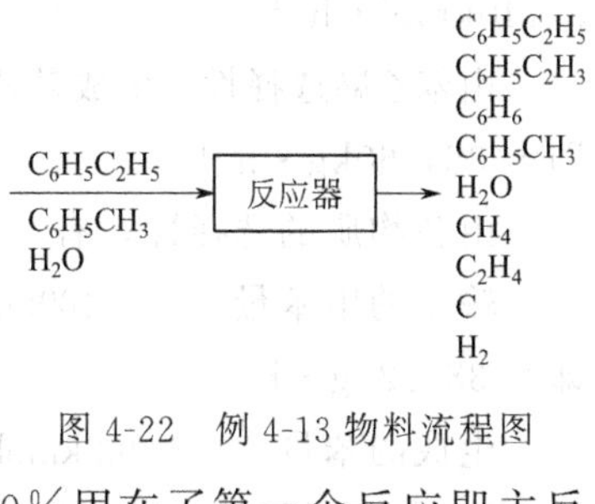

图 4-22　例 4-13 物料流程图

分析：本题出现了四个选择性，在这里选择性的概念得到了延伸，即它表示了反应物在各个反应式中的消耗量的分配比例，如主反应的选择性 90%，说明了乙苯反应掉的总量中有 90%用在了第一个反应即主反应，其他选择性的数据都可以如此理解。

本题虽然反应式较多，但反应确定，且已知条件多，所以仍适合用直接计算法。

由苯乙烯的生产工艺可知，反应器中发生了以下化学反应：

$$C_6H_5C_2H_5 \longrightarrow C_6H_5C_2H_3 + H_2 \quad (1)$$

$$C_6H_5C_2H_5 + H_2 \longrightarrow C_6H_5CH_3 + CH_4 \quad (2)$$

$$C_6H_5C_2H_5 \longrightarrow C_6H_6 + C_2H_4 \quad (3)$$

$$C_6H_5C_2H_5 \longrightarrow 7C + 3H_2 + CH_4 \quad (4)$$

其中反应（1）为主反应，即生成目的产物的反应，其他三个反应皆为副反应。

各物料的摩尔质量汇总列于表 4-9。

表 4-9　各物料的摩尔质量（基准：$1000kg \cdot h^{-1}$乙苯原料）

物料	$C_6H_5C_2H_5$	$C_6H_5C_2H_3$	C_6H_6	$C_6H_5CH_3$	H_2O	CH_4	C_2H_4	C	H_2
摩尔质量/$g \cdot mol^{-1}$	106	104	78	92	18	16	28	12	2

基准：选 $1000kg \cdot h^{-1}$乙苯原料为计算基准。

原料乙苯纯度 98%，所以进反应器纯乙苯量 $1000kg \cdot h^{-1} \times 98\% = 980kg \cdot h^{-1}$，即为 $9.245kmol \cdot h^{-1}$

原料中甲苯量　　$1000kg \cdot h^{-1} \times 2\% = 20kg \cdot h^{-1}$，即为 $0.217kmol \cdot h^{-1}$

水蒸气量　　$980kg \cdot h^{-1} \times 1.5 = 1470kg \cdot h^{-1}$，即为 $81.667\ kmol \cdot h^{-1}$

由转化率、收率和选择性三者的关系，有乙苯的转化率为　$\frac{0.4}{0.9} = 0.4444$

参加反应的总乙苯量　　$980kg \cdot h^{-1} \times 0.4444 = 435.11kg \cdot h^{-1}$，即为 $4.109kmol \cdot h^{-1}$

产物中各组分情况如下：

未反应的乙苯量　　$(980 - 435.11)\ kg \cdot h^{-1} = 544.89kg \cdot h^{-1}$，即为 $5.140kmol \cdot h^{-1}$

由苯乙烯选择性，生成苯乙烯量　　$4.109kmol \cdot h^{-1} \times 90\% = 3.698kmol \cdot h^{-1}$，即为 $384.60kg \cdot h^{-1}$

由各物质的选择性，有

输出的甲苯量　　$4.109kmol \cdot h^{-1} \times 5\% + 0.217kmol \cdot h^{-1} = 0.423kmol \cdot h^{-1}$，即为 $38.92kg \cdot h^{-1}$

生成的苯量　　$4.109kmol \cdot h^{-1} \times 3\% = 0.123kmol \cdot h^{-1}$，即为 $9.60kg \cdot h^{-1}$

生成的乙烯量　　$4.109kmol \cdot h^{-1} \times 3\% = 0.123kmol \cdot h^{-1}$，即为 $3.44kg \cdot h^{-1}$

生成的碳量　　$4.109kmol \cdot h^{-1} \times 2\% \times 7 = 0.575kmol \cdot h^{-1}$，即为 $6.9kg \cdot h^{-1}$

生成的甲烷量　　$4.109kmol \cdot h^{-1} \times (5\% + 2\%) = 0.288kmol \cdot h^{-1}$，即为 $4.61kg \cdot h^{-1}$

输出的氢量　$4.109kmol \cdot h^{-1} \times (90\% - 5\% + 2\% \times 3) = 3.739kmol \cdot h^{-1}$，即为 $7.48kg \cdot h^{-1}$

输出水量（不参与反应，输出即等于输入）　$1470kg \cdot h^{-1}$，即为 $81.667kmol \cdot h^{-1}$

$$实际每小时要求苯乙烯的产量\quad \frac{10000 \times 1000kg}{8000h} = 1250kg \cdot h^{-1}$$

$$比例系数\quad \frac{1250}{384.60} = 3.25$$

将上述各物料的计算值乘以比例系数汇总列入表 4-10。

表 4-10　乙苯脱氢反应器物料衡算表

组分	输入		输出	
	摩尔流量 /$kmol \cdot h^{-1}$	质量流量 /$kg \cdot h^{-1}$	摩尔流量 /$kmol \cdot h^{-1}$	质量流量 /$kg \cdot h^{-1}$
$C_6H_5C_2H_5$	30.046	3185	16.705	1770.89
$C_6H_5CH_3$	0.705	65	1.375	126.49
H_2O	265.418	4777.5	265.418	4777.5
$C_6H_5C_2H_3$	—	—	12.019	1249.95
C_6H_6	—	—	0.4	31.20
C_2H_4	—	—	0.4	11.18
CH_4	—	—	0.936	14.98
C	—	—	1.869	22.43
H_2	—	—	12.152	24.31
合计	296.169	8027.5	310.482	8028.93

注：表中输入总质量和输出总质量结果不一致为计算误差，因为换算系数采取了近似值及在计算过程中皆采用一些近似值。

$$误差 = \frac{(8028.93 - 8027.5)\ kmol \cdot h^{-1}}{(8027.5)\ kmol \cdot h^{-1}} \times 100\% = 0.0178\%$$

误差在允许的范围之内。

以上两例都是连续稳定体系，对于间歇过程的非稳定体系，我们可以采用类似于处理稳定过程的办法来进行计算。因为间歇过程除了反应需要时间外，其他各个辅助操作也需要时间。辅助操作主要包括加料、卸料和清釜等过程。将反应所需的时间加上所有辅助操作的时间即为间歇操作的总时间，也称间歇操作周期。间歇过程就是由许多相同的操作周期组成的操作循环，在一个操作周期中所处理的物料量称为批量物料量。所谓类似于稳定过程的方法就是将间歇操作中的批量物料量除以操作周期，得到一种假想的连续物料流量，实际上是把非稳态的间歇过程假想为稳定的连续过程来处理，以此来解决间歇过程的物料衡算问题。

【例 4-14】 在 $13m^3$ 的聚合反应釜内进行氯乙烯的聚合反应生产聚氯乙烯，

以水为介质进行间歇操作，每釜处理氯乙烯的能力为5000kg，其氯乙烯的转化率为90%，未反应的氯乙烯可回收70%。已知间歇操作中各步操作所需时间列于表4-11中，年生产时间为8000h。计算年产18000t聚氯乙烯需要多少原料氯乙烯，并需要多少个聚合反应釜？

表4-11 操作时间表

操作步骤	所需时间/h	操作步骤	所需时间/h
加水	0.25	出料	0.4
加氯乙烯	0.25	清釜、置换等	0.7
升温	0.4		
聚合反应	8.5	共计	10.5

解 分析：本题为间歇操作过程，可将年产量换算成单位时间产量，类似于连续操作过程处理。

① 所需聚合反应釜个数的计算

将聚氯乙烯年产量换算成聚氯乙烯单位时间（1h）产量：

$$\frac{18000\times 1000\text{kg}}{8000\text{h}}=2250\text{kg}\cdot\text{h}^{-1}$$

每个聚合反应釜一批处理氯乙烯量换算成单位时间平均处理量：

$$\frac{5000\text{kg}}{10.5\text{h}}=476.19\text{kg}\cdot\text{h}^{-1}$$

每个聚合反应釜单位时间生产聚氯乙烯量：

$$476.19\text{kg}\cdot\text{h}^{-1}\times 90\%=428.57\text{kg}\cdot\text{h}^{-1}$$

需聚合反应釜数 $\frac{2250}{428.57}=5.3$

考虑设备安全性，取安全系数为1.25，

实际需聚合反应釜数 $5.3\times1.25=6.6$ 圆整后取7，即需聚合反应釜7个。

② 年产18000t聚氯乙烯需要原料氯乙烯的计算

未反应的氯乙烯量 $(476.19-428.57)\text{kg}\cdot\text{h}^{-1}=47.62\text{kg}\cdot\text{h}^{-1}$

回收中损耗的氯乙烯量 $47.62\text{kg}\cdot\text{h}^{-1}\times(1-70\%)=14.29\text{kg}\cdot\text{h}^{-1}$

一年共损耗 $14.29\text{kg}\cdot\text{h}^{-1}\times8000\text{h}=114320\text{kg}=114.32\text{t}$

共需氯乙烯量 $(18000+114.32)\text{t}=18114\text{t}$

所以每年需要原料氯乙烯18114t，需要7个聚合反应釜。

2. 元素衡算法

元素衡算法是物料衡算的一种重要形式，是以反应过程中参与反应的各种元素为对象列出平衡方程式而进行的物料衡算。因为化学反应过程是不同分子之间的组合，但是元素不会发生变化，所以无论什么情况下，任何一种元素都是平衡的。当反应过程比较复杂，尤其是化学反应式无法写出时，用直接计算法就无法解题了，这时用元素衡算法是比较合适的。例如石油裂解过程，过程中存在多种反应而又无法确切知道各步反应所占的比例，这时可采用元素平衡的方法进行物料衡算。在对这类过程进行物料衡算时，并不需要考虑具体的化学反应，而是按照元素种类被转化及重新组合的概念表示为：

$$输入(某种元素)=输出(同种元素) \tag{4-12}$$

【例 4-15】 已知合成气的组成为 CH_4 0.4%（体积分数）、CO 38.3%、CO_2 5.5%、H_2 52.8%、O_2 0.1%和 N_2 2.9%，现用10%过量空气燃烧，燃烧后生成的燃烧气中不含CO，计算燃烧气组成。

解 由题意可画出物料流程示意图（图 4-23）。

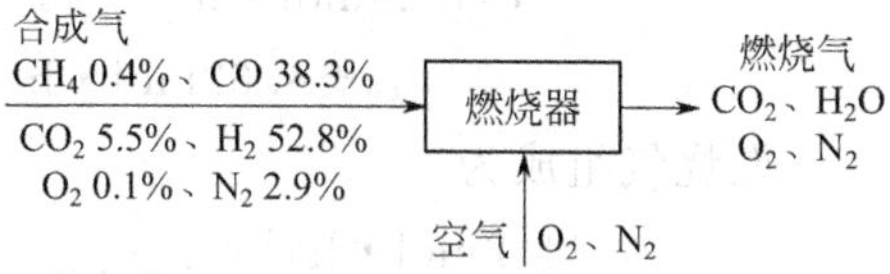

图 4-23 例 4-15 物料流程图

基准：合成气 $100mol \cdot h^{-1}$；设 N_2、CO_2、H_2O 和 O_2 的流量分别用 F_{N_2}、F_{CO_2}、F_{H_2O}和 F_{O_2} 表示。

合成气中各元素的含量：

C $\quad 100mol \cdot h^{-1} \times (0.4\% \times 1 + 38.3\% \times 1 + 5.5\% \times 1) = 44.2mol \cdot h^{-1}$

H $\quad 100mol \cdot h^{-1} \times (0.4\% \times 4 + 52.8\% \times 2) = 107.2mol \cdot h^{-1}$

O $\quad 100mol \cdot h^{-1} \times (38.3\% \times 1 + 5.5\% \times 2 + 0.1\% \times 2) = 49.5mol \cdot h^{-1}$

N $\quad 100mol \cdot h^{-1} \times 2.9\% \times 2 = 5.8mol \cdot h^{-1}$

生成 CO_2 和 H_2O 所需的氧元素量：

$$44.2mol \cdot h^{-1} \times 2 + \frac{107.2mol \cdot h^{-1}}{2} = 142mol \cdot h^{-1}$$

理论上所需氧元素量（由空气提供部分） $(142-49.5)mol \cdot h^{-1} = 92.5mol \cdot h^{-1}$

需理论空气量 $\quad \dfrac{92.5mol \cdot h^{-1}}{2 \times 0.21} = 220.24mol \cdot h^{-1}$

实际输入空气量 $\quad 220.24mol \cdot h^{-1} \times 1.1 = 242.26mol \cdot h^{-1}$

实际输入空气中相当于

N_2 $0.79 \times 242.26mol \cdot h^{-1} = 191.39mol \cdot h^{-1}$

O_2 $0.21 \times 242.26mol \cdot h^{-1} = 50.87mol \cdot h^{-1}$

对各物质进行元素（或分子）衡算：

N_2 平衡 $\quad \dfrac{5.8mol \cdot h^{-1}}{2} + 191.39mol \cdot h^{-1} = F_{N_2} \qquad (1)$

C 平衡 $\quad 44.2mol \cdot h^{-1} = F_{CO_2} \qquad (2)$

H_2 平衡 $\dfrac{107.2\text{mol}\cdot\text{h}^{-1}}{2}=F_{H_2O}$ (3)

O_2 平衡 $\dfrac{49.5\text{mol}\cdot\text{h}^{-1}}{2}+50.87\text{mol}\cdot\text{h}^{-1}=F_{CO_2}+\dfrac{F_{H_2O}}{2}+F_{O_2}$ (4)

由上述四个方程联立求解可得

$F_{N_2}=194.29\text{mol}\cdot\text{h}^{-1}$

$F_{CO_2}=44.2\text{mol}\cdot\text{h}^{-1}$

$F_{H_2O}=53.6\text{mol}\cdot\text{h}^{-1}$

$F_{O_2}=4.62\text{mol}\cdot\text{h}^{-1}$

总流量为

$$194.29\text{mol}\cdot\text{h}^{-1}+44.2\text{mol}\cdot\text{h}^{-1}+53.6\text{mol}\cdot\text{h}^{-1}+4.62\text{mol}\cdot\text{h}^{-1}=269.71\text{mol}\cdot\text{h}^{-1}$$

燃烧气组成为

$$x_{CO_2}=\frac{44.2\text{mol}\cdot\text{h}^{-1}}{296.71\text{mol}\cdot\text{h}^{-1}}=0.1490=14.9\%$$

$$x_{H_2O}=\frac{53.6\text{mol}\cdot\text{h}^{-1}}{296.71\text{mol}\cdot\text{h}^{-1}}=0.1806=18.06\%$$

$$x_{O_2}=\frac{4.62\text{mol}\cdot\text{h}^{-1}}{296.71\text{mol}\cdot\text{h}^{-1}}=0.0156=1.56\%$$

$$x_{N_2}=\frac{194.29\text{mol}\cdot\text{h}^{-1}}{296.71\text{mol}\cdot\text{h}^{-1}}=0.6548=65.48\%$$

【例 4-16】 将碳酸钠溶液加入石灰进行苛化，已知碳酸钠溶液组成为 NaOH 0.59%（质量分数），Na_2CO_3 14.88%，H_2O 84.53%，反应后的苛化液含 $CaCO_3$ 13.48%，$Ca(OH)_2$ 0.28%，NaOH 10.36%，H_2O 75.27%。计算（1）每 100kg 苛化液需加石灰的质量及石灰的组成。（2）每 100kg 苛化液需用碳酸钠溶液的质量。

解 设碳酸钠溶液的质量为 F(kg)，石灰的质量为 W(kg)。

石灰中 $CaCO_3$，CaO 及 $Ca(OH)_2$ 的质量分别为 X(kg)、Y(kg) 和 Z(kg)，则石灰中各物质的组成可表示为：$\dfrac{X}{W}$，$\dfrac{Y}{W}$，$\dfrac{Z}{W}$

基准：100kg 苛化液。

画出物料流程示意图（图 4-24）。

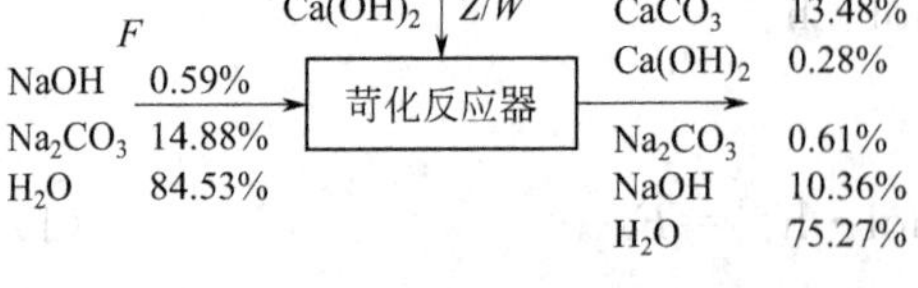

图 4-24 例 4-16 物料流程图

表 4-12 中列出了各种物料的质量

和物质的量计算结果。

表 4-12　各种物料质量和物质的量计算结果

Na_2CO_3 溶液中				苛化钠溶液中			
物料	摩尔质量/ $g\cdot mol^{-1}$	质量	物质的量	物料	摩尔质量/ $g\cdot mol^{-1}$	质量 /kg	物质的量 /kmol
NaOH	40	0.59% F	0.000148F	NaOH	40	10.36	0.2590
				Na_2CO_3	106	0.61	0.00575
Na_2CO_3	106	14.88% F	0.001404F	H_2O	18	75.27	4.18
				$Ca(OH)_2$	74	0.28	0.00377
H_2O	18	84.53% F	0.04696F	$CaCO_3$	100	13.48	0.1347

列元素平衡式：

Na 平衡　$0.000148F+0.001404F\times 2=(0.00575\times 2+0.259)\text{kmol}$　(1)

C 平衡　$0.001404F+\dfrac{X}{100\text{g}\cdot\text{mol}^{-1}}=(0.1348+0.00575)\text{kmol}$　(2)

Ca 平衡　$\dfrac{X}{100\text{kg}\cdot\text{kmol}^{-1}}+\dfrac{Y}{56\text{kg}\cdot\text{kmol}^{-1}}+\dfrac{Z}{74\text{kg}\cdot\text{kmol}^{-1}}=(0.1348+0.00378)\text{kmol}$　(3)

总物料平衡　$F+W=100\text{kg}\cdot\text{kmol}^{-1}$　(4)

石灰总量等于各物质质量之和　$W=X+Y+Z$　(5)

由式(1) 解得 $F=91.51\text{kg}$

将数据代入式(4) 解得 $W=(100-91.51)\text{kg}=8.49\text{kg}$

数据代入式(2) 得 $X=1.197\text{kg}$

将数据代入式(3)、式(5) 然后联立得：

$$\frac{Y}{56\text{kg}\cdot\text{kmol}^{-1}}+\frac{Z}{74\text{kg}\cdot\text{kmol}^{-1}}=0.1265\text{kmol}\qquad(6)$$

$$Y+Z=7.293\text{kg}\qquad(7)$$

联立求式(6)、式(7) 得：$Y=6.435\text{kg}$

$Z=0.858\text{kg}$

石灰组成如下：

w_{CaCO_3}：$\dfrac{X}{W}\times 100\%=\dfrac{1.197\text{kg}}{8.49\text{kg}}\times 100\%=14.1\%$

w_{CaO}：$\dfrac{Y}{W}\times 100\%=\dfrac{6.435\text{kg}}{8.49\text{kg}}\times 100\%=76.0\%$

$w_{Ca(OH)_2}$：$\dfrac{Z}{W}\times 100\%=\dfrac{0.858\text{kg}}{8.49\text{kg}}\times 100\%=10\%$

计算结果汇总列入表 4-13。

表 4-13 计算结果汇总

组分		输入			输出	
		物质的量/kmol	质量/kg	组成(质量分数/%)	物质的量/kmol	质量/kg
NaOH	碱液	0.0135	0.54		0.2590	10.35
Na_2CO_3	碱液	0.1285	13.62		0.00575	0.61
H_2O	碱液	4.2973	77.35		4.182	75.27
$CaCO_3$	石灰	0.012	1.2	14.1	0.137	13.48
CaO	石灰	0.115	6.44	26.0		
$Ca(OH)_2$	石灰	0.0116	0.86	10.0	0.00377	0.28
合计		4.5779	100		4.5875	100

所以，每 100kg 苛化液需加入石灰 8.49kg 到 91.51kg 碳酸钠溶液中，石灰组成见表 4-13；每 100kg 苛化液需原碱液 91.51kg。

【例 4-17】 一催化裂化过程，输入的原料（烷烃）和催化裂化后产物的组成为（表 4-14）。试计算产物量与原料量的摩尔比。

表 4-14 原料（烷烃）和产物的组成（摩尔分数）

组分	原料组成	产物组成	组分	原料组成	产物组成
C_8H_{14}	0	0.05	$C_{12}H_{25}$	0.20	0.10
C_7H_{16}	0	0.15	$C_{16}H_{32}$	0.35	0.10
C_8H_{18}	0.03	0.20	$C_{17}H_{36}$	0.35	0.15
$C_{11}H_{24}$	0.07	0.25			

解 分析：催化裂化反应比较复杂，可根据原料和产物组成，作氢元素衡算，求两者的摩尔比。

基准：原料 100kmol。

设产物量为 P(kmol)，列表 4-15 计算原料与产物中的 H 量。

表 4-15 原料（烷烃）和产物中的 H 量

组分	原料量/kmol	原料中 H 量/kmolH 原子	产物量	产物中 H 量
C_8H_{14}	0		$0.05P$	$0.05P\times14=0.7P$
C_7H_{16}	0		$0.15P$	$0.15P\times16=2.4P$
C_8H_{18}	3	$3\times18=54$	$0.20P$	$0.20P\times18=3.6P$
$C_{11}H_{24}$	7	$7\times24=168$	$0.25P$	$0.25P\times24=6.0P$

续表

组　分	原料量/kmol	原料中 H 量/kmolH 原子	产　物　量	产物中 H 量
$C_{12}H_{25}$	20	20×26=520	$0.10P$	$0.10P\times26=2.6P$
$C_{15}H_{32}$	35	35×32=1120	$0.10P$	$0.10P\times32=3.2P$
$C_{17}H_{36}$	35	35×36=1260	$0.15P$	$0.15P\times36=5.4P$
合计		3122		$23.9P$

H 原子衡算　　$3122\text{kmol}=23.9P$

得 $P=130.6\text{kmol}$

产物量与原料量之比为　　$\frac{130.6}{100}=1.306$

本题也可以对 C 原子平衡进行计算，但与对 H 原子平衡计算得到的结果有一定的误差，这是因为原始数据误差引起的。

由上例计算过程中可以看出，因为化工过程的特殊性，化学反应方程式无法确定，且各反应式的选择性数据也难以确定，所以这类问题的物料衡算用元素衡算法较合适。

3. 联系组分法

联系组分又称惰性组分，是指在整个生产中随反应物料进出系统，但完全不参与反应的组分，因此其数量（质量和物质的量）总是不变。如在燃烧过程中用空气提供氧气时，随之带入的氮气就是一种惰性物质，称联系组分。利用联系组分的特点以及和其他物料之间的比例关系，可以算出其他物料的数量，这种方法在反应器的物料衡算中就称为联系组分计算法。

图 4-25　惰性组分进出系统示意图

例如，如图 4-25 所示，F 和 P 分别表示输入系统和从系统输出的物料量，联系组分 T 在物料 F 和物料 P 中的质量分数分别为 $x_{t,f}$ 和 $x_{t,p}$，则由联系组分的特性，有下式总成立：

$$Fx_{t,f}=Px_{t,p}$$

即：

$$\frac{F}{P}=\frac{x_{t,p}}{x_{t,f}} \tag{4-13}$$

有时系统中存在不止一种联系组分，这时可选择其总量为联系组分，也可选择其中含量较大的组分单独使用，因为联系组分的量越大，计算误差就会越小。

利用联系组分进行物料衡算可使计算简化，尤其在未知变量较多的过程中，通过式(4-13）提供的关系可以解出部分未知变量，找到解决问题的突破口。

【例 4-18】 在炉子内用空气完全燃烧甲烷与氢气的混合燃料，生成的燃烧气混合物称为烟道气，分析烟道气含量，组成为 N_2 72.22％（摩尔分数），CO_2 8.13％，O_2 2.49％，H_2O 17.16％。试求：(1）混合燃料中氢气与甲烷的比例为多少？(2）混合燃料与空气的比例（摩尔比）为多少？

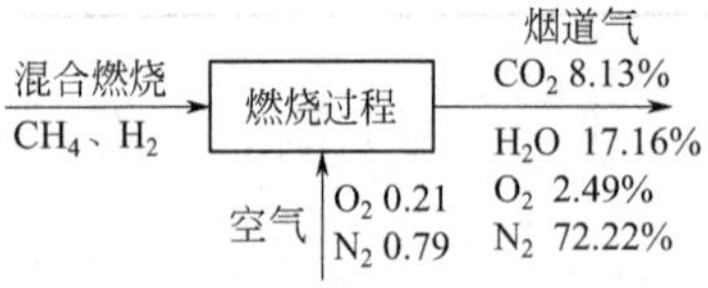

图 4-26　例 4-18 物料流程图

解　由题意画出物料流程图（图 4-26）。

燃烧过程中发生的化学反应式如下：

$$CH_4+2O_2 \longrightarrow CO_2+2H_2O$$

$$H_2+\frac{1}{2}O_2 \longrightarrow H_2O$$

基准：烟道气 100mol（因为烟道气的组成已知）。

烟道气中物质的量：

烟道气中 CO_2 量　　$8.13\%\times100\text{mol}=8.13\text{mol}$

烟道气中 H_2O 量　　$17.16\%\times100\text{mol}=17.16\text{mol}$

烟道气中 O_2 量　　$2.49\%\times100\text{mol}=2.49\text{mol}$

烟道气中 N_2 量　　$72.22\%\times100\text{mol}=72.22\text{mol}$

以 N_2 为联系组分，根据式 $Fx_{t,f}=Px_{t,p}$，即空气中的 N_2 与烟道气中 N_2 量相等，有　　$Px_{t,P=72.22\text{mol}}$

输入的空气量　　$\dfrac{72.22\text{mol}}{0.79}=91.42\text{mol}$

其中 O_2 量　　$91.42\text{mol}\times0.21=19.20\text{mol}$

由 C 的平衡燃料中 CH_4 量　　8.13mol

CH_4 完全燃烧消耗 O_2 量　　$8.13\text{mol}\times2=16.26\text{mol}$

H_2 完全燃烧耗 O_2 量　　$(19.20-16.26-2.49)\text{mol}=0.45\text{mol}$

混合燃料中 H_2 量　　$0.45\text{mol}\times2=0.90\text{mol}$

混合燃料中氢与甲烷的比例　　$\dfrac{H_2}{CH_4}=\dfrac{0.90}{8.13}\approx\dfrac{1}{9}$

混合燃料与空气的比例　　$\dfrac{\text{混合燃料}}{\text{空气}}=\dfrac{0.90+8.13}{91.42}\approx\dfrac{1}{10}$

计算结果列入表 4-16。

表 4-16 计算结果（基准：100mol 烟道气）

组分	输入				输出	
	燃料		空气		烟道气	
	摩尔分数/%	物质的量/mol	摩尔分数	物质的量/mol	摩尔分数/%	物质的量/mol
H_2	11.15	0.90				
CH_4	88.85	8.13				
O_2			21	19.20	2.49	2.49
N_2			79	72.22	72.22	72.22
CO_2					8.13	8.13
H_2O					17.16	17.16
合计		9.03		91.42		100.00

在无化学反应的过程中同样可以使用联系组分法进行物料衡算。如在干燥过程中物料中质量不发生改变的成分，在物料衡算过程中可以统一看成一种联系组分，在吸收过程中一些不被溶剂吸收的成分，也可以看成一种联系组分，在蒸发过程不挥发的物料等都可以作为联系组分，这时的联系组分应该是一种以整体形式输入和输出系统的物质，它应该只存在于一股进料和一股出料中，这种情况下看成联系组分易于计算。

【例 4-19】 浓度为 80%的醋酸溶液与未知量的苯混合后连续用一蒸馏釜进行分离。测得蒸馏塔顶馏出液组成为：醋酸 10.9%，水 21.7%，苯 67.4%，釜底液为纯醋酸，流量 $350kg \cdot h^{-1}$，试求蒸馏釜的进料流量（苯和醋酸溶液的流量）。

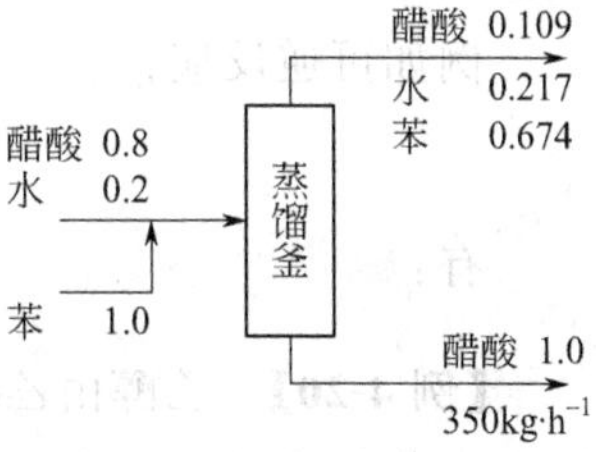

图 4-27 例 4-19 物料流程图

解 由题意画出物料流程图，如图 4-27。

此题中水和苯都可以看成联系组分，利用联系组分的特性来解此题比较简单。

基准：塔顶馏出液 $100kg \cdot h^{-1}$。

由水为联系组分，根据式 $Fx_{t,f} = Px_{t,p}$，可以求出：

$$醋酸溶液的量 \quad \frac{100kg \cdot h^{-1} \times 21.7\%}{20\%} = 108.5kg \cdot h^{-1}$$

$$其中醋酸的量 \quad 108.5kg \cdot h^{-1} \times 80\% = 86.8kg \cdot h^{-1}$$

$$其中水的量 \quad 108.5kg \cdot h^{-1} \times 20\% = 21.7kg \cdot h^{-1}$$

由苯为联系组分，苯的量 $67.4\% \times 100kg \cdot h^{-1} = 67.4kg \cdot h^{-1}$

蒸馏釜底醋酸量 $[86.8-(0.109\times 100)]kg \cdot h^{-1} = 75.9kg \cdot h^{-1}$

比例系数 $\frac{350}{75.9} = 4.611$

将上述数据乘以比例系数后汇总得到的结果列于表 4-17。

表 4-17　计算结果

组　分	输　　入		组分	输　　出	
	质量分数/%	质量/$kg \cdot h^{-1}$		质量分数/%	质量/$kg \cdot h^{-1}$
醋酸	49.34	399.28	馏出液		
水	12.34	99.82	醋酸	10.90	50.14
苯	38.32	310.04	水	21.70	99.82
			苯	67.40	310.04
			釜底液		
			醋酸	100.00	350
合计	100.00	809.14			810.00

注：输入总质量与输出总质量结果不一致为计算误差。

4. 利用化学平衡常数进行衡算

对有平衡反应过程的物料衡算，除了需要建立物料或元素衡算式以外，常常还需要利用反应的平衡关系来计算产物的平衡组成。

化学平衡常数表示了可逆反应过程在反应达到平衡时各物料之间组成上的定量关系，平衡常数在可逆反应的物料衡算中提供了一种过程限制关系。

例如可逆反应：

$$aA + bB \longrightarrow cC + dD$$

有：

$$K_p = \frac{p_C^c p_D^d}{p_A^a p_B^b} \tag{4-14}$$

【例 4-20】 乙醇由乙烯在 300℃、8.104MPa 下与水蒸气合成得到，原料乙烯和水蒸气的摩尔比为 1∶1.2。以摩尔分数表示的化学平衡常数 $K_n = 0.265$。计算当反应达到平衡时，反应器出口气体的组成。

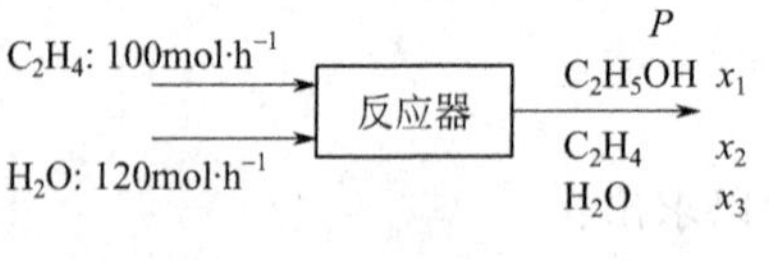

图 4-28　例 4-20 物料流程图

解　由题意画出物料流程图（图 4-28）。

化学反应方程式：

$$C_2H_4 + H_2O \longrightarrow C_2H_5OH$$

基准：进料乙烯 $100mol \cdot h^{-1}$。

设 P 为反应器出口气体流量，x_1、x_2、x_3 分别为反应器出料中乙醇（C_2H_5OH）、乙烯（C_2H_4）和水（H_2O）的摩尔分数。

进料水蒸气的流量　　$100mol \cdot h^{-1} \times 1.2 = 120mol \cdot h^{-1}$

列出元素平衡式：

C 元素平衡　　$100mol \cdot h^{-1} \times 2 = 2Px_1 + 2Px_2$　　(1)

O 元素平衡　　$120mol \cdot h^{-1} = Px_1 + Px_3$　　(2)

H平衡　$120mol \cdot h^{-1} \times 2 + 100mol \cdot h^{-1} \times 4 = 6Px_1 + 4Px_2 + 2Px_3$　(3)

浓度限制关系式　$x_1 + x_2 + x_3 = 1$　(4)

平衡常数表达式　$K_n = \dfrac{x_1}{x_2 x_3} = 0.265$　(5)

式(1)、式(2)、式(3) 中 3 种元素平衡式中只有 2 个是独立的，加上浓度限制关系和平衡常数表达式关系共有 4 个独立方程，可解出 4 个未知变量，此题未知变量正好是 4 个。

将式(1) 和式(2) 相除并整理得

$$0.2x_1 + 1.2x_2 - x_3 = 0 \quad (6)$$

将式(6) 和式(4) 相加可得

$$x_1 = 1.2 - \frac{2.2x_2}{1.2} \quad (7)$$

将式(7) 代入式(5)，消去 x_1 后得

$$x_3 = \frac{3.145}{x_2} - 6.918 \quad (8)$$

将式(7) 和式(8) 代入式(4)，消去 x_1 和 x_3 后得

$$x_2^2 + 8.502x_2 - 3.774 = 0 \quad (9)$$

由上式解得 $x_2 = 0.423$（取正值）

$x_2 = 0.423$ 代入式(7) 得 $x_1 = 0.058$

将数据代入式(4) 得 $x_3 = 0.519$

将数据代入式(1) 得 $P = 207.9mol \cdot h^{-1}$

计算结果列于表 4-18。

表 4-18　计算结果

组　分	输　入		输　出	
	摩尔分数/%	物质的量/$mol \cdot h^{-1}$	摩尔分数/%	物质的量/$mol \cdot h^{-1}$
C_2H_5OH			5.8	12.1
C_2H_4	45.45	100	42.3	87.9
H_2O	54.55	120	51.9	107.9
合计	100	220	100	207.9

二、具有循环过程的物料衡算

前面介绍的物料衡算方法只是对反应器本身的物料衡算方法，在化工过程中常会遇到一些具有循环的过程，这类过程的物料衡算事实上就是在无化学反

应过程（单元操作）的基础上再加上反应器的物料衡算，计算时根据已知条件选择合适的计算衡算体系，这样有利于顺利地解题。

1. 设置循环的目的

在化工生产中，由于各种因素的限制，有些化学反应的单程转化率并不高，大量的未反应的反应物随产物离开反应器，用分离设备进行分离后，为了提高总转化率，使其返回反应器重新利用，这样可以提高原料的利用率，降低原料的消耗定额。

例如，乙烯氧化制环氧乙烷的过程，乙烯的单程转化率（即原料一次通过反应器的转化率）约 30%左右；由氢、氮合成氨的单程转化率一般也只有 20%左右。而乙烯直接水合制乙醇的过程，乙烯的单程转化率只有 4%～5%。因此在反应器出口的产物中有大量原料未反应，为了提高原料的利用率，把这部分未反应的原料从反应产物中分离出来，然后把它循环返回反应器，与新鲜原料混合后再进入反应器进行化学反应，此过程即为循环过程。

2. 包含循环过程的典型物料流程图

包括反应器在内的循环过程其典型流程如图 4-29 所示。

图中各个符号代表的含义均为物料流股的流量，具体代表的流股如下：

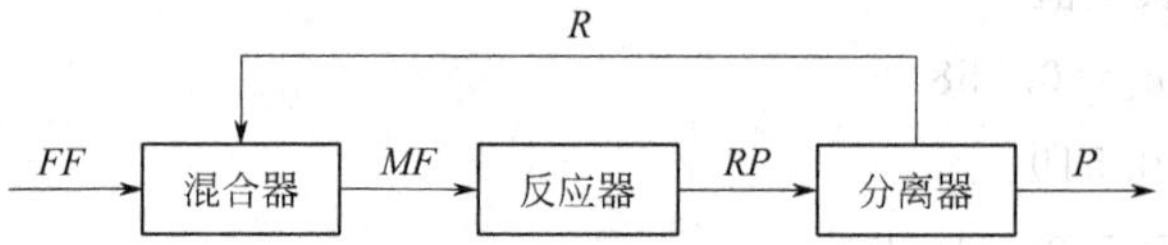

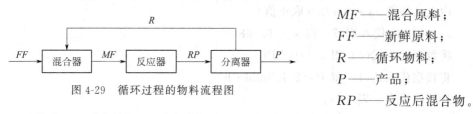

图 4-29 循环过程的物料流程图

MF——混合原料；

FF——新鲜原料；

R——循环物料；

P——产品；

RP——反应后混合物。

其中，混合原料 *MF* 由新鲜原料 *FF* 和循环物料 *R* 混合而成，由反应器出来的反应后混合物 *RP* 经分离器分成产品 *P* 和循环物料 *R*。整个系统可划分为 1 个总系统（3 个设备）和 3 个子系统（混合器、反应器、分离器），总系统的物料衡算可以提供新鲜原料和产品之间的关系，主要是利用总转化率的数据来进行计算，它对生产很重要。

$$\text{总转化率}\underset{(\text{A物质})}{=\!=}\frac{FF_A-P_A}{FF_A}$$

式中，FF_A 为新鲜原料中反应物 A 的量；P_A 为产品中 A 物质的量。若分离彻底 *P* 产物中无 A 物质，则转化率为 100%。

子系统的物料衡算提供进出各设备的流量和组成数据，对设备计算来说是必需的，尤其是对反应器进行物料衡算，单程转化率是个很重要的因素，另外如果反应器中进行的不是一个单一的化学反应，当伴随有副反应或中间反应时，收率和选择性也是衡量反应过程的重要参数。

另外，具有循环过程的体系还有两个过程限制参数，通常称为循环比和混合比，定义如下：

$$\text{循环比}=\frac{\text{循环物流流量}}{\text{产品物流流量}}=\frac{R}{P} \tag{4-15}$$

$$\text{混合比}=\frac{\text{循环物流流量}}{\text{新鲜原料流量}}=\frac{R}{FF} \tag{4-16}$$

在对分离器和混合器进行物料衡算时这两个参数很重要，有时可以作为解题的线索。

3. 举例

【例 4-21】 丙烯由丙烷在催化反应器中脱氢生成，其反应式为：

$$C_3H_8 \longrightarrow C_3H_6 + H_2$$

丙烷的总转化率为 95%。离开反应器的产物经分离器分成产品 P 和循环物料 R。产品中含有 C_3H_8、C_3H_6 及 H_2，其中 C_3H_8 的量为反应器混合物中未反应 C_3H_8 的 0.5%。循环物料中含有 C_3H_8 和 C_3H_6，其中 C_3H_6 的量是产品物料中 C_3H_6 的 5%。试计算①产品和循环物料组成；②单程转化率。

解 画出物料流程图（图 4-30）。

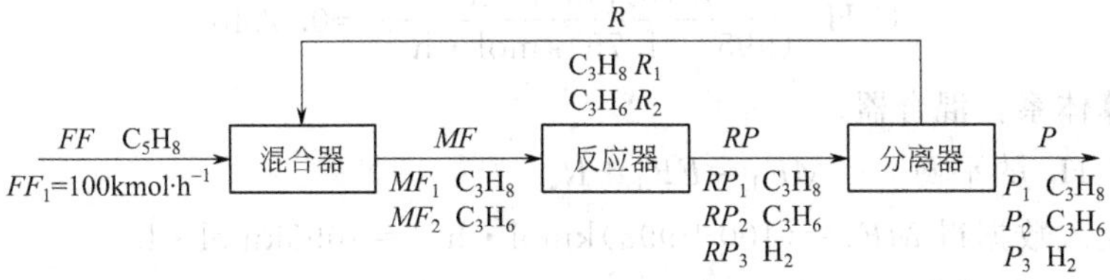

图 4-30 例 4-21 物料流程图

基准：$100\text{kmol}\cdot\text{h}^{-1}$ 新鲜原料（C_3H_8），即 $FF_1=100\text{kmol}\cdot\text{h}^{-1}$。

① 因为已知总转化率，所以衡算体系选择整个过程。

衡算体系：总过程。

由已知 C_3H_8 的总转化率为 95%，即 $\dfrac{FF_1-P_1}{FF_1}\times 100\%=95\%$

解得 $P_1=5\text{kmol}\cdot\text{h}^{-1}$

由反应式可知 $P_2=P_3=100\text{kmol}\cdot\text{h}^{-1}\times 95\%=95\text{kmol}\cdot\text{h}^{-1}$

产品的组成：

$$C_3H_8 \quad \frac{5\text{kmol}\cdot\text{h}^{-1}}{(5+95+95)\text{kmol}\cdot\text{h}^{-1}}\times 100\%=2.56\%$$

$$C_3H_6 \quad \frac{95\text{kmol}\cdot\text{h}^{-1}}{(5+95+95)\text{kmol}\cdot\text{h}^{-1}}\times 100\% = 48.72\%$$

$$H_2 \quad \frac{95\text{kmol}\cdot\text{h}^{-1}}{(5+95+95)\text{kmol}\cdot\text{h}^{-1}}\times 100\% = 48.72\%$$

衡算体系：分离器。

由已知 P_1 是反应后混合物中未反应 C_3H_8 量的 0.5%，即：

$$P_1 = 0.5\% RP_1 = 5\text{kmol}\cdot\text{h}^{-1}$$

解得 $RP_1 = 1000\text{kmol}\cdot\text{h}^{-1}$

C_3H_8 的平衡　　$1000\text{kmol}\cdot\text{h}^{-1} = 5 + R_1$

解得 $R_1 = 995\text{kmol}\cdot\text{h}^{-1}$

由已知 R_2 是产品中 C_3H_6 量的 5%，即 $R_2 = 5\% P_2$

代入数据解得 $R_2 = 5\% \times 95\text{kmol}\cdot\text{h}^{-1} = 4.75\text{kmol}\cdot\text{h}^{-1}$

C_3H_6 的平衡　　$RP_2 = R_2 + P_2$

代入数据得 $RP_2 = (4.75 + 95)\text{kmol}\cdot\text{h}^{-1} = 99.75\text{kmol}\cdot\text{h}^{-1}$

循环物料的组成：

$$C_3H_8 \quad \frac{995\text{kmol}\cdot\text{h}^{-1}}{(995+4.75)\text{kmol}\cdot\text{h}^{-1}} = 0.9952$$

$$C_3H_6 \quad \frac{(4.75)\text{kmol}\cdot\text{h}^{-1}}{(995+4.75)\text{kmol}\cdot\text{h}^{-1}} = 0.0048$$

衡算体系：混合器。

C_3H_8 的平衡　　$MF_1 = FF_1 + R_1$

代入数据得 $MF_1 = (100 + 995)\text{kmol}\cdot\text{h}^{-1} = 1095\text{kmol}\cdot\text{h}^{-1}$

C_3H_6 的平衡　　$MF_2 = R_2 = 4.75\text{kmol}\cdot\text{h}^{-1}$

② 由单程转化率，有

$$\frac{MF_1 - RP_1}{MF_1}\times 100\% = \frac{(1095-1000)\text{kmol}\cdot\text{h}^{-1}}{1095\text{kmol}\cdot\text{h}^{-1}}\times 100\% = 8.68\%$$

【例 4-22】 环氧乙烷由乙烯氧化得到，主反应为：

$$C_2H_4 + \frac{1}{2}O_2 \longrightarrow C_2H_4O$$

在氧化过程中伴随发生以下副反应：

$$C_2H_4 + 3O_2 \longrightarrow 2CO_2 + 2H_2O$$

已知乙烯的单程转化率为 12%，主反应的选择性为 75%。新鲜原料中乙烯和氧气的摩尔比为 1∶1，混合比（循环物料与新鲜原料之比）为 4。循环物料中不含二氧化碳，其组成为 70%的乙烯和 30%的氧气。计算乙烯总转化率和各物料的流量和组成。

解 由题意画出物料流程图（图 4-31）。

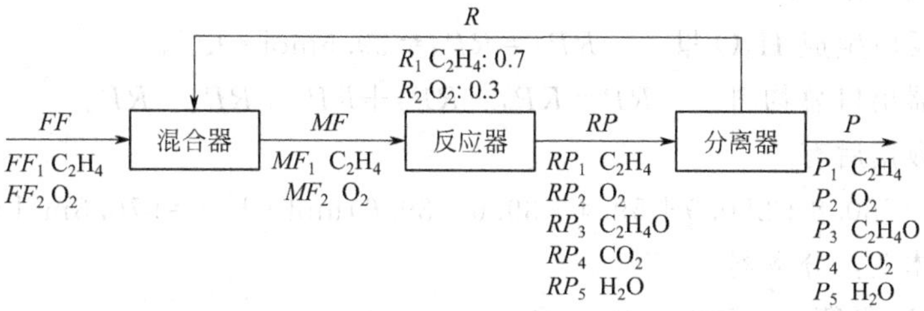

图 4-31　例 4-22 物料流程图

基准：新鲜原料 C_2H_4 100mol·h^{-1}，即 $FF_1=100\text{mol}\cdot\text{h}^{-1}$。

根据进料的配比，乙烯和氧气的摩尔比为 1∶1，即 $FF_1=FF_2=100\text{mol}\cdot\text{h}^{-1}$。

衡算体系：混合器。

总物料衡算　　$FF+R=MF$

由混合比　　$\dfrac{R}{FF}=4$

得 $R=4\times FF=[4\times(100+100)]\text{mol}\cdot\text{h}^{-1}=800\text{mol}\cdot\text{h}^{-1}$

则$R_1=0.7\times R=0.7\times800\text{mol}\cdot\text{h}^{-1}=560\text{mol}\cdot\text{h}^{-1}$

$R_2=0.3\times R=0.3\times800\text{mol}\cdot\text{h}^{-1}=240\text{mol}\cdot\text{h}^{-1}$

C_2H_4 的平衡　　$MF_1=FF_1+R_1=(100+560)\text{mol}\cdot\text{h}^{-1}=660\text{mol}\cdot\text{h}^{-1}$

O_2 的平衡　　$MF_2=FF_2+R_2=(100+240)\text{mol}\cdot\text{h}^{-1}=340\text{mol}\cdot\text{h}^{-1}$

$MF=MF_1+MF_2=(660+340)\text{mol}\cdot\text{h}^{-1}=1000\text{mol}\cdot\text{h}^{-1}$

衡算体系：反应器。

反应消耗 C_2H_4 的量　　$MF_1\times12\%=660\text{mol}\cdot\text{h}^{-1}\times12\%=79.2\text{mol}\cdot\text{h}^{-1}$

C_2H_4 的平衡　　$RP_1=MF_1-79.2\text{mol}\cdot\text{h}^{-1}=(660-79.2)\text{mol}\cdot\text{h}^{-1}=580.8\text{mol}\cdot\text{h}^{-1}$

两个反应消耗 O_2 总量

$$MF_1\times12\%\times75\%\times0.5+MF_1\times12\%\times(1-75\%)\times3$$
$$=(660\times0.045+660\times0.09)\text{mol}\cdot\text{h}^{-1}=89.1\text{mol}\cdot\text{h}^{-1}$$

由 O_2 的平衡　　$RP_2=MF_2-$氧的总消耗量

代入数据得 $RP_2=MF_2-89.1\text{mol}\cdot\text{h}^{-1}=(340-89.0)\text{mol}\cdot\text{h}^{-1}=250.9\text{mol}\cdot\text{h}^{-1}$

由转化率、选择性和主反应式有：

反应生成 C_2H_4O 量　　$RP_3=MF_1\times12\%\times75\%=660\text{mol}\cdot\text{h}^{-1}\times0.09=59.4\text{mol}\cdot\text{h}^{-1}$

因主反应的选择性为 75%，则副反应的选择性为 25%，有副反应生成CO_2量　　$RP_4=MF_1\times12\%(1-75\%)\times2=660\text{mol}\cdot\text{h}^{-1}\times0.06=39.6\text{mol}\cdot\text{h}^{-1}$

副反应生成H_2O量　　$RP_5=RP_4=39.6\text{mol}\cdot\text{h}^{-1}$

反应器出口总物料　　$RP=RP_1+RP_2+RP_3+RP_4+RP_5$

代入数据后有

$RP=(580.8+250.9+59.4+39.6+39.6)\text{mol}\cdot\text{h}^{-1}=970.3\text{mol}\cdot\text{h}^{-1}$

衡算体系：分离器。

C_2H_4平衡　　$RP_1=R_1+P_1$

$P_1=RP_1-R_1=(580.8-560)\text{mol}\cdot\text{h}^{-1}=20.8\text{mol}\cdot\text{h}^{-1}$

O_2平衡　　$RP_2=R_2+P_2$

$P_2=RP_2-R_2=(250.9-240)\text{mol}\cdot\text{h}^{-1}=10.9\text{mol}\cdot\text{h}^{-1}$

C_2H_4O平衡　　$P_3=RP_3=59.4\text{mol}\cdot\text{h}^{-1}$

CO_2平衡　　$P_4=RP_4=39.6\text{mol}\cdot\text{h}^{-1}$

H_2O平衡　　$P_5=RP_5=39.6\text{mol}\cdot\text{h}^{-1}$

产品总量$P=(20.8+10.9+59.4+39.6+39.6)\text{mol}\cdot\text{h}^{-1}=170.3\text{mol}\cdot\text{h}^{-1}$

各物料的组成如下。

新鲜原料的组成：

C_2H_4　　$\dfrac{FF_1}{FF}\times100\%=\dfrac{100\text{mol}\cdot\text{h}^{-1}}{200\text{mol}\cdot\text{h}^{-1}}\times100\%=50\%$

O_2　　50%

混合原料的组成：

C_2H_4　　$\dfrac{MF_1}{MF_1+MF_2}\times100\%=\dfrac{660\text{mol}\cdot\text{h}^{-1}}{(660+340)\text{mol}\cdot\text{h}^{-1}}\times100\%=66\%$

O_2　　$1-66\%=34\%$

反应器出料组成（RP）：

C_2H_4　　$\dfrac{RP_1}{RP}\times100\%=\dfrac{580.8\text{mol}\cdot\text{h}^{-1}}{970.3\text{mol}\cdot\text{h}^{-1}}\times100\%=59.86\%$

O_2　　$\dfrac{RP_2}{RP}\times100\%=\dfrac{250.9\text{mol}\cdot\text{h}^{-1}}{970.3\text{mol}\cdot\text{h}^{-1}}\times100\%=25.86\%$

C_2H_4O　　$\dfrac{RP_3}{RP}\times100\%=\dfrac{59.4\text{mol}\cdot\text{h}^{-1}}{970.3\text{mol}\cdot\text{h}^{-1}}\times100\%=6.12\%$

CO_2　　$\dfrac{RP_4}{RP}\times100\%=\dfrac{39.6\text{mol}\cdot\text{h}^{-1}}{970.3\text{mol}\cdot\text{h}^{-1}}\times100\%=4.08\%$

H_2O　　$\dfrac{RP_5}{RP}\times100\%=\dfrac{39.6\text{mol}\cdot\text{h}^{-1}}{970.3\text{mol}\cdot\text{h}^{-1}}\times100\%=4.08\%$

产品的组成：

$$C_2H_4 \quad \frac{P_1}{P}\times100\%=\frac{20.8\text{mol}\cdot\text{h}^{-1}}{170.3\text{mol}\cdot\text{h}^{-1}}\times100\%=12.2\%$$

$$O_2 \quad \frac{P_2}{P}\times100\%=\frac{10.9\text{mol}\cdot\text{h}^{-1}}{170.3\text{mol}\cdot\text{h}^{-1}}\times100\%=6.4\%$$

$$C_2H_4O \quad \frac{P_3}{P}\times100\%=\frac{59.4\text{mol}\cdot\text{h}^{-1}}{170.3\text{mol}\cdot\text{h}^{-1}}\times100\%=34.9\%$$

$$CO_2 \quad \frac{P_4}{P}\times100\%=\frac{39.6\text{mol}\cdot\text{h}^{-1}}{170.3\text{mol}\cdot\text{h}^{-1}}\times100\%=23.3\%$$

$$H_2O \quad \frac{P_5}{P}\times100\%=\frac{39.6\text{mol}\cdot\text{h}^{-1}}{170.3\text{mol}\cdot\text{h}^{-1}}\times100\%=23.3\%$$

乙烯的总转化率 $\frac{FF_1-P_1}{FF_1}\times100\%=\frac{(100-20.8)\text{mol}\cdot\text{h}^{-1}}{100\text{mol}\cdot\text{h}^{-1}}\times100\%=79.2\%$

从上述两例中可以看出，循环过程的物料衡算有以下规律。

① 当已知循环物流的流量和组成，或者通过一些已知的条件可以间接得到循环物流的流量和组成，这类物料衡算问题比较容易求解。其解题方法与多单元过程类似，在总系统和各个子系统中选择一个未知变量最少的系统作为计算的着手点，然后依次逐步以各子系统为衡算体系解出其他各未知变量。

② 当循环物流的流量和组成未知时，有时需用试差法解题。试差法是先假定循环物流的各个变量，然后逐步解出混合器、反应器和分离器的未知变量，将分离器中解得的循环物流变量值与原先的假设值进行比较，若一致，则假设值成立，所得的解即为正确解。若不一致，说明假设值有偏差，需调整假设值再求解，直至一致。这种方法手算计算量较大，可以借助计算机，编程求解。

三、具有排放过程的物料衡算

1. 排放设置的目的

排放是在循环的基础上提出来的，因为循环过程在稳态条件下要求各物料的流量和组成恒定，但是如果进料中含有惰性物质或是反应器中有副产物生成，而该惰性物质或副产物在分离过程中没有随产物排出，或是虽有部分流出，仍有全部或部分惰性物质和副产物进入循环物料中，这样惰性物质或副产物就会随着循环次数的增加而在循环过程中逐步积累。为了防止这些惰性物质和副产物在系统中的不断增加，就必须排放一部分循环物料，使惰性物质的输出量能与进料中的输入量平衡，或是副产物的输出量能与副反应产生的量平衡，从而使整个系统的物料流量和组成维持稳定。

2. 排放位置的确定

从分离器分离出来的物料一部分循环，一部分排放，虽然调整了惰性物质和副产物相对组成的稳定，但是也随之将一部分未反应物排出体系之外，所以排放位置的确定是很重要的，应选取需调整成分的含量最高的位置为排放位置；或是经分析测定后定期排放。

3. 带有排放过程的循环系统

带有排放过程的循环系统典型物料流程如图 4-32 所示。

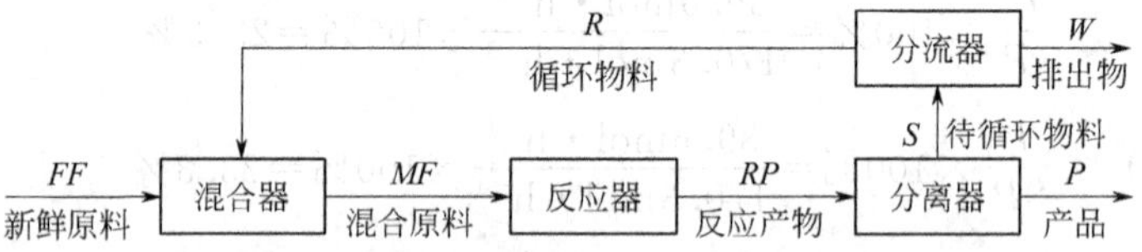

图 4-32　带有排放过程的循环系统物料流程图

与无排放循环过程的图 4-29 比较，图 4-32 中增加了一个分流器，其作用是将分离器回收的待循环物料 S 分出一部分作为排放物料 W，另一部分作为循环物料 R。

注意：由分流器的特征，进出分流器的物料的组成是相同的，即待循环物料、排出物和循环物料的组成是相同的，所以排放量的多少直接影响反应物料的总转化率，此时：

$$\text{总转化率为 } X_A = \frac{FF_A - W_A - P_A}{FF_A}$$

式中　FF_A——新鲜原料中 A 物质的量；

P_A——产品中 A 物质的量；

W_A——排放物料 W 中 A 物质的量。

4. 排放量的确定

根据稳态流动过程的物料平衡，为了使惰性物质和副产物不在系统中积累，排放物料流量应调节到能平衡惰性物质的输入量和副产物的产生量。假设惰性物质和副产物全部进入循环物流，则

惰性物质：$$FF \cdot X_{FF,\text{惰性物质}} = W \cdot X_{W,\text{惰性物质}} \tag{4-17}$$

式中　FF——新鲜原料流量，$mol \cdot h^{-1}$；

W——排放物料流量，$mol \cdot h^{-1}$；

$X_{FF,\text{惰性物质}}$——新鲜原料中惰性物质的摩尔分数；

$X_{W,\text{惰性物质}}$——排放物料中惰性物质的摩尔分数；

副产物：$$\text{反应器中产生的副产物量} = WX_{W,\text{副产物}} \tag{4-18}$$

式中　$X_{W,\text{副产物}}$——排放物料中副产物的摩尔分数。

在有排放过程的物料衡算中排放比是一个很有用的过程限制参数，定义为：

$$\text{排放比}=\frac{\text{排放物流流量}}{\text{新鲜原料流量}}=\frac{W}{FF} \tag{4-19}$$

5. 举例

【例 4-23】 甲苯催化加氢脱甲基制苯，主反应和副反应分别为：

主反应　$C_6H_5CH_3+H_2 \longrightarrow C_6H_6+CH_4$

副反应　$C_6H_5CH_3+10H_2 \longrightarrow 7CH_4$

以纯氢和纯甲苯为原料，进入反应器的氢与甲苯之比为 5∶1（摩尔比）。甲苯的单程转化率为 80%，生成苯的选择性为 98%，未反应的甲苯和产物苯作为产品物流输出体系，氢和甲烷循环。要求混合原料中甲烷含量不大于 10%，计算排放比及各物流的组成。

解　由题意画出物料流程图（图 4-33）。

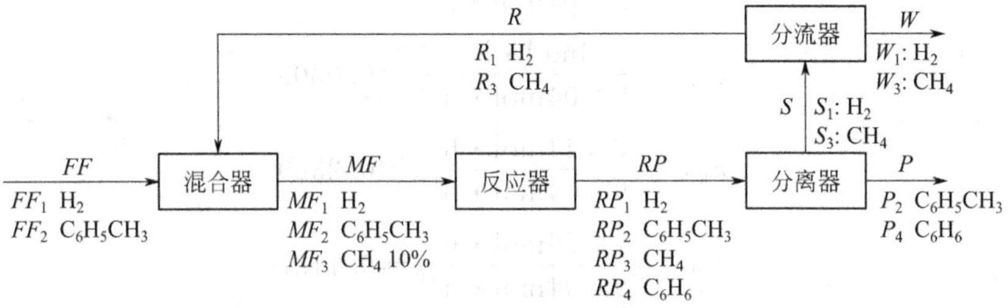

图 4-33　例 4-23 物料流程图

说明：

(1) 流程中物料流股各物质流量的下标编号尽可能保持一致，下标相同表示同一种物质，这样可以避免列衡算式时出差错。本题中只有混合原料的组成有已知数据，设其为基准后可先对反应器系统进行物料衡算。

(2) 由题意要求混合原料中甲烷含量不大于 10%，取 10%进行计算，这样计算得到的排放量数据为最小值，实际排放时应稍稍大于此值。

基准：进反应器混合原料 $100\text{mol}\cdot\text{h}^{-1}$。

衡算体系：反应器。

进料：由已知，$MF_3=100\text{mol}\cdot\text{h}^{-1}\times10\%=10\text{mol}\cdot\text{h}^{-1}$

总物料　$MF_1+MF_2+10\text{mol}\cdot\text{h}^{-1}=100\text{mol}\cdot\text{h}^{-1}$ (1)

$$\frac{MF_1}{MF_2}=5 \tag{2}$$

由式(1)、式(2) 得　$MF_1=75\text{mol}\cdot\text{h}^{-1}$。

$MF_2=15\text{mol}\cdot\text{h}^{-1}$。

出料：

$C_6H_5CH_3$ 的剩余　　$RP_2 = MF_2(1-80\%) = 15\text{mol} \cdot \text{h}^{-1} \times 0.2 = 3\text{mol} \cdot \text{h}^{-1}$

生成的 C_6H_6　　$RP_4 = MF_2 \times 80\% \times 98\% = 11.76\text{mol} \cdot \text{h}^{-1}$

CH_4 的量：

$$RP_3 = MF_2 \times 80\% \times 98\% + MF_2 \times 80\% \times (1-98\%) \times 7 + MF_3$$
$$= (11.76 + 1.68 + 10)\text{mol} \cdot \text{h}^{-1} = 23.44\text{mol} \cdot \text{h}^{-1}$$

H_2 的量：

$$RP_1 = MF_1 - MF_2 \times 80\% \times 98\% - MF_2 \times 80\% \times (1-98\%) \times 10$$
$$= (75 - 11.76 - 2.4)\text{mol} \cdot \text{h}^{-1} = 60.84\text{mol} \cdot \text{h}^{-1}$$

出料的总量　　$RP = 60.84 + 3 + 23.44 + 11.76 = 99.04\text{mol} \cdot \text{h}^{-1}$

反应器出口物料的组成：

$$x_{RP_1} = \frac{60.84\text{mol} \cdot \text{h}^{-1}}{99.04\text{mol} \cdot \text{h}^{-1}} = 0.6134$$

$$x_{RP_2} = \frac{3\text{mol} \cdot \text{h}^{-1}}{99.04\text{mol} \cdot \text{h}^{-1}} = 0.0303$$

$$x_{RP_3} = \frac{23.44\text{mol} \cdot \text{h}^{-1}}{99.04\text{mol} \cdot \text{h}^{-1}} = 0.2369$$

$$x_{RP_4} = \frac{11.76\text{mol} \cdot \text{h}^{-1}}{99.04\text{mol} \cdot \text{h}^{-1}} = 0.1187$$

衡算体系：分离器。

$$P_2 = RP_2 = 3\text{mol} \cdot \text{h}^{-1}$$

$$P_4 = RP_4 = 11.76\text{mol} \cdot \text{h}^{-1}$$

$$P = (3 + 11.76)\text{mol} \cdot \text{h}^{-1} = 14.76\text{mol} \cdot \text{h}^{-1}$$

则：

$$x_{P_2} = \frac{3\text{mol} \cdot \text{h}^{-1}}{14.76\text{mol} \cdot \text{h}^{-1}} = 0.2033$$

$$x_{P_4} = \frac{11.76\text{mol} \cdot \text{h}^{-1}}{14.76\text{mol} \cdot \text{h}^{-1}} = 0.7967$$

$$S_1 = RP_1 = 60.84\text{mol} \cdot \text{h}^{-1}$$

$$S_3 = RP_3 = 23.44\text{mol} \cdot \text{h}^{-1}$$

$$S = (60.84 + 23.44)\text{mol} \cdot \text{h}^{-1} = 84.28\text{mol} \cdot \text{h}^{-1}$$

则：

$$x_{S_1} = \frac{60.84\text{mol} \cdot \text{h}^{-1}}{84.28\text{mol} \cdot \text{h}^{-1}} = 0.7219$$

$$x_{S_3} = \frac{23.44\text{mol} \cdot \text{h}^{-1}}{84.28\text{mol} \cdot \text{h}^{-1}} = 0.2781$$

由分流器的特征，有　　$x_{R_1} = x_{S_1}$，$x_{R_3} = x_{S_3}$

衡算体系：混合器。

CH_4 平衡　　$MF_3=R_3=Rx_{R_3}$　　(3)

$C_6H_5CH_3$ 平衡　　$MF_2=FF_2$　　(4)

H_2 平衡　　$MF_1=FF_1+Rx_{R_1}$　　(5)

联立式(4)、式(5)、式(6) 解得

$$R=35.96\text{mol}\cdot\text{h}^{-1}$$

$$FF_2=15\text{mol}\cdot\text{h}^{-1}$$

$$FF_1=49.04\text{mol}\cdot\text{h}^{-1}$$

$$FF=(49.04+15)\text{mol}\cdot\text{h}^{-1}=64.04\text{mol}\cdot\text{h}^{-1}$$

新鲜原料的组成：

$$x_{FF_1}=\frac{49.04\text{mol}\cdot\text{h}^{-1}}{64.04\text{mol}\cdot\text{h}^{-1}}=0.7658$$

$$x_{FF_2}=\frac{15\text{mol}\cdot\text{h}^{-1}}{64.04\text{mol}\cdot\text{h}^{-1}}=0.2342$$

混合原料计算：

$$R_1=35.96\text{mol}\cdot\text{h}^{-1}\times0.7219=25.96\text{mol}\cdot\text{h}^{-1}$$

$$R_3=35.96\text{mol}\cdot\text{h}^{-1}\times0.2781=10.00\text{mol}\cdot\text{h}^{-1}$$

衡算体系：分流器。

H_2 的平衡　　$S_1=W_1+R_1$

$W_1=S_1-R_1=(60.84-25.96)\text{mol}\cdot\text{h}^{-1}=34.88\text{mol}\cdot\text{h}^{-1}$

CH_4 的平衡　　$S_3=W_3+R_3$

$W_3=S_3-R_3=(23.44-10.00)\text{mol}\cdot\text{h}^{-1}=13.44\text{mol}\cdot\text{h}^{-1}$

总物料：$W=(34.88+13.44)\text{mol}\cdot\text{h}^{-1}=48.32\text{mol}\cdot\text{h}^{-1}$

排放物料组成　　$x_{W_1}=x_{S_1}=0.7219$

$x_{W_3}=x_{S_3}=0.2781$

计算排放比　排放比$=\dfrac{W}{FF}=\dfrac{48.32\text{mol}\cdot\text{h}^{-1}}{64.04\text{mol}\cdot\text{h}^{-1}}=0.7545$

计算结果汇总列入表 4-19。

表 4-19　计算结果

组　分		H_2	$C_6H_5CH_3$	CH_4	C_6H_6	合计
FF	物质的量/mol·h⁻¹	49.04	15			64.04
	摩尔分数/%	76.58	23.42			100
MF	物质的量/mol·h⁻¹	75	15	10		100
	摩尔分数/%	75	15	10		100

续表

组　分		H_2	$C_6H_5CH_3$	CH_4	C_6H_6	合计
RP	物质的量/$mol \cdot h^{-1}$	60.84	3	23.44	11.76	99.04
	摩尔分数/%	61.43	3.06	24.68	11.87	100
P	物质的量/$mol \cdot h^{-1}$		3		11.76	14.76
	摩尔分数/%		20.33		79.67	100
S	物质的量/$mol \cdot h^{-1}$	60.84		23.44		84.28
	摩尔分数/%	72.19		27.81		100
R	物质的量/$mol \cdot h^{-1}$	25.96		10.0		35.96
	摩尔分数/%	72.19		27.81		100
W	物质的量/$mol \cdot h^{-1}$	34.88		13.44		48.32
	摩尔分数/%	72.19		27.81		100

四、具有旁路过程的物料衡算

1. 旁路设置的目的

旁路就是指某一股物料的一部分绕过一个或几个设备而直接进入后续工序，与另一股物料相混的过程。

2. 旁路过程的典型流程

旁路过程的典型物料流程如图 4-34 所示。

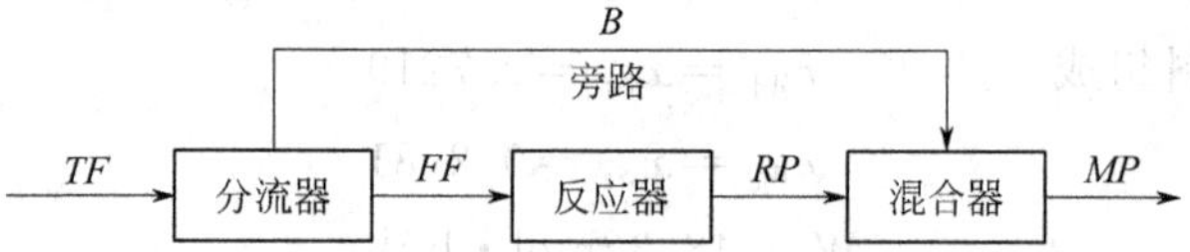

图 4-34　旁路过程的典型物料流程图

旁路过程主要用于调节物料的组成或温度。

从图 4-34 中可以看出，旁路过程与循环过程类似，整个过程也可以划分成 1 个总系统和 3 个子系统，计算时分流器和混合器的平衡很重要。总原料 *TF* 经过分流器后分成反应器进料 *FF* 和旁路物料 *B*，这 3 股物料的组成是相同的，因此具有旁路过程的物料衡算比具有循环过程的物料衡算还要容易一些。

3. 举例

【例 4-24】 用以生产甲醇的合成气由烃类气体转化而得。要求合成气中

$n(CO):n(H_2)=1:2.4$（摩尔比），气体量为 $2321m^3 \cdot h^{-1}$（标准状况）。因转化气中含 CO 43.12%（摩尔分数），H_2 54.20%，不符合要求，为此需将部分转化气送至 CO 变换反应器，变换后气体中含 CO 8.76%（摩尔分数），H_2 89.75%，气体体积减小 2%，用此变换气去调节转化气，求转化气及变换气各为多少 $m^3 \cdot h^{-1}$（标准状况）？

解 画出物料流程图（图 4-35）。

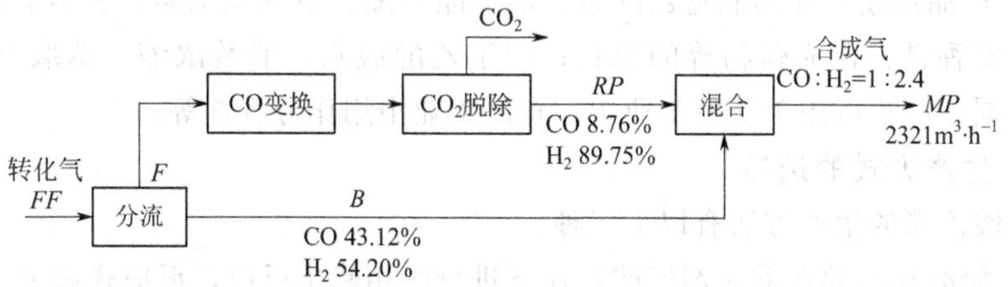

图 4-35　例 4-24 物料流程图

基准：$2321m^3 \cdot h^{-1}$ 合成气（标准状况）。

设合成气中 CO 的摩尔分数为 x_{CO}，H_2 的摩尔分数为 $2.4x_{CO}$。

混合器的衡算：

总物料平衡　$MP = B + RP = 2321m^3 \cdot h^{-1}$　(1)

CO 平衡　$2321x_{CO} = 0.4312B + 0.0876RP$　(2)

H_2 平衡　$2321m^3 \cdot h^{-1} \times 2.4x_{CO} = 0.542B + 0.8975RP$　(3)

解上述方程组得　$RP = 969.4m^3 \cdot h^{-1}$（标准状况）

$B = 1351.6m^3 \cdot h^{-1}$（标准状况）

因经过变换后气体体积减少 2%，所以

$$F = \frac{RP}{1-2\%} = \left(\frac{969.4}{0.98}\right)m^3 \cdot h^{-1} = 989.18m^3 \cdot h^{-1}\text{（标准状况）}$$

$$FF = F + B = (989.18 + 1351.6)m^3 \cdot h^{-1}$$

$$= 2340.78m^3 \cdot h^{-1}\text{（标准状况）}$$

脱除的 CO_2 量为 $F - RP = (989.18 - 969.4)m^3 \cdot h^{-1} = 19.78m^3 \cdot h^{-1}$（标准状况）

值得一提的是上述物料流量虽然是用体积作单位，但因为均转换成了标准状况下的体积，所以可以列平衡式。

第六节　综合实例

年产 1500t 醋酸乙酯车间工艺设计的物料衡算。本范例是由设计任务来确定的物料衡算。

设计任务如下。

① 设计项目：醋酸乙酯车间

② 产品名称：醋酸乙酯

③ 产品规格：纯度99%

④ 年生产能力：折算为100%醋酸乙酯1500t·a^{-1}

⑤ 产品用途：作为制造乙酰胺、乙酰醋酸酯、甲基庚烯酮，其他有机化合物、合成香料、合成药物等的原料；用于乙醇脱水、醋酸浓缩、萃取有机酸；作为溶剂、广泛应用于各种工业中；食品工业中用作芳香剂等。

1. 生产方式的选择

醋酸乙酯的生产方法有以下三种。

① 醋酸和乙醇在催化剂硫酸存在下进行液相酯化反应，反应式如下：

$$C_2H_5OH + CH_3COOH \longrightarrow CH_3COOC_2H_5 + H_2O$$

不加硫酸作为催化剂，上述反应虽可进行，但反应速率非常慢、无工业生产价值。

上述反应为可逆反应，当等物质的量的醋酸和乙醇起反应时，66%醋酸转化成醋酸乙酯，化学反应平衡常数等于4。

$$K = \frac{[CH_3COOC_2H_5][H_2O]}{[CH_3COOH][C_2H_5OH]} \approx 4$$

醋酸和乙醇的化学反应平衡实际上几乎与温度无关，当反应温度为10℃时，转化率为65.2%，220℃时，转化率为66.5%，这说明升高温度，对反应无多大帮助，也即$\Delta H \approx 0$或极小。

② 醋酸和乙醇在金属氧化物（如TiO_2）催化剂存在下于280～300℃进行气相酯化反应。

③ 在三乙酸铝［$Al_2(OC_2H_5)_3$］存在下，乙醛经二聚作用制得醋酸乙酯，化学反应式如下：

$$CH_3CH{=}O + O{=}CHCH_3 \longrightarrow CH_3COOC_2H_5$$

第一种生产方法已经充分研究，是比较成熟的工业生产方法，而且国内已有较大规模的工业生产。为设计所需的技术数据散见于专利和各种文献中，不难找到，同时还可到现场搜集资料，因此从设计的角度来看，选定第一种生产方法是合理的。当然在实际设计时，还必须考虑其他因素，如：原料的供应，水电气的来源、与其他工业企业的关系，技术经济指标等均一并考虑。

醋酸乙酯年生产能力根据设计任务规定为年产100%醋酸乙酯1500t·a^{-1}。取年工作日为328d，则每昼夜生产能力为4580kg·d^{-1}醋酸乙酯；生产能力为

$191kg \cdot h^{-1}$醋酸乙酯，这样的规模采用连续操作是比较合理的。

2. 初步物料衡算

醋酸和乙醇在催化剂浓硫酸的存在下进行液相酯化反应生成醋酸乙酯，此生产方法包括下列主要生产步骤。

① 等物质的量的冰醋酸和95%乙醇混合液和少量浓硫酸接触，进行酯化反应达平衡状态，并加热至沸点。

② 达平衡状态的混合液通入精馏塔Ⅰ由于不断移去难挥发的水分，在塔中反应趋于完全；由塔Ⅰ顶部出来的馏出液组成为：

醋酸乙酯	20%（质量分数）
水	10%
乙醇	70%

③ 由塔Ⅰ顶部出的馏出液通入精馏塔Ⅱ进行蒸馏，由塔Ⅱ顶部出来的三组分恒沸液组成为：

醋酸乙酯	83%（质量分数）
水	8%
乙醇	9%

④ 由塔Ⅱ顶部出来的馏出液和塔Ⅲ顶部出来的馏出液汇合并加等量的水三者混合后流入沉降槽进行分层。

上层富有醋酸乙酯，其组成为：

醋酸乙酯	94%（质量分数）
水	4%
乙醇	2%

下层主要为水，其组成为：

醋酸乙酯	8%（质量分数）
水	88%
乙醇	4%

下层（即水层）重新进入塔Ⅱ作为第二进料。

⑤ 上层（即酯层）送入精馏塔Ⅲ进行蒸馏，由塔Ⅲ底部流出的即为成品醋酸乙酯。这是由于醋酯乙酯和三组分恒沸液和双组分恒沸液比较起来，其挥发度最小。由塔Ⅲ顶部出来的为三组分恒沸液和双组分恒液，其组成如下。

三组分恒沸液组成：

醋酸乙酯	83%（质量分数）
水	8%
乙醇	9%

双组分恒液组成：

醋酸乙酯　　　　　　94%（质量分数）

水　　　　　　　　　6%

⑥ 塔Ⅲ顶部出来的馏出液包括三组分恒沸液和双组分恒沸液送回沉降器中。

初步物料衡算即根据上述数据进行。

① 每小时生产能力的计算：根据设计任务，醋酸乙酯的年生产能力为 $1500t \cdot a^{-1}$（折算为100%醋酸乙酯）。

全年365天，除去大修理、中修理等共37天，则年工作日为：

$$(365-37)d \cdot a^{-1} = 328d \cdot a^{-1}$$

每昼夜生产能力为：

$$\frac{1500t \cdot a^{-1} \times 1000}{328d \cdot a^{-1}} = 4580kg \cdot d^{-1}(100\%\ \text{醋酸乙酯})$$

以此作为物料衡算的基准。

为了使物料衡算简单化，在初步物料衡算中假定成品醋酸乙酯纯度为100%，在生产过程中无物料损失，塔顶馏出液等均属双组分或三组分恒沸液。当然这在事实上是不可能的，故将在最终物料衡算中予以修正。

在实际设计时，大、中修理等所需天数可根据生产车间的实际数据而定。

② 画出生产工艺流程图（图4-36），标出有关数据，然后进行计算。

③ 进出酯化器的物料衡算：醋酸和乙醇的酯化反应式。

$$CH_3COOH + C_2H_5OH \xrightarrow{H_2SO_4} CH_3COOC_2H_5 + H_2O$$

$$60g \cdot mol^{-1} \quad 46g \cdot mol^{-1} \qquad 88g \cdot mol^{-1} \qquad 18g \cdot mol^{-1}$$

$$x \qquad y \qquad 191kg \cdot h^{-1} \qquad z$$

原料规格：醋酸纯度为100%；乙醇纯度为95%；浓硫酸纯度为93%（相对密度1.84）。

输入：

100%醋酸量　$\dfrac{60g \cdot mol^{-1}}{x} = \dfrac{88g \cdot mol^{-1}}{191kg \cdot h^{-1}}$；$x = \dfrac{60 \times 191}{88} kg \cdot h^{-1} = 130kg \cdot h^{-1}$

100%乙醇量　$\dfrac{46g \cdot mol^{-1}}{y} = \dfrac{88g \cdot mol^{-1}}{191kg \cdot h^{-1}}$；$y = \dfrac{46 \times 191}{88} kg \cdot h^{-1} = 99.8kg \cdot h^{-1}$

95%乙醇需要量　$\dfrac{99.8kg \cdot h^{-1}}{0.95} = 105kg \cdot h^{-1}$

其中　$C_2H_5OH = 99.8kg \cdot h^{-1}$；$H_2O = 5.2kg \cdot h^{-1}$

浓硫酸量　$5.8kg \cdot h^{-1}$

其中　$H_2SO_4 = 5.4kg \cdot h^{-1}$；$H_2O = 0.4kg \cdot h^{-1}$

输出：转化率为66%

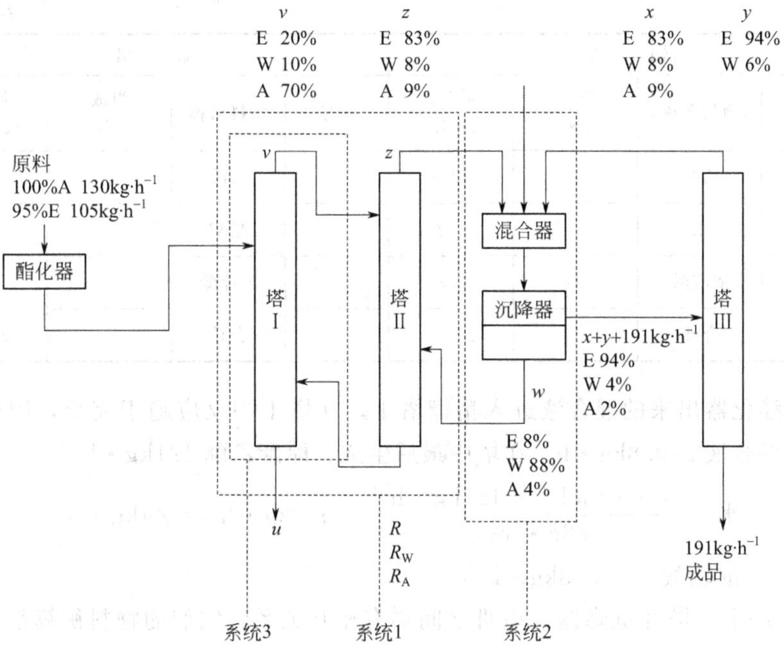

图 4-36 生产工艺流程图

A—CH_3CH_2OH，E—$CH_3COOC_2H_5$，W—H_2O

醋酸乙酯生成量 $130\text{kg}\cdot\text{h}^{-1}\times 0.66\times\dfrac{88\text{g}\cdot\text{mol}^{-1}}{60\text{g}\cdot\text{mol}^{-1}}=125.8\text{kg}\cdot\text{h}^{-1}$

醋酸剩余量 $130\text{kg}\cdot\text{h}^{-1}\times 0.34=44.2\text{kg}\cdot\text{h}^{-1}$

乙醇剩余量 $99.8\text{kg}\cdot\text{h}^{-1}\times 0.34=34.0\text{kg}\cdot\text{h}^{-1}$

反应生成水量 $\dfrac{18\text{g}\cdot\text{mol}^{-1}}{z}=\dfrac{88\text{g}\cdot\text{mol}^{-1}}{125.8\text{kg}\cdot\text{h}^{-1}}$

$$z=\frac{18\text{g}\cdot\text{mol}^{-1}\times 125.8\text{kg}\cdot\text{h}^{-1}}{88\text{g}\cdot\text{mol}^{-1}}=25.8\text{kg}\cdot\text{h}^{-1}$$

$$总水分=(25.8+5.2)\text{kg}\cdot\text{h}^{-1}=31.0\text{kg}\cdot\text{h}^{-1}$$

$$浓硫酸量=5.8\text{kg}\cdot\text{h}^{-1}$$

于是进出酯化器的物料衡算列成表 4-20。

表 4-20 酯化器的物料衡算表

输入				输出			
序号	物料名称	组成/%	质量/$\text{kg}\cdot\text{h}^{-1}$	序号	物料名称	组成/%	质量/$\text{kg}\cdot\text{h}^{-1}$
1	醋酸	100	130	1	醋酸乙酯		125.8
2	乙醇溶液	95	105	2	水		31.0

续表

输入				输出			
序号	物料名称	组成/%	质量/$kg\cdot h^{-1}$	序号	物料名称	组成/%	质量/$kg\cdot h^{-1}$
2	乙醇		99.8	3	乙醇		34.0
	水		5.2	4	醋酸		44.2
3	浓硫酸	93	5.8	5	浓硫酸		5.8
	合计		240.8		合计		240.8

由酯化器出来的混合液进入精馏塔Ⅰ，在塔Ⅰ中反应趋于完全，因此进入塔Ⅰ的混合液 $240.8kg\cdot h^{-1}$ 在塔中最后生成：醋酯乙酯 $191kg\cdot h^{-1}$

水 $\dfrac{18g\cdot mol^{-1}\times 191kg\cdot h^{-1}}{88g\cdot mol^{-1}}+5.2kg\cdot h^{-1}=44kg\cdot h^{-1}$

浓硫酸 $5.8kg\cdot h^{-1}$

④ 塔Ⅰ、塔Ⅱ沉降器和塔Ⅲ之间均有相互关系，它们的物料衡算汇总计算如下。

在生产工艺流程示意图中上注上有关数据，并划出一个计算系统，也已示于图中，逐个列出衡算式，然后进行联立求解。

设 u——塔Ⅰ底部残液量，$kg\cdot h^{-1}$（不包括浓硫酸 $5.8kg\cdot h^{-1}$ 在内）；

v——塔Ⅰ顶部馏出液量，$kg\cdot h^{-1}$；

R——塔Ⅱ底部残液量，$kg\cdot h^{-1}$（R_W 为 R 中 H_2O 量，R_A 为 R 中 C_2H_5OH 量）；

z——塔Ⅱ顶部馏出液量，$kg\cdot h^{-1}$；

x——塔Ⅲ顶部馏出液中三组分恒沸液量，$kg\cdot h^{-1}$；

y——塔Ⅲ顶部馏出液中双组分恒沸液量，$kg\cdot h^{-1}$；

w——沉降器下层（即水层）量，$kg\cdot h^{-1}$。

系统Ⅰ的物料总衡算 $235kg\cdot h^{-1}+w=u+z$

$$u-w+z=235kg\cdot h^{-1} \quad (1)$$

系统Ⅰ的醋酸乙酯衡算 $0.812\times 235kg\cdot h^{-1}+0.08w=0.83z$

$$0.08w-0.83z=-191kg\cdot h^{-1} \quad (2)$$

系统1的乙醇衡算 $0.09z=0.04w$ (3)

系统2的物料总衡算 $2x+2y+2z=w+x+y+191kg\cdot h^{-1}$

$$x+y+2z-w=191kg\cdot h^{-1} \quad (4)$$

系统 2 的醋酸乙酯物料衡算 $0.83x+0.94y+0.83z=(x+y+191)\times 0.94+0.08w$

$$0.08w+0.11x-0.83z=-180\text{kg}\cdot\text{h}^{-1} \quad (5)$$

解上列五元一次联立方程式：

由式(3) 得 $x=-0.445w$ (6)

将式(6) 代入式(2) 得

$$0.08w-0.83\times 0.445w=-191\text{kg}\cdot\text{h}^{-1}$$

$$-0.289w=-191\text{kg}\cdot\text{h}^{-1}$$

$$w=660.3\text{kg}\cdot\text{h}^{-1}$$

代入式(6) 得 $z=0.445\times 660.3\text{kg}\cdot\text{h}^{-1}=293.5\text{kg}\cdot\text{h}^{-1}$

将 z 值代入式(1) 得

$$u=235\text{kg}\cdot\text{h}^{-1}+w-z$$

$$u=(235+660.3-293.5)\text{kg}\cdot\text{h}^{-1}=601.8\text{kg}\cdot\text{h}^{-1}$$

另有浓硫酸 $5.8\text{kg}\cdot\text{h}^{-1}$，共有 $607.6\text{kg}\cdot\text{h}^{-1}$。

将 z、w 值代入式(4) 得 $x+y=191\text{kg}\cdot\text{h}^{-1}+w-2z$

$$x+y=(191+660.3-2\times 293.5)\text{kg}\cdot\text{h}^{-1}$$

$$=264.3\text{kg}\cdot\text{h}^{-1} \quad (7)$$

将 z、w 值代入式(5) 得

$$0.11x=-180\text{kg}\cdot\text{h}^{-1}+0.83\times 293.5\text{kg}\cdot\text{h}^{-1}$$

$$-0.08\times 660.3\text{kg}\cdot\text{h}^{-1}$$

$$=11.2\text{kg}\cdot\text{h}^{-1}$$

$$x=11.2\text{kg}\cdot\text{h}^{-1}/0.11=101.9\text{kg}\cdot\text{h}^{-1}$$

将 x 值代入式(7) 得：

$$y=(264.3-101.9)\text{kg}\cdot\text{h}^{-1}=162.4\text{kg}\cdot\text{h}^{-1}$$

因为 v 中含有 20%醋酸乙酯，而醋酸乙酯$=191\text{kg}\cdot\text{h}^{-1}$，故

$$v=191\text{kg}\cdot\text{h}^{-1}/0.20=954.5\text{kg}\cdot\text{h}^{-1}$$

系统 3 的物料总衡算 $R+235=v+u$

$$R=v+u-235\text{kg}\cdot\text{h}^{-1}=(954.5+601.8-235)\text{kg}\cdot\text{h}^{-1}$$

$$=1321.3\text{kg}\cdot\text{h}^{-1}$$

系统 3 的 H_2O 衡算

$$R_W+0.188\times 235\text{kg}\cdot\text{h}^{-1}=u+954.5\text{kg}\cdot\text{h}^{-1}\times 0.10$$

$$=(601.8+95.5)\text{kg}\cdot\text{h}^{-1}$$

$$R_W = 653.3\text{kg}\cdot\text{h}^{-1}$$

系统 3 的乙醇衡算　　$R_A = 954.5\text{kg}\cdot\text{h}^{-1}\times 0.70 = 668\text{kg}\cdot\text{h}^{-1}$

将计算结果整理在各物料衡算表 4-21～表 4-24 中，并汇总画出初步物料衡算图。

表 4-21　进出塔Ⅰ的物料衡算表

输入				输出			
序号	物料名称	组成/%	质量/kg·h^{-1}	序号	物料名称	组成/%	质量/kg·h^{-1}
1	来自酯化器的混合液		240.8	1	塔顶部馏出液		954.5
(1)	$CH_3COOC_2H_5$		125.8	(1)	$CH_3COOC_2H_5$	20	191
(2)	H_2O		31.0	(2)	H_2O	10	95.5
(3)	C_2H_5OH		34.0	(3)	C_2H_5OH	70	668
(4)	CH_3COOH		44.2	2	塔底残液		607.6
(5)	浓硫酸		5.8	(1)	H_2O		601.8
2	来自塔Ⅱ的塔底残液		1321.3	(2)	浓硫酸		5.8
(1)	H_2O		653.3				
(2)	C_2H_5OH		668				
	合计		1562.1		合计		1562.1

表 4-22　进出塔Ⅱ的物料衡算表

输入				输出			
序号	物料名称	组成/%	质量/kg·h^{-1}	序号	物料名称	组成/%	质量/kg·h^{-1}
1	来自塔Ⅰ的塔底残液		954.5	1	塔顶馏出液		293.5
(1)	$CH_3COOC_2H_5$	20	191	(1)	$CH_3COOC_2H_5$	83	243.7
(2)	H_2O	10	95.5	(2)	H_2O	8	23.4
(3)	C_2H_5OH	70	668	(3)	C_2H_5OH	9	26.4
2	沉降器下层(水层)		660.3	2	塔底残液		1321.3
(1)	$CH_3COOC_2H_5$	8	52.7	(1)	H_2O		653.3
(2)	H_2O	88	581.2	(2)	C_2H_5OH		668
(3)	C_2H_5OH	4	26.4				
	合计		1614.8		合计		1614.8

表 4-23　进出沉降器的物料衡算表

输入				输出			
序号	物料名称	组成/%	质量/$kg \cdot h^{-1}$	序号	物料名称	组成/%	质量/$kg \cdot h^{-1}$
1	塔Ⅱ顶部馏出液		293.5	1	沉降器上层(酯层)		455.3
(1)	$CH_3COOC_2H_5$	83	243.7	(1)	$CH_3COOC_2H_5$	94	428.2
(2)	H_2O	8	23.4	(2)	H_2O	4	18.0
(3)	C_2H_5OH	9	26.4	(3)	C_2H_5OH	2	9.1
2	塔Ⅲ顶部馏出液		264.3	2	沉降器下层(水层)		660.3
(1)	三组分恒沸液：		101.9	(1)	$CH_3COOC_2H_5$	8	52.7
	$CH_3COOC_2H_5$	83	84.6	(2)	H_2O	88	581.2
	H_2O	8	8.2	(3)	C_2H_5OH	4	26.4
	C_2H_5OH	9	9.1				
(2)	双组分恒沸液		162.4				
	$CH_3COOC_2H_5$	94	152.6				
	H_2O	6	9.8				
3	添加水		557.8				
	合计		1115.6		合计		1115.6

表 4-24　进出塔Ⅲ的物料衡算表

输入				输出			
序号	物料名称	组成/%	质量/$kg \cdot h^{-1}$	序号	物料名称	组成/%	质量/$kg \cdot h^{-1}$
	来自沉降器上层(酯层)		455.3	1	塔顶部馏出液		264.3
(1)	$CH_3COOC_2H_5$	94.0	428.2	(1)	三组分恒沸液		101.9
(2)	H_2O	4.0	18.0		$CH_3COOC_2H_5$	83.0	84.6
(3)	C_2H_5OH	2.0	9.1		H_2O	8.0	8.2
					C_2H_5OH	9.0	91
				(2)	双组分恒沸液		162.4
					$CH_3COOC_2H_5$	94.0	152.6
					H_2O	6.0	9.8
				2	塔底成品		
					$CH_3COOC_2H_5$	100.0	191
	合计		455.3		合计		455.3

习 题

1. 为制备 50.0%的硫酸溶液，将购买的 96.0%的 H_2SO_4 加到含 28.0% H_2SO_4 的稀废酸中。在每 100kg 的稀酸中必须加入多少千克 96.0%的酸？

2. 海水淡化过程。设海水含盐的质量分数为 0.035，用蒸发 $1000kg \cdot h^{-1}$ 纯水，要求排出的盐水浓度不得超过 0.07（质量分数），试求需要通过系统的海水量为多少？

3. 一蒸发器连续操作，处理量为 $25t \cdot h^{-1}$ 溶液，原液含 10%（质量分数）NaCl、10% NaOH 及 80% H_2O。经蒸发后，溶液中水分蒸出，并有 NaCl 结晶析出，离蒸发器溶液浓度为 NaOH 50%，NaCl 2%，H_2O 48%。计算（1）每小时蒸出水的量（$kg \cdot h^{-1}$）；（2）每小时析出 NaCl 的量；（3）每小时离蒸发器浓溶液的量。

4. 湿纸浆含 71%的水。干燥后，发现去掉了初始水分的 60%。

试计算：

（1）干燥了的纸浆的成分；

（2）每千克湿纸浆去掉的水的质量。

5. 在 NaOH 水溶液中沉淀的 $CaCO_3$ 泥浆中，用相等质量的 5%（质量分数）NaOH 水的稀溶液洗涤，从设备中移出的洗涤之后泥浆中，每千克固体 $CaCO_3$ 含有 2kg 溶液。从设备中移出的清液浓度，假定和固体中所含的溶液浓度相同。若料液泥浆中各组分的摩尔分数相等，试计算清液浓度（物料流程示意图如习题 5 图所示）。

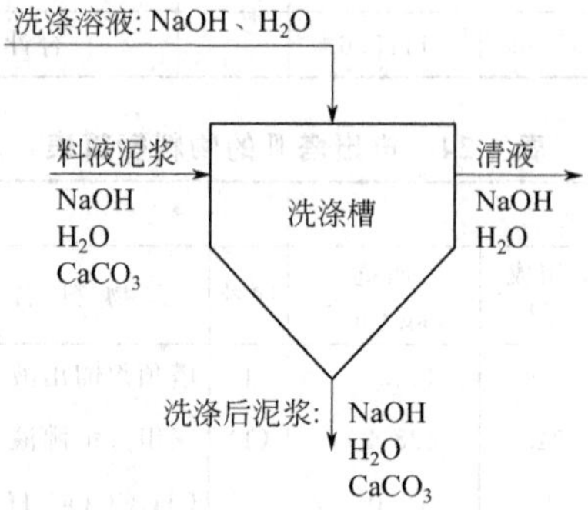

习题 5 图

6. 一个容器中有 1000kg60℃的饱和 $NaHCO_3$ 溶液，若要从这种溶液中结晶出 50kg$NaHCO_3$，此溶液必须冷却到多少温度？

7. 习题 7 图所示为接触法制取硫酸过程的吸收部分。吸收塔用 98%（质量分数）硫酸吸收含 8%（体积分数）的 SO_3（其余为惰性气体），吸收液中含硫酸 98.6%由塔底流出。吸收液在混合槽中用水稀释至 98%，一部分作为产品，一部分循环返回吸收塔作吸收剂用。假设生产 98%（质量分数）硫酸 $200t \cdot d^{-1}$，试计算（1）需供给的水量（$t \cdot d^{-1}$）；（2）吸收塔所需 98%硫酸量（$t \cdot d^{-1}$）；（3）进入吸收塔的原料气量（标准状况）（$m^3 \cdot d^{-1}$）。

8. 一个连续稳定的两个单元蒸馏过程如习题 8 图所示，试计算物流 3、5、7 的流率及组成。

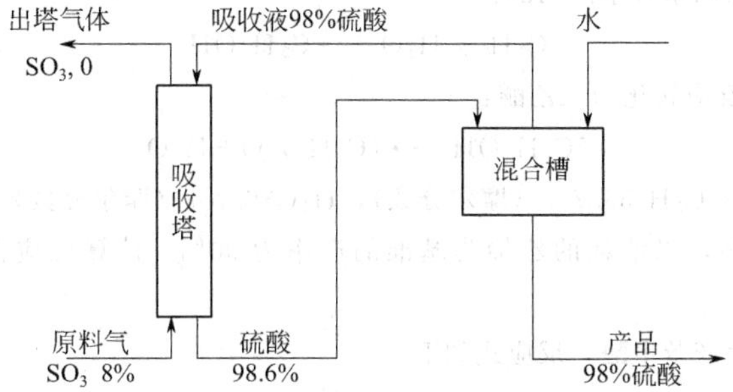

习题 7 图

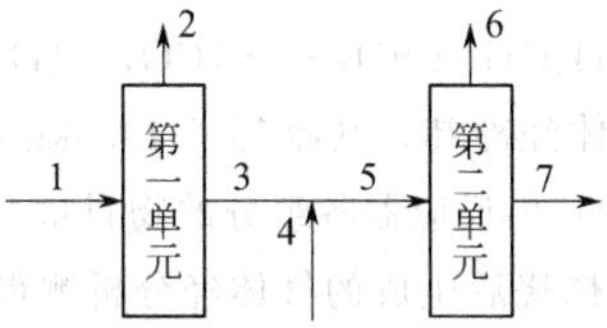

习题 8 图

习题 8 图中已知数据见下表。

物　流　号	流量/mol·h^{-1}	A 组分(摩尔分数)	B 组分(摩尔分数)
1	100	0.5	0.5
2	40	0.9	0.1
4	30	0.3	0.7
6	30	0.6	0.4

9. 用苯、氯化氢和空气生产氯苯，反应式如下：

$$C_6H_6 + HCl + \frac{1}{2}O_2 \longrightarrow C_6H_5Cl + H_2O$$

原料进行反应后，生成的气体经洗涤塔除去未反应的氯化氢、苯及所有产物，剩下的尾气组成为 N_2 88.8%（摩尔分数），O_2 11.2%。求每摩尔空气生成氯苯的物质的量。

10. 1000kg 对硝基氯苯（纯度按 100%计），用含 20%游离 SO_3 的发烟硫酸 3630kg 进行磺化，反应式如下：

$$ClC_6H_4NO_2 + SO_3 \longrightarrow ClC_6H_3(SO_3H)NO_2$$

反应转化率为 99%。计算（1）反应终了时废酸浓度；（2）如果改用 22%发烟硫酸为磺化剂，使废酸浓度相同，求磺化剂用量；(3) 用 20%发烟硫酸磺化至终点后，加水稀至废酸浓度为 50% H_2SO_4，计算加水量。

11. 乙烷首先与氧混合成含 80% C_2H_6、20% O_2 的混合物，然后用过量 200%空气进行燃烧，其中乙烷中的 80%生成 CO_2，10%生成 CO，10%未燃烧，试计算出口气体的组成。

12. 工业上由乙烯水合生产乙醇：

$$C_2H_4+H_2O \longrightarrow C_2H_5OH$$

部分产物由副反应转化为二乙醚：

$$2C_2H_5OH \longrightarrow (C_2H_5)_2O+H_2O$$

反应器的进料含 C_2H_4 53.7%（摩尔分数），H_2O 36.7%（摩尔分数），其余为惰性气体。乙烯的转化率为 5%，以消耗的乙烯为基准的产率为 90%，计算反应器输出物流的摩尔组成。

13. 甲苯氧化生产苯甲醛，反应式如下：

$$C_6H_5CH_3+O_2 \longrightarrow C_6H_5CHO+H_2O$$

将干燥空气和甲苯通入反应器，空气的加入量为甲苯完成转化所需理论量过量 100%。甲苯仅 13%转化率成苯甲醛，尚有 0.5%甲苯燃烧生成 CO_2 和 H_2O，反应式为：

$$C_6H_5CH_3+9O_2 \longrightarrow 7CO_2+4H_2O$$

经 4h 反应后，反应器出来的气体经冷却，共收集了 13.3kg 水。计算（1）甲苯与空气进料量以及进反应器的物料组成；（2）出反应器各组分的物料量及物料组成。

14. 有一碳氢化合物 CH_n，燃烧后生成的气体经分析测得其组成（干基）为：CO 23.8%（摩尔分数），O_2 15.4%，CO 0.34%，H_2O 0.12%，CH_4 0.08%。气体中无未燃的 CH_n 痕迹。计算（1）空气/燃料之比值；（2）空气过量百分数；（3）燃料的成分（即 n 值）。

15. 一天然气分析为 CH_4 80%；N_2 20%。在锅炉中燃烧这种天然气，将大部分 CO_2 从烟道气中洗涤出来，用以生产干冰，从洗涤器离开的气体成分为 CO_2 1.2%，O_2 4.9%，N_2 93.9%。计算：（1）吸收的 CO_2 的百分数；（2）空气的过量百分数。

16. 含 C 88%（质量分数）、H 12%的燃料油与空气燃烧，分析烟道气的组成（干基）为：N_2 82.7%（体积分数），CO_2 11.7%，CO 1.3%，O_2 4.3%。试求 100kg 燃料油生成的燃料气体的物质的量和过量空气量。

17. 已知 $C_2H_4(g)+H_2O(g) \rightleftharpoons C_2H_5OH(g)$ 在 400K 时，平衡常数 $K_p=1(\mathrm{MPa})^{-1}$。若原料是由 1molC_2H_4 和 1molH_2O 组成：试求该温度和 1molPa 下 C_2H_4 的平衡转化率，并计算平衡时各组分的摩尔分数。

18. 溶液组成为 10% NaCl、3% KCl 和 87% H_2O，以 18400kg·h^{-1} 进入系统（见习题 18 图），各物流的组成如下：蒸发产品 P 含 NaCl 16.8%，KCl 21.6%、H_2O 61.6%，循环 R 含 NaCl 18.9%。计算（1）循环量 R；（2）各物流的量及组成。

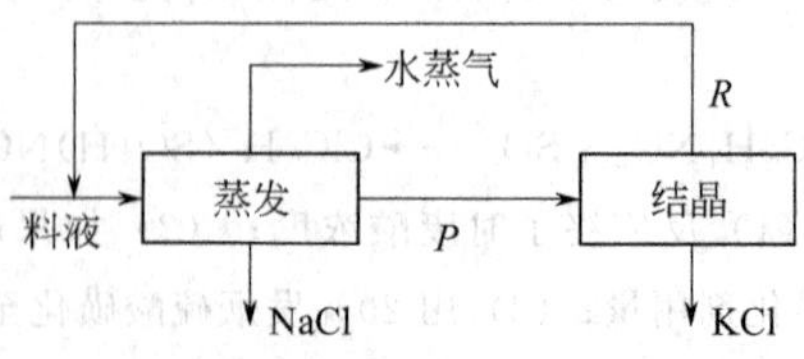

习题 18 图

19. 一个容器中有 1000kg60℃的饱和 $NaHCO_3$ 溶液，若要从这种溶液结晶出 50kg$NaHCO_3$，此溶液必须冷却到多少温度？

20. 从水溶液中重结晶生产 K_2CrO_4 的过程，工艺过程是将含 33.33%（质量分数）K_2CrO_4 溶液从 $4500kg \cdot h^{-1}$ 与循环液合并加入蒸发器，从蒸发器放出的浓缩液含水量 49.4% K_2CrO_4 进入结晶槽，在结晶槽被冷却，然后过滤，获得含 K_2CrO_4 结晶的滤饼和含 36.36%（质量分数）K_2CrO_4 的滤液，滤饼中的 K_2CrO_4 占总质量的 95%，而滤液中则循环返回进入蒸发器，试作物料衡算，并计算各物流量及循环液与新鲜原料的比率（摩尔）。

21. 原料 A 与 B 进行下列反应：

$$2A + 5B \longrightarrow 3C + 6D$$

若新鲜原料中 A 过剩 20%，B 的单程转化率是 60%，B 的总转化率是 90%。反应器出来的产物进分离器将产物 C 与 D 分出，剩下未反应的 A、B 组分，一部分排放，其余循环返回反应器，流程如下（习题 21 图）：

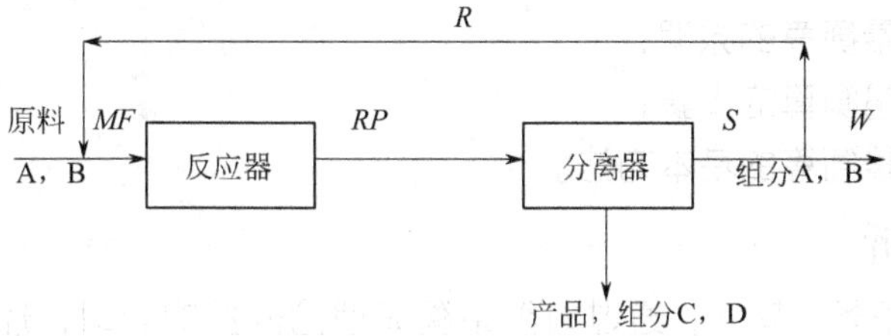

习题 21 图

（1）循环气（R）的摩尔组成（用摩尔分数表示）；

（2）排放气（W）与循环气之摩尔比；

（3）循环气与进反应器原料（MF）量之摩尔比。

第五章 能量衡算

任务描述

1. 掌握能量衡算的原理；
2. 掌握能量衡算的步骤；
3. 掌握能量衡算的基本方法。

任务分析

要完成该任务，其一，通过对能量衡算理论依据的学习，理解能量衡算的意义，掌握能量衡算的原理；其二，通过对能量形式的学习，掌握能量衡算式，从而掌握能量衡算的基本步骤；其三，通过各种能量衡算实例的学习，掌握能量衡算的方法。

第一节 概　　述

一、能量衡算的意义

在化工生产中经常会遇到如下一类问题，比如精馏塔塔釜再沸器加热蒸气量的估算或塔顶冷凝器冷凝水消耗量的估算，换热器加热面积的计算，以及流体输送过程中泵的选择等。解决这些问题需要进行能量衡算。与物料衡算一样，能量衡算在化工生产中也占有十分重要的地位。我们运用它，在工艺过程和设备的设计中，可以了解是否需要从外界输入热量或向外界输出热量；在实际生产操作中，可以选择最佳操作条件，制定既经济又合理的能量消耗方案。

二、能量衡算的理论依据

热力学第一定律表明：能量既不能产生，也不能消灭。因此，除核过程以外，质量守恒定律和能量守恒定律是成立的。但是，能量守恒定律与质量守恒定律不同之处在于化学反应过程中能量可以生成或消耗，而物质在化学反应中只改变形式，形成了新的分子。因此稳态过程时进入系统的总物质量与流出系统的总物质量相等。但是如果过程中有能量生成或消耗（例如反应热），流出物流的能量就不一定与流入物流的能量相等也即进出物流的能量不一定相等。

能量存在的形式有多种，如势能、动能、电能、热能、机械能、化学能等，各种形式的能在一定条件下可以相互转化，但其总的能量应该是守恒的。

三、能量衡算的应用

能量衡算主要应用在两种类型的问题上，一种是对使用中的装置或设备，实际测定一些能量，通过能量衡算计算出另外一些难以直接测定的能量，由此作出能量方面的评价，即由装置或设备进出口物料的量和温度，以及其他各项能量，求出装置或设备的能量利用情况；另一种是在设计新装置或设备时，根据已知的或可设定的物料量求得未知的物料量或温度以及需要加入或移出的热量。

能量衡算的基础是物料衡算。只有在进行物料衡算后才能作出能量衡算。

四、能量平衡图

在化工生产中需要严格地控制温度、压力等条件，因此如何利用能量的传递和转化规律，应用能量守恒定律，以保证适宜的工艺条件，是工业生产中重要的关键问题。所以在过程设计中，进行能量平衡的计算，可以决定过程所需要的能量。在化工生产中，有关工厂能量的平衡，将可以说明能量利用的形式及节能的可能性，其能量平衡常用图表示。例如图 5-1 所示即为苯乙烯生产的能量平衡图。

上图即表明了苯乙烯生产过程的能量衡算（以乙苯的转化率为 40%，苯乙烯的选择性为 90%进行计算）。这样表达出来后能让数据一目了然，在较大型的能量衡算之后常常需要绘出能量平衡图。

本章在讨论能量衡算之前，先要讨论与能量衡算有关的一些物理量，确定和计算各种能量形式的方法（其中主要有热、功、焓和热力学能），讨论能量衡算如何用于实际问题。其中，反应过程的能量衡算是本章讨论的一个重要方面。

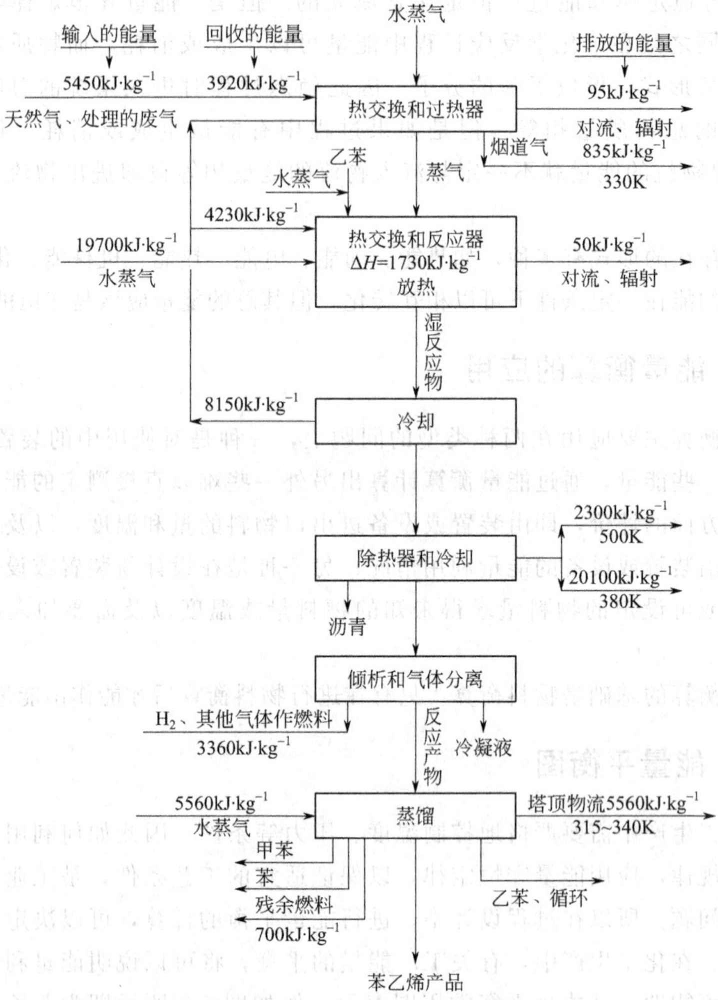

图 5-1　苯乙烯生产的能量平衡图

第二节　能量的基本形式及与能量衡算有关物理量

一、能量的基本形式

能量衡算和物料衡算类似，要用到守恒的概念，即要计算进入和离开特定体系的能量值，因此必须分清不同形式的能量形式及表示的方法。由于能量存在有多种形式，因此能量衡算要比物料衡算复杂。

1. 位能（E_p）

位能又称势能，是物体由于在高度上的位移而具有的能量。其值的大小与物体所在的力场有关，物体在重力场中所具有的位能可用下式表示：

$$E_p = mgZ \tag{5-1}$$

式中 m——物体的质量，kg；

g——重力加速度，9.81m・s^{-2}；

Z——物体距基准面的高度，m；

E_p——物体在相对高度为 Z 时的位能，J。

位能的大小和基准面有关，因此物体距基准面的高度差决定了位能的大小，当物体处于基准面上时其位能为零。由于多数化工生产过程基本上是在地表或接近地表的高度进行的，位能对整个能量衡算的影响一般不大，除在计算物料的输送功率时物料的位能变化是不可忽略的外，在能量衡算中位能皆可忽略。

2. 动能（E_k）

由于物体运动所具有的能量，称为动能，其值表示为：

$$E_k = \frac{mu^2}{2} \tag{5-2}$$

式中 m——物体的质量，kg；

u——物体的运动速度，m・s^{-1}；

E_k——物体具有的动能，J。

从式(5-2) 可知，物体的动能与物体运动速率的平方成正比，因此物体的运动速率对动能的影响较大，但在化工生产过程中物料的流动速率一般都不大，与其他能量相比较可以忽略，只有当物料经过喷嘴或锐孔形成高速的喷射流时，在能量衡算中动能的影响才比较明显，其值不可以忽略。

3. 热力学能（U）

热力学能表示除了宏观的动能和位能外物质所具有的能量，其大小与分子运动有关。由于分子的移动、振动和转动使分子具有的内动能；分子之间的相互作用力使分子具有的内位能；分子内原子间相互作用所具有的键能，这三部分的能量之和构成了物质的热力学能，也称内能。

热力学能具有容量性质，即其值的大小与体系内物质的量成比例。同时热力学能还是一个状态函数，与物质的状态（如温度、压力、摩尔体积等）有关。对于纯组分物质，热力学能可表示成与温度和摩尔体积间的函数关系：

$$U = nf(T, V_m)$$

取全微分，得：

$$dU = n\left(\frac{\partial U}{\partial T}\right)_{V_m} dT + n\left(\frac{\partial U}{\partial V_m}\right)_T dV_m \tag{5-3}$$

式中，$(\partial U/\partial T)_{V_m}$ 为恒容摩尔热容，以 $C_{V,m}$ 表示，在多数实际问题中 $(\partial U/\partial V_m)_T$ 这一项是很小的，可以忽略，所以式(5-3) 经简化并两边积分得：

$$U_2 - U_1 = n\int_{T_1}^{T_2} C_{V,m} dT \tag{5-4}$$

式中 U_2-U_1——温度从 T_1 变化到 T_2 时纯组分的热力学能差，J；

n——纯组分物质的量，mol；

$C_{V,m}$——物质的恒容摩尔热容，$J \cdot mol^{-1} \cdot K^{-1}$。

从式(5-4) 可以看出，我们只能计算热力学能的差，或计算相对于某个参考态的热力学能，而无法计算热力学能的绝对值。

二、与能量衡算有关的重要物理量

以下介绍几个与能量衡算有关的重要物理量。

1. 功 (W)

功是能量传递的一种形式，功是力与位移的乘积。可表示为：

$$W = \int_0^L F dx \tag{5-5}$$

式中 F——力，N；

L，x——位移，m

规定环境对系统做功取为正值，系统对环境做功取为负值。

有时，系统的压力和体积变化也做功，即

$$W = \int_1^2 P dV \tag{5-6}$$

式中 P——压力，Pa；

V——单位质量的体积，m^3。

为了积分，必须知道压力和体积之间的关系。在过程设计中，常常需要估计气体压缩和膨胀时所做的功，如果假定过程为可逆绝热过程或等温膨胀过程，根据过程的性质，就可粗略估计所做的功。

在化工生产过程中常见的有体积功、流动功及旋转轴的机械功等。功的单位是焦耳 (J)。

功只是指被传递的热量，可以说加到系统中功或从系统中取出功，但说系统具有或含有多少功，就没有意义了。

从热力学第二定律可知，功可以无条件地全部转化为热量。

2. 热量（Q）

当温度不同的两物体进行接触时，能量总是从热（温度高）的物体向冷（温度低）的物体流动，这种由于温度差而引起传递的能量称为热量。

能量可以转化为热或功。系统中并不含有“热”，但是热和功的转化，使系统的热力学能发生变化。

通常，环境对系统加热 Q 为正值，从系统中取出热 Q 为负值。

对于热量传递要明确两点，第一，热量是一种能量的形式，是传递过程中的能量形式；第二，一定要有温度差或温度梯度，才会有热量的传递。热量的国际单位为焦耳（J）。

3. 焓（H）

对于焓的定义在第二章化工常用基础数据的有关章节中已做了介绍。

焓是热力学函数中的状态函数，这种状态函数与过程的途径无关，只与所处的状态有关。这一点对于我们分析问题是极为重要的。例如对于一些内部变化复杂的体系，如图 5-2 所示，进、出物料的参数不相同，难以分析其变化的细节，因此，使用与途径无关的函数焓和热力学能就很有用处。热和功没有这种性质，它们的大小与途径有关。

既然焓是用来表达流动系统中能量的适当形式，为了解决问题方便，科技工作者编制了许多形式的焓值表，并提出估算相变热的方法，其中重要的有如下几种。

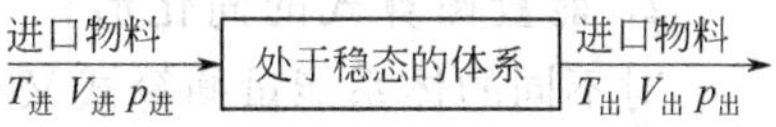

图 5-2　研究体系

（1）水蒸气表　水蒸气在化工生产中最常遇到，有关它的性质参数已制几种图表，称作水蒸气表，常用的有过热水蒸气表和饱和水蒸气表两种。我们从有关手册的过热水蒸气表可知，每一对温度和压力值便有一个比焓值 H，当改变温度或压力时，焓值连续变化。可见，焓值与温度和压力两个因素都有关系。在水蒸气表中，可查得水汽化时的焓变 $\Delta H_{汽化}$（蒸汽的冷凝热 $\Delta H_{冷凝}=-\Delta H_{汽化}$）。本书附录二十、附录二十一列有饱和水蒸气表。

（2）气体焓值表　一些常用的气体，如空气和弗利昂的焓值也有数据表可查，如空气的热力学性质表，基准温度为 298K，当 $p=1\text{MPa}$、$T=500\text{K}$ 时，$H=502.6\text{kJ}\cdot\text{kg}^{-1}$；当 $p=1.5\text{MPa}$、$T=300\text{K}$ 时，$H=297.1\text{kJ}\cdot\text{kg}^{-1}$。

（3）相变焓　当物系有相变时，能量的变化通常是很显著的。当这种相变发生在恒压条件或稳态流动过程，此时能量的变化也是一种焓变，即相变焓，也称为相变热。关于相变热在第二章已作介绍。

第三节 能量衡算的基本方法

一、能量衡算方程

1. 能量衡算方程式的一般形式

根据热力学第一定律，能量衡算方程式可写为：

$$\Delta E = Q + W \tag{5-7}$$

式中 Q——体系从环境中吸收的能量，J；

W——环境对体系所做的功，J。

ΔE——体系总的能量变化值，它是体系动能、位能和热力学能变化的综合结果。因此

$$\Delta E = \Delta E_k + \Delta E_p + \Delta U \tag{5-8}$$

总能量变化从实际意义上理解应该是：

$$\text{进入体系的能量} - \text{离开体系的能量} = \text{体系积累的能量} \tag{5-9}$$

于是也可表示为：

$$E_{\text{入}} - E_{\text{出}} + Q + W = \Delta E \tag{5-10}$$

2. 能量衡算式的简化形式

对不同的体系能量衡算式又有不同的简化形式。

(1) 封闭体系 间歇过程通常可以看作一种封闭体系，体系与环境间没有物质交换，但有能量的交换。在工业上的间歇体系过程中，体系中没有物质流动功，因此动能和势能的变化不存在，式(5-7) 可写为：

$$\Delta E_k + \Delta E_p + \Delta U = Q + W \tag{5-11}$$

忽略动能和势能的变化后得：

$$\Delta U = Q + W \tag{5-12}$$

上式即为热力学第一定律的数学表达式。

绝热时 $Q=0$，式(5-12) 可写为：

$$\Delta U = W \tag{5-13}$$

$$\Delta U = U_2 - U_1 = W \tag{5-14}$$

在应用封闭系统能量衡算式时应注意如下几点。

① 体系的热力学能几乎完全取决于化学组成、聚集态、体系物料的温度。理想气体的热力学能与压力无关，液体和固体的热力学能几乎与压力无关。因此，如果在一个过程中，没有温度、相、化学组成的变化，且物料全部是固体、液体或理想气体，则热力学能变化为零，即 $\Delta U=0$。

② 假设体系及其环境的温度相同，即 $Q=0$，则该体系是绝热的。

③ 在封闭体系中，如果没有运动部件或没有产生电流，则 $W=0$。

（2）连续稳态流动过程　稳态流动过程通常可以看作一种敞开体系，体系在稳态流动过程中，体系积累的能量等于零，即 $\Delta E=0$，根据式(5-8) 可列出能量衡算式（以 1kg 物料为基准）：

$$U_1+\frac{u_1^2}{2}+Z_1g+p_1V_1+Q+W=U_2+\frac{u_2^2}{2}+Z_2g+p_2V_2 \tag{5-15}$$

$U+pV=H$，所以式(5-15) 可写成：

$$H_1+\frac{u_1^2}{2}+Z_1g+Q+W=H_2+\frac{u_2^2}{2}+Z_2g \tag{5-16}$$

令 $\Delta U=U_2-U_1$，$\Delta H=H_2-H_1$，$\Delta u^2=u_2^2-u_1^2$，$\Delta Z=Z_2-Z_1$，$\Delta(pV)=p_2V_2-p_1V_1$，式(5-15) 又可写为：

$$\Delta U+\frac{\Delta u^2}{2}+g\Delta Z+\Delta(pV)=Q+W \tag{5-17}$$

因为，$\Delta H=\Delta U+\Delta(pV)$；所以，式(5-17) 可写为：

$$\Delta H+\frac{\Delta u^2}{2}+g\Delta Z=Q+W \tag{5-17a}$$

或

$$\Delta H+\Delta E_{\mathrm{k}}+\Delta E_{\mathrm{p}}=Q+W \tag{5-18}$$

式中　Δu^2——进出物料流速平方值的差，$\mathrm{m^2\cdot s^{-2}}$；

g——重力加速度，$9.81\mathrm{m\cdot s^{-2}}$；

Q——传给 1kg 物料的热量，$\mathrm{J\cdot kg^{-1}}$；

ΔZ——物料进出口的高度差，m；

W——泵对 1kg 物料所做的功，$\mathrm{J\cdot kg^{-1}}$。

式 (5-18) 是连续稳态流动过程的能量衡算普遍式，是热力学第一定律应用于连续稳态流动过程能量衡算的具体形式。

如果流动过程中的物料不止一个，设 i 组分的物料量为 m_i，则式(5-18) 中的各项可如下表示：

$$\Delta H=\sum(m_iH_i)_2-\sum(m_iH_i)_1$$

$$\Delta E_{\mathrm{k}}=\sum\left(\frac{m_iu_i^2}{2}\right)_2-\sum\left(\frac{m_iu_i^2}{2}\right)_1$$

$$\Delta E_{\mathrm{p}}=\sum(m_igZ_i)_2-\sum(m_igZ_i)_1$$

在绝大部分化工过程中，无化学反应体系的能量衡算可分为两种主要的情况。一种是物料间有直接或间接的换热，如换热器、蒸发器、吸收塔等，这类

过程的轴功、动能、位能的变化相对于热量、焓变可以忽略，因此式(5-18) 简化为

$$Q=\Delta H=H_2-H_1 \tag{5-19}$$

另一种是以流体输送为主的过程，这类过程的热量、热力学能的变化相对于动能、位能及轴功来说是次要的，这时式(5-18) 可写为

$$\Delta H+\Delta E_k+\Delta E_p=W \tag{5-20}$$

在有化学反应过程（即反应器）的能量衡算中，由于化学反应过程都伴随有反应热，而反应热引起的能量变化一般在化学反应过程中都占主导地位，因此化学反应过程的能量衡算就是以反应热计算为主的热量衡算。

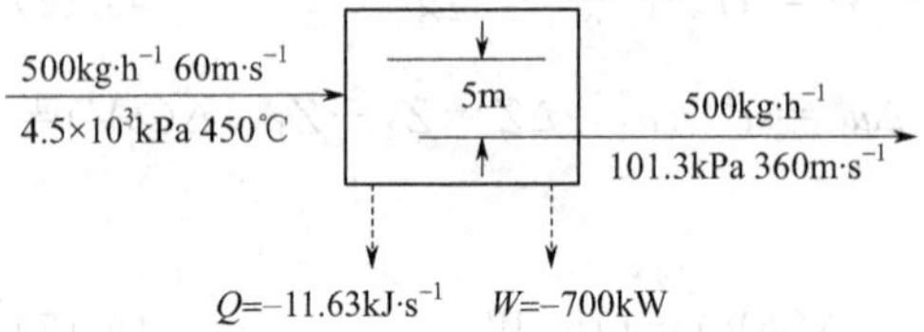

图 5-3 例 5-1 流程图

【例 5-1】 如图 5-3 所示，每小时 500kg 蒸汽驱动涡轮，进涡轮的蒸汽为 4.5×10^3kPa、450℃、速率为 $60\text{m}\cdot\text{s}^{-1}$，蒸汽离开涡轮的部位在涡轮进口位置以下 5m，常压、速率为 $360\text{m}\cdot\text{s}^{-1}$，涡轮作轴功 700kW，涡轮的热损失估计为 $11.63\text{kJ}\cdot\text{s}^{-1}$，计算过程焓的变化（$\text{kJ}\cdot\text{kg}^{-1}$）。

解 由式(5-18)：

$$\Delta H=Q+W-\Delta E_k-\Delta E_p$$

$$\Delta E_k=\frac{m}{2}(u_2^2-u_1^2)$$

$$=\left[\frac{500}{3600\times2}(360^2-60^2)\times10^{-3}\right]\text{kJ}\cdot\text{s}^{-1}$$

$$=8.76\text{kJ}\cdot\text{s}^{-1}$$

$$\Delta E_p=mg(Z_2-Z_1)$$

$$=\left[\frac{500}{3600}\times9.81(-5)\times10^{-3}\right]\text{kJ}\cdot\text{s}^{-1}$$

$$=-6.81\times10^{-3}\text{kJ}\cdot\text{s}^{-1}$$

$$\Delta H=Q+W-\Delta E_k-\Delta E_p$$

$$=(-11.63-700-8.76+6.81\times10^{-3})\text{kJ}\cdot\text{s}^{-1}$$

$$=-720\text{kJ}\cdot\text{s}^{-1}$$

$$\Delta H=m(H_2-H_1)$$

$$H_2-H_1=\frac{\Delta H}{m}=\frac{-720\text{kJ}\cdot\text{s}^{-1}}{(500/3600)\text{kg}\cdot\text{s}^{-1}}$$

$$=-5184\text{kJ}\cdot\text{kg}^{-1}$$

二、机械能衡算

在化工生产操作中，若传热量、热力学能的变化与动能、位能、功的变化相比较是次要的，则这类操作大多是流体流入、流出贮罐、贮槽、工艺设备、输送设备，或在这些设备之间流动。

我们主要讨论连续过程的能量衡算，且限于不可压缩流体，如果过程中含有气体，就要计入可逆体积功 $\int_{V_1}^{V_2} P\mathrm{d}V$ 。

即：

$$\Delta U+\frac{\Delta u^2}{2}+g\Delta Z+\Delta(PV)=Q+W \tag{5-21}$$

当输送液体时，由于工程上将液体看成是不可压缩流体，即其比容不随输送过程中压力的变化而变化，即

$$V_{进}=V_{出}=V$$

若以密度 ρ 的倒数表示比容：

$$V=\frac{1}{\rho}$$

则式(5-21) 可写为

$$\frac{\Delta u^2}{2}+g\Delta Z+\frac{\Delta P}{\rho}+(\Delta U-Q)=W \tag{5-22}$$

式(5-22) 是以 1kg 物料为基准而建立的，其中的 W 项是环境对体系所做的功，即泵对 1kg 液体所做的功。

在液体输送过程中，热力学能变化 ΔU 应等于过程中交换的热量（Q）和由于摩擦作用使部分机械能变成热能（以 $\sum h_f$ 表示）之和，即

$$\Delta U=Q+\sum h_f \tag{5-23}$$

式中，$\sum h_f$ 实际上是 1kg 液体在输送过程中因摩擦而损失的机械能转成的热能。

将式(5-23) 代入式(5-22)，可得

$$\frac{\Delta u^2}{2}+g\Delta Z+\frac{\Delta p}{\rho}+\sum h_f=W \tag{5-24}$$

式(5-24) 称为 1kg 不可压缩流体流动时的机械能衡算式。

有关 $\sum h_f$ 的计算方法，在化工原理课程中已作详细讨论，本书不再叙述。

对于无摩擦损失（即 $\sum h_f\approx 0$）和没有输送机械对液体做功（即 $W=0$）的过程，机械能量衡算式可简化为

$$\frac{\Delta p}{\rho}+\frac{\Delta u^2}{2}+g\Delta Z=0 \tag{5-25}$$

式(5-25)为理想液体的柏努利方程。即理想液体在稳定流动时，在管路的任意截面上，总的能量保持不变，即

$$\frac{p}{\rho}+\frac{u^2}{2}+gZ=常数$$

对于实际液体，在流动中总是有摩擦损失，即

$$\frac{p}{\rho}+\frac{u^2}{2}+gZ+摩擦损失=常数$$

【例 5-2】 水流经如图 5-4 所示的管道，流率为 20L·min^{-1}，如摩擦损失可忽略不计，计算截面 1-1 处所需的压力。

解 柏努利方程式(5-25)中，除了待求的变量 Δp 外均已知，Δu^2 可由已知的流率和进、出口管道的直径求出。

$$u_1=\frac{V}{A}=\left(\frac{20}{1000\times 60\times \frac{\pi}{4}(0.005)^2}\right)\text{m}\cdot\text{s}^{-1}=17\text{m}\cdot\text{s}^{-1}$$

$$u_2=\left(\frac{20}{1000\times 60\times \frac{\pi}{4}(0.01)^2}\right)\text{m}\cdot\text{s}^{-1}=4.25\text{m}\cdot\text{s}^{-1}$$

由式(5-25)
$$\frac{\Delta p}{\rho}+\frac{\Delta u^2}{2}+g\Delta Z=0$$

已知：$\rho=1000\text{kg}\cdot\text{m}^{-3}$，$g=9.81\text{m}\cdot\text{s}^{-2}$，$\Delta Z=Z_2-Z_1=50\text{m}$，$p_2=1.013\times10^5\text{Pa}$

$$\frac{1.013\times10^5\text{Pa}-p_1}{1000\text{kg}\cdot\text{m}^{-3}}+\frac{4.25^2-17^2}{2}\text{m}^2\cdot\text{s}^{-2}+9.81\text{m}\cdot\text{s}^{-2}\times 50\text{m}=0$$

求得：$p_1=4.56\times10^5\text{Pa}$

【例 5-3】 从图 5-5 所示的贮槽虹吸汽油（$\rho=802\text{kg}\cdot\text{m}^{-3}$）管路摩擦损失 $\sum h_f=2.38\text{J}\cdot\text{kg}^{-1}$，如果忽略过程中贮槽液面的变化，计算虹吸 25L 汽油所要时间。假定截面 1-1 和 2-2 处均为 101.3kPa。

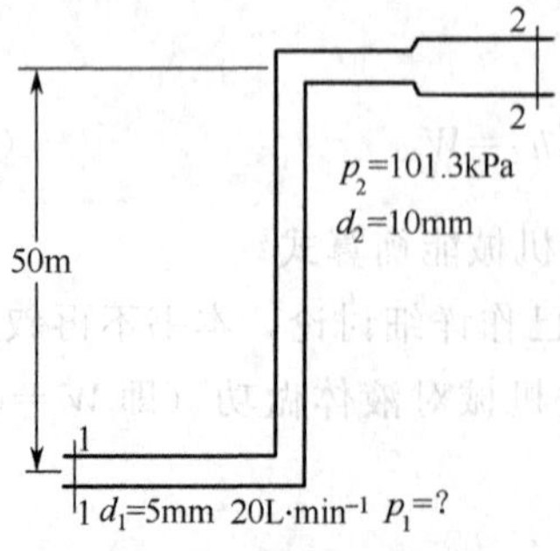

图 5-4 水流经管道图

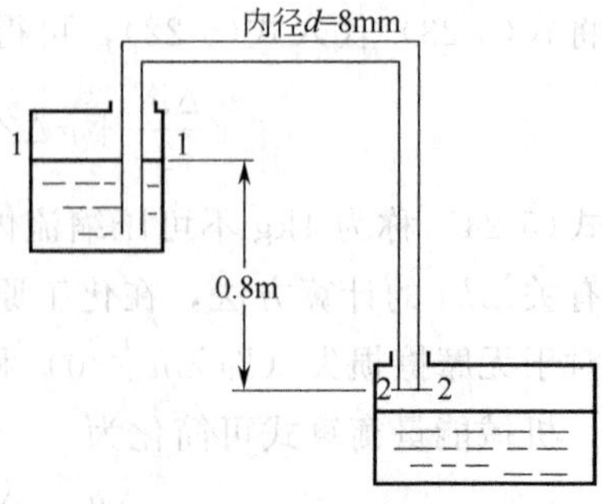

图 5-5 贮槽虹吸汽油管路

解 截面1-1：$p_1=101.3\text{kPa}$，$u_1\approx 0$，$h_1=0.8\text{m}$，$W=0$

截面2-2：$p_2=101.3\text{kPa}$，$u_2=?$ $h_2=0$，$\sum h_f=2.38\text{J}\cdot\text{kg}^{-1}$

由式(5-24)

$$\frac{\Delta u^2}{2}+g\Delta Z+\frac{\Delta p}{\rho}+\sum h_f=W$$

$$\frac{u_2^2}{2}-0.8\times 9.81\text{m}^2\cdot\text{s}^{-2}+2.38\text{m}^2\cdot\text{s}^{-2}=0$$

$$u_2=3.31\text{m}\cdot\text{s}^{-1}$$

管内体积流率为：

$$V=uA=3.31\times\frac{\pi}{4}\times 0.008^2\text{m}^3\cdot\text{s}^{-1}=1.66\times 10^{-4}\text{m}^3\cdot\text{s}^{-1}$$

$$t=\frac{25}{1000\times 1.66\times 10^{-4}}\text{s}=151\text{s}=2.52\text{min}$$

【例5-4】 如图5-6所示，水自高位水库沿管道流向低位处的涡轮，涡轮出口管径与进口管径相同。高于涡轮90m处的压力为202.6kPa，低于涡轮3m处的压力为121.6kPa，若涡轮机做功745kW，问水流量应为多少？

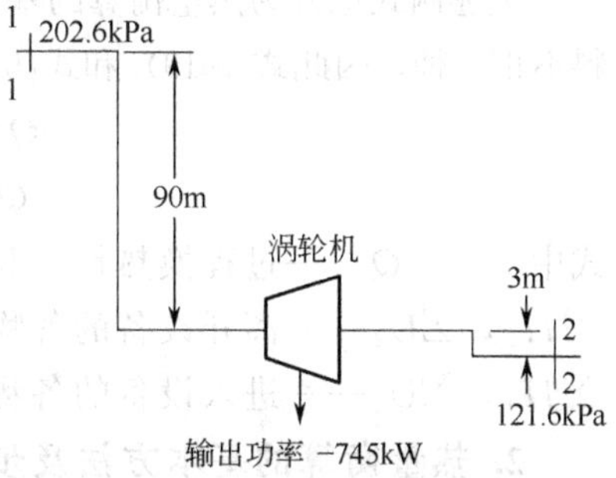

图5-6 例5-4流程图

解 因无摩擦损失数据，故设$\sum h_f=0$，这个假设会给计算带来一定的误差。由于1-1、2-2两截面管径相等，水可看作是不可压缩流体，故$u_1=u_2$，取2-2为基准面。

设水流量为$m(\text{kg}\cdot\text{s}^{-1})$，体系向环境做功应为负，每1kg水流经涡轮机所做的功应为

$$\frac{\Delta p}{\rho}+g\Delta Z=W$$

$$\left[\frac{(121.6-202.6)\times 10^3}{1000}+9.81\times(-93)\right]\text{J}\cdot\text{kg}^{-1}=W$$

$$W=-993.3\text{J}\cdot\text{kg}^{-1}$$

$$\text{涡轮机做功 } W'=-745\text{kW}=-7.45\times 10^5\text{J}\cdot\text{s}^{-1}$$

$$\text{水流量 } m=\frac{W'}{W}=\frac{-7.45\times 10^5\text{J}\cdot\text{s}^{-1}}{-993.3\text{J}\cdot\text{kg}^{-1}}=750\text{kg}\cdot\text{s}^{-1}$$

三、热量衡算

对于没有功的传递（$W=0$），并且动能和位能可以忽略不计的设备，如换

热器，连续稳定流动过程的能量衡算主要就体现在热量衡算，且化工生产中热量消耗是能量消耗的主要部分，例如一套年产 25 万吨乙烯的裂解装置，采用柴油作裂解原料时，总能量消耗约为 $1.314\times10^{9}\,\text{kJ}\cdot\text{h}^{-1}$，其中 90%以上的能量消耗就是体现在热量消耗上。因此，化工过程中的能量衡算主要是热量衡算。

1. 热量衡算式

以热量传递为主的设备，在连续稳态流动的情况下其热量衡算可采用式(5-19)：

$$Q=\Delta H=H_2-H_1$$

而在间歇操作情况下其热量衡算可采用式(5-14)：

$$Q=\Delta U=U_2-U_1$$

从上两式可以看出，热量衡算就是计算在指定的条件下体系中进出物料的焓差或热力学能差，从而确定过程传递的热量。

上述两式也称为热量衡算的基本式，在实际生产中，由于进出设备或过程的物料不止一种，因此式(5-19) 和式(5-14) 可分别改写为

$$Q=\sum H_2-\sum H_1 \tag{5-26}$$

$$Q=\sum U_2-\sum U_1 \tag{5-27}$$

式中　Q——过程换热量之和，如有热损失也应包含在内；

$\sum H_2$，$\sum U_2$——离开设备的各物料焓或热力学能的总和；

$\sum H_1$，$\sum U_1$——进入设备的各物料焓或热力学能的总和。

2. 热量衡算的基本方法及步骤

热量衡算有两种情况：一种是在设计时，根据给定的进出物料量及已知温度求另一股物料的未知物料量或温度，常用于计算换热设备的热物料（如蒸汽等）用量或冷物料（如冷却水等）用量。另一种是在原有过程或装置上，对某个设备，利用实际测定（有时也需要作一些相应的计算）的数据，计算出另一些不能或很难直接得到的数据（主要是热量或能量），由此对设备作出能量利用上的评价。如根据各股物料进出口量及温度，找出该设备的热利用和热损失情况，是进行热量衡算最典型的一类计算。

热量衡算与物料衡算类似，也需要确定衡算基准，画流程示意图，列出热量衡算表等，热量衡算一般是在物料衡算的基础上进行的，所以热量衡算的基本步骤如下。

(1) 画物料流程图　建立以单位时间为基准的物料流程图（或物料平衡表）。也可以 100mol 或 100kmol 原料为基准，但前者更常用一些。

(2) 标注条件　在物料流程框图上标注已知的温度、压力、相态等和热量衡算有关的条件，这样有助于对问题的分析和理解，也有助于确定计算体系。

（3）选择基准　热量衡算的基准包括能量衡算的基准和物料衡算的计算基准。能量衡算的基准主要是指计算基准温度，这是人为选定的计算基准，即输入体系的热量和由体系输出的热量应该有同一个比较的基准，这一基准确定了物料焓的基准态，即焓为零的状态，一般选择 0℃（273K）、25℃（298K）或体系中某一股物料流股的温度作为基准温度。由于从手册和文献上查到的热力学数据大多是 298K 作为基准温度，所以常选用 298K 作为热量衡算的计算基准。

（4）收集数据　通过查阅手册、文献资料或用经验公式等估算的方法计算得到各物料和基准态相比较有关的焓值、热容值等热力学数据。对于得到的热力学数据应注意数据的来源和所用的基准态，如果和所选择的基准不符，就不能使用。

热量衡算的物料计算基准与物料衡算的计算基准一般是一致的，但在进行物料衡算后进行热量衡算时，两种衡算基准也可以不同，但必须分别注明，千万不能混淆。

（5）数学方法求解　根据实际过程列出热量衡算式，为了计算方便可先列出各物料的进出口焓表，这样可以帮助确定哪些未知量是需要计算的。对于计算得到的数据，也应考虑物料的计算基准与实际情况是否一致，在计算基准与实际数据不一致时需算出比例系数，然后将计算结果乘以比例系数才能得到真实数据。

（6）列表并校核　当生产过程及物料组成较复杂时，需将计算结果列入热量平衡表并进行校核，这一步骤对设计计算和一些大型的课题是必要的，对单个设备的计算此步可只作校核。

【例 5-5】　两股不同温度的水用作锅炉进水，它们的流量及温度分别是 A：$120kg \cdot min^{-1}$，30℃；B：$175kg \cdot min^{-1}$，65℃，锅炉压力为 $1.7 \times 10^3 kPa$（绝压）。出口蒸汽通过内径为 60mm 的管子离开锅炉。如产生的蒸汽是锅炉压力下的饱和蒸汽，计算每分钟要供应锅炉多少千焦的热量，忽略进口的动能。

解　① 作水的物料衡算

可知产生的蒸汽流量为 $(120+175)kg \cdot min^{-1} = 295kg \cdot min^{-1}$

② 确定各流股的比焓

由饱和水蒸气表查得 30℃、65℃液态水及 $1.7 \times 10^3 kPa$ 时的饱和水蒸气的焓。查得的数据已填入流程图（图 5-7）中。

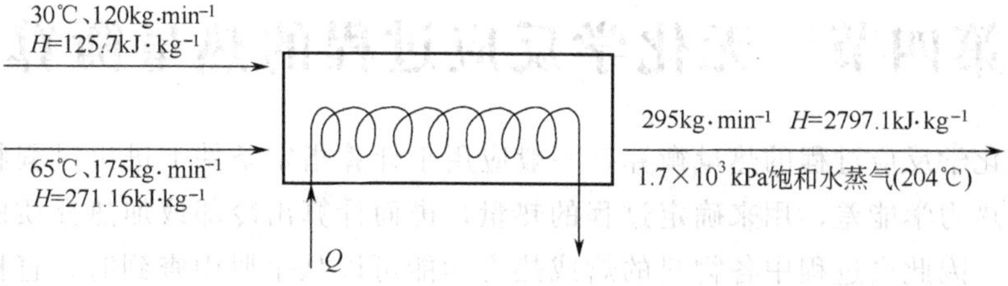

图 5-7　例 5-5 流程示意图

③ 写出能量衡算方程并求解

对体系来说 $\Delta H+\Delta E_k+\Delta E_p=Q+W$，由于没有运动的部件，$W=0$；由于高度差较小，$\Delta E_p=0$，所以

$$\Delta H+\Delta E_k=Q$$

$$\begin{aligned}\Delta H&=\sum(m_iH_i)_2-\sum(m_iH_i)_1\\&=[(295\times2797.1)-(120\times125.60+175\times271.16)]\text{kJ}\cdot\text{min}^{-1}\\&=7.63\times10^5\text{kJ}\cdot\text{min}^{-1}=1.27\times10^4\text{kJ}\cdot\text{s}^{-1}\end{aligned}$$

由饱和水蒸气表查得 1.7×10^3kPa 饱和蒸汽比容为 $0.1166\text{m}^3\cdot\text{kg}^{-1}$，内径 0.06m 管子的截面积为

$$\begin{aligned}A&=\left(\frac{\pi}{4}0.06^2\right)\text{m}^2\\&=2.83\times10^{-3}\text{m}^2\end{aligned}$$

蒸汽流速为

$$u=\left(\frac{295\times0.1166}{60\times2.83\times10^{-3}}\right)\text{m}\cdot\text{s}^{-1}=202.6\text{m}\cdot\text{s}^{-1}$$

由于进水的动能可以忽略，则

$$\begin{aligned}\Delta E_k&\approx(E_k)_{蒸汽}=m\left(\frac{u^2}{2}\right)\\&=\left[\frac{295}{60}\times\left(\frac{202.6}{2}\right)^2/2\right]\text{kJ}\cdot\text{s}^{-1}=100.9\text{kJ}\cdot\text{s}^{-1}\\Q&=\Delta H+\Delta E_k\\&=(1.27\times10^4+100.9)\text{kJ}\cdot\text{s}^{-1}=1.18\times10^4\text{kJ}\cdot\text{s}^{-1}\end{aligned}$$

$$\frac{\Delta E_k}{Q}=\frac{100.9\text{kJ}\cdot\text{s}^{-1}}{1.278\times10^4\text{kJ}\cdot\text{s}^{-1}}\approx0.0080=0.8\%$$

可见动能的变化约占过程所需总热量的 0.8%，对于带有相变、化学反应或较大温度变化的过程，动能和位能的变化相对于焓变来说，常常是可忽略的（至少在作估算时可以这样）。

第四节　无化学反应过程的热量衡算

无化学反应过程的热量衡算，一般应用于计算指定条件下进出过程物料的焓差或热力学能差，用来确定过程的热量，进而计算出冷却或加热介质的用量或温差，因此当过程中各物料的焓或热力学能可以从手册中查到时，直接采用式(5-26) 或式(5-27) 进行计算比较简单。

【例 5-6】 某锅炉每分钟产生 800kPa 的饱和水蒸气，现有两股不同温度的水作为锅炉进水，其中 20℃的水为 80kg·min^{-1}，60℃的水为 50kg·min^{-1}。试求锅炉每分钟的供热量。

解 根据题意画出流程示意图 5-8。

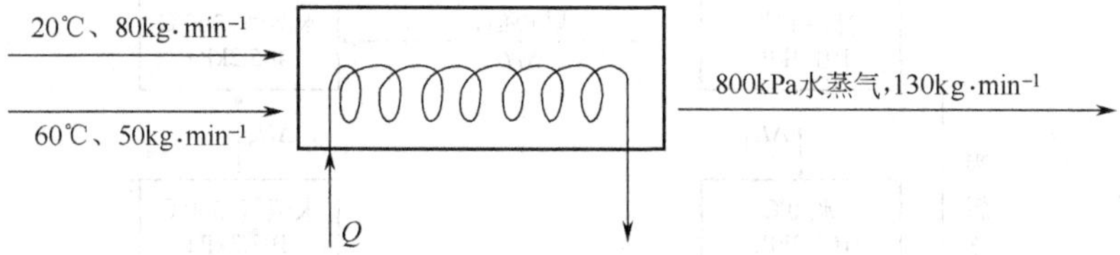

图 5-8 例 5-6 流程示意图

根据题意可知锅炉每分钟产生 130kg 的水蒸气，由饱和水蒸气表知当压力为 800kPa 时，其温度为 170.4℃，蒸汽的焓为 2773.3kJ·kg^{-1}。20℃时液体的焓为 83.74kJ·kg^{-1}，60℃时液体的焓为 251.21kJ·kg^{-1}，代入式(5-26) 可求每分钟需供热量：

$$
\begin{aligned}
Q &= [130 \times 2773.3 - (80 \times 83.74 + 50 \times 251.21)]\,\mathrm{kJ \cdot min^{-1}} \\
&= (360529 - 19260)\,\mathrm{kJ \cdot min^{-1}} \\
&= 341269\,\mathrm{kJ \cdot min^{-1}}
\end{aligned}
$$

此例题中查得到的焓值事实上也是一焓差，并不是焓的绝对值，而是相对于基准态得到的一焓差值。用直接查得的焓值进行计算固然十分方便，也很准确，但只有极少数的物质（例如水）可以从有关的手册中查到焓值，大多数物质的焓值都不可能查到，因此这种方法在使用上有很大的局限性，所以对于无化学反应的过程的热量衡算通常需根据过程的特点分别采用热容、相变热、溶解热等数据来计算过程的热量变化。

因为焓是一个状态函数，其变化值与过程无关，所以为了计算一个实际过程的焓变，由始态到终态可以用假想的几个阶段来代替原过程，而假想的各个阶段的焓变应该是可以计算的，所需的数据也是可得到的。由焓的状态函数性质，每一阶段的焓变之和即为全过程的总焓变即真实过程的焓变。

途径中各个阶段的类型，不外乎下面五种：①恒温时压力的变化；②恒压时温度的变化；③恒压恒温时相态的变化；④两种或两种以上物质在恒温恒压时的混合和分离；⑤恒温恒压时的化学反应过程。

例如计算−15℃、101.3kPa 的冰加热成为 300℃、405.2kPa 的水蒸气的焓变，可以设计成如图 5-9 所示的假想途径。

图 5-9 所示的假想途径由 6 个阶段组成，其中 ΔH_1、ΔH_3、ΔH_5 为变温过

程的焓变，ΔH_2、ΔH_4 为相变过程的焓变，ΔH_6 为压力变化过程的焓变，这 6 个过程的焓变数据都是不难获取的，整个过程的总焓变应为

$$\Delta H=\sum_{i=1}^{6}\Delta H_i \tag{5-28}$$

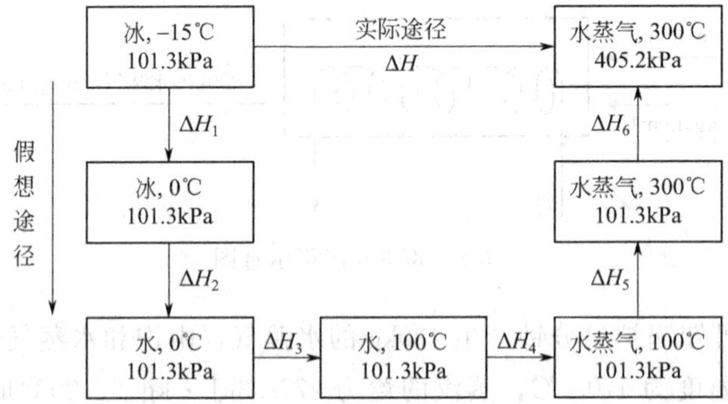

图 5-9　假想变化途径

下面讨论各个过程的焓变或过程热的求取。

一、无相变过程的热量衡算

化工过程中无相变、无化学反应过程的热量衡算主要是指物料温度变化所需加入或取出的热量的计算，化工生产中常见的加热或冷却过程就属于这种情况。可由下列热量衡算式计算。

$$Q=\Delta U\text{（间歇过程或封闭过程）}$$

或
$$Q=\Delta H\text{（连续稳定流动过程）}$$

所以要计算加热或冷却过程的过程热，应先求温度变化过程的 ΔU 或 ΔH。

1. 利用热容计算 ΔU 或 ΔH

（1）恒压过程 Q_p 或 ΔH 的计算

$$Q_p=\Delta H=n\int_{T_1}^{T_2}C_{p,\mathrm{m}}\mathrm{d}T \tag{5-29}$$

式中　n——物质的量，mol；

$C_{p,\mathrm{m}}$——恒压摩尔热容，$\mathrm{J\cdot mol^{-1}\cdot K^{-1}}$；

T_1、T_2——始态和终态温度，K。

式(5-29) 对于理想气体、液体和固体都是适用的，对于真实气体如果在恒压条件也可使用。

为了简化计算，工程计算中经常使用平均热容。平均热容是取一定温度范围内热容的平均值，将其代入式 (5-29) 后可得

$$Q = n\overline{C}_{p,\mathrm{m}}(T_2 - T_1) \tag{5-30}$$

附录十六中列出了常压下一些常见气体的平均摩尔热容值，由于热容随温度的变化是非线性的，所以表中给出的是各个温度与基准温度之间的平均热容值，而基准温度是25℃，使用时要特别注意。当需要计算过程从温度 T_1 到温度 T_2 之间的热量变化时，可按下式进行计算：

$$Q = n\overline{C}_{p,\mathrm{m}_2}(T_2 - T_{基准}) - n\overline{C}_{p,\mathrm{m}_1}(T_1 - T_{基准}) \tag{5-31}$$

式中 $\overline{C}_{p,\mathrm{m}_1}$——温度 T_1 与基准温度 $T_{基准}$ 之间的平均摩尔热容，$\mathrm{J \cdot mol^{-1} \cdot K^{-1}}$；

$\overline{C}_{p,\mathrm{m}_2}$——温度 T_2 与基准温度 $T_{基准}$ 之间的平均摩尔热容，$\mathrm{J \cdot mol^{-1} \cdot K^{-1}}$。

在附录十六中查取物质的平均摩尔热容时，当温度不是表中所列数据，而是处于表中所列两个温度之间的数据时，要注意正确使用内差法进行数据的查取。

计算过程中基准态（温度、压力和相态）的选择会影响到解题的难易程度，在采用平均热容计算时应选用平均热容的基准温度作为热量衡算的基准温度，在其他情况下可选某一个流股的温度作为基准温度，使过程中有一处的焓为零。有时不同的物料还可采用不同的基准温度，但同一物料一定要采用相同的基准温度，这样可以简化计算。

（2）恒容过程 Q_V 或 ΔU 的计算

$$Q_V = \Delta U = n\int_{T_1}^{T_2} C_V \mathrm{d}T \tag{5-32}$$

式中 n——物质的摩尔数，mol；

C_V——恒容摩尔热容，$\mathrm{J \cdot mol^{-1} \cdot K^{-1}}$；

T_1、T_2——始温与终温，K。

式(5-32)对理想气体始终是正确的，对固体或液体也很接近，但对真实气体只有在恒容时才符合。

（3）压力对焓的影响　压力变化对 U、H 的影响，对于理想气体和真实气体是不同的。对理想气体，U 是温度的函数，与压力无关；对固体或液体，在恒温变化时，$\Delta U \approx 0$，$\Delta H = \Delta U + \Delta(PV) \approx V\Delta P$。对于真实气体，在低压高温情况，接近理想气体，可忽略压力对焓的影响，其他情况下，可根据气体的焓校正图加以校正。

2. 单相体系的热量衡算

化工生产过程的单相体系一般为气相或液相，即流动相，如果体系的进料和出料的每个组分的焓，可以直接从图、表查得，则只需代入计算式(5-26)和式(5-27)，即可求出过程的 ΔH 或 ΔU。除了最简单的过程（如只有一股进料和一股出料）以外，进行热量衡算的一个好方法是列表计算，即列出所有进出口物料的组分数量和焓，每个量算出以后，将它们的值填入表内，当所有的数据都填入后，过程的 ΔH 即可由表内数据算出。

【例 5-7】 有一裂解气的油吸收装置，热的贫油和冷的富油在换热器中换热，富油流量为 $12000\text{kg}\cdot\text{h}^{-1}$，入口温度为 30℃；贫油流量为 $10000\text{kg}\cdot\text{h}^{-1}$，入口温度为 150℃，出口温度为 65℃。求富油的出口温度。已知在相应的温度范围内，贫油平均比热容为 $2.240\text{kJ}\cdot\text{kg}^{-1}\cdot\text{K}^{-1}$；富油平均比热容为 $2.093\text{kJ}\cdot\text{kg}^{-1}\cdot\text{K}^{-1}$。若换热器热损失可忽略不计。

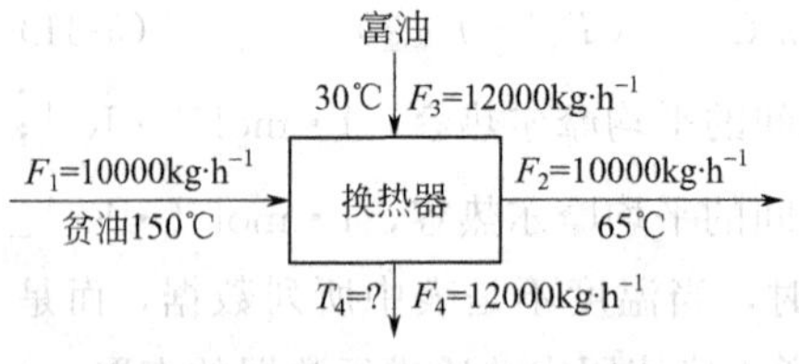

图 5-10 例 5-7 流程示意图

解 根据题意画出流程示意图 5-10。

基准：1h、30℃。

因无热量损失，故贫油与富油带入系统的焓与贫油与富油离开系统时的焓相等，即热量衡算式为

$$\Delta H_1+\Delta H_3=\Delta H_2+\Delta H_4$$

式中 ΔH_1，ΔH_3——分别为贫油和富油进入换热器时和基准态比较所具有的焓变，$\text{kJ}\cdot\text{h}^{-1}$。

ΔH_2，ΔH_4——分别为贫油和富油离开换热器时和基准态比较所具有的焓变，$\text{kJ}\cdot\text{h}^{-1}$。

由已知，有焓变计算式为：$\Delta H=n\overline{C}_p\Delta T$，代入数据得

$$\Delta H_1=[10000\times2.240\times(150-30)]\text{kJ}\cdot\text{h}^{-1}=2688000\text{kJ}\cdot\text{h}^{-1}$$

$$\Delta H_2=[10000\times2.240\times(65-30)]\text{kJ}\cdot\text{h}^{-1}=784000\text{kJ}\cdot\text{h}^{-1}$$

$$\Delta H_3=[12000\times2.093\times(30-30)]\text{kJ}\cdot\text{h}^{-1}=0$$

$$\Delta H_4=\{12000\times2.093\times[(T_4/K)-303]\}\text{kJ}\cdot\text{h}^{-1}$$

$$=\{25116[(T_4/K)-303]\}\text{kJ}\cdot\text{h}^{-1}$$

将数据或表达式代入：$\Delta H_1+\Delta H_3=\Delta H_2+\Delta H_4$

有：$2688000\text{kJ}\cdot\text{h}^{-1}+0=784000\text{kJ}\cdot\text{h}^{-1}+\{25116\times[(T_4/K)-303]\}\text{kJ}\cdot\text{h}^{-1}$

解得：

$$T_4=378.8\text{K}，即为 105.8℃$$

所以富吸收油的出口温度为 105.8℃。

【例 5-8】 在气体预热器内将含 10% CH_4 和 90%空气的混合气由 20℃加热到 300℃，如气体流率（标准状况）为 $2000\text{L}\cdot\text{min}^{-1}$，求气体预热器的加热功率为多少千瓦？

解 根据题意画出流程图 5-11。

基准：物料基准；

进料 混合空气 $2000\text{L}\cdot\text{min}^{-1}$（标准状况）。

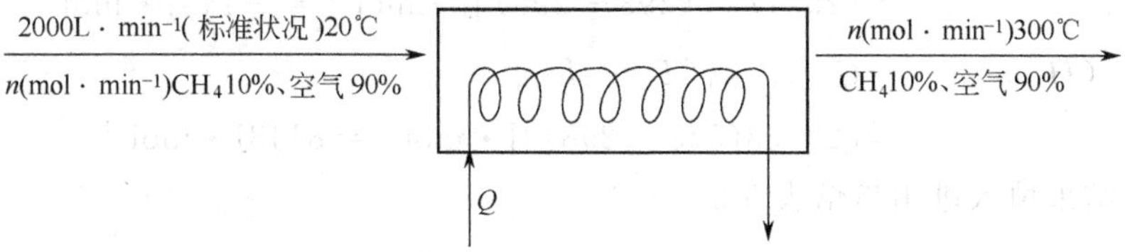

图 5-11　例 5-8 流程示意图

温度基准

CH_4（g）　20℃　101.3kPa（可使 CH_4 的 $H_{m,进}=0$）

空气　　25℃　101.3kPa（因空气可查平均摩尔热容表，基准温度为298K）

注意进口气流的流率用（标准状况）$L \cdot min^{-1}$表示，并不意味着进口气体就处于标准温度和压力，此数据是根据实际情况折算而来的。

$$进料混合气流率 \quad n=\frac{2000L \cdot min^{-1}}{22.4L \cdot mol^{-1}}=89.3mol \cdot min^{-1}$$

列出进出口焓表（表 5-1），从表中可以反映出哪些数据是确定了的，哪些是未知且要求的。

表 5-1　计算列表

物　质	$n_{进}$/mol · min⁻¹	$H_{m,进}$/J · mol⁻¹	$n_{出}$/mol · min⁻¹	$H_{m,出}$/J · mol⁻¹
CH_4		0		
空气				

计算　$n_{CH_4}=89.3mol \cdot min^{-1}\times 10\%=8.93mol \cdot min^{-1}$

$$n_{空气}=89.3mol \cdot min^{-1}\times 90\%=80.37mol \cdot min^{-1}$$

$$(H_m)_{CH_4,出}=\int_{T_1}^{T_2}(C_{p,m})_{CH_4}dT$$

$$=\left\{\int_{293}^{573}[19.87+5.02\times 10^{-2}(T/K)+1.27\times 10^{-5}(T/K)^2-9.98\times 10^{-9}(T/K)^3]dT\right\}J \cdot mol^{-1}$$

$$=12090J \cdot mol^{-1}$$

空气平均摩尔热容查附录十六，经过外推法和内插法可得

293～298K 空气平均摩尔热容 $\overline{C}_{p,m}=29.17J \cdot mol^{-1} \cdot K^{-1}$

298～573K 空气平均摩尔热容 $\overline{C}_{p,m}=29.63J \cdot mol^{-1}K^{-1}$

$$(H_m)_{空气,进}=\overline{C}_{p,m(293K)}(T_1-T_{基准})$$

$$=[29.17\times(293-298)]\text{J}\cdot\text{mol}^{-1}=-146\text{J}\cdot\text{mol}^{-1}$$

$$(H_{\text{m}})_{空气,出}=\overline{C}_{p,\text{m}(573\text{K})}(T_2-T_{基准})$$

$$=[29.63(573-298)]\text{J}\cdot\text{mol}^{-1}=8148\text{J}\cdot\text{mol}^{-1}$$

将计算结果填入进出口焓表 5-2。

表 5-2 计算结果列表

物　质	$n_{进}$/mol · min^{-1}	$H_{\text{m},进}$/J · mol^{-1}	$n_{出}$/mol · min^{-1}	$H_{\text{m},出}$/J · mol^{-1}
CH_4	8.93	0	8.93	12090
空气	80.37	−146	80.37	8148

基准：CH_4 293K、空气 298K。

根据热量衡算式，得

$$Q=\Delta H=\sum(n_iH_{\text{m},i})_{出}-\sum(n_iH_{\text{m},i})_{进}$$

$$=\{(8.93\times12090+80.37\times8148)-[8.93\times0+80.37\times(-146)]\}\text{J}\cdot\text{min}^{-1}=(762818+11734)\text{J}\cdot\text{min}^{-1}$$

$$=774552\text{J}\cdot\text{min}^{-1}$$

$$=12.9\text{kW}$$

所以气体预热器的加热功率为 12.9kW。

【例 5-9】 甲醇蒸气离开合成设备时的温度为 450℃，经废热锅炉冷却，废热锅炉产生 450kPa 饱和蒸汽。已知进水温度 20℃，压力 450kPa，进料水与甲醇的摩尔比为 0.2。假如锅炉是绝热操作，求甲醇的出口温度。

解 依题意画出流程示意图 5-12。

基准：物料　1molCH_3OH，0.2molH_2O；

条件　H_2O(l)20℃，CH_3OH(g)450℃。

图 5-12 例 5-9 流程示意图

由附录十七查得 CH_3OH(g) 在 450～300℃的热容可按下式计算：

$$C_p=[19.04+9.15\times10^{-2}(T/\text{K})]\text{kJ}\cdot\text{kmol}^{-1}\cdot\text{K}^{-1}$$

由饱和水蒸气表查得 20℃时水（液）的焓：

$$(H_{水})_{20℃}=83.74\text{kJ}\cdot\text{kg}^{-1}=1507\text{kJ}\cdot\text{kmol}^{-1}$$

由附录二十一，查得 450kPa 饱和水蒸气的焓：

$$(H_{水蒸气})_{450kPa}=2747.8kJ\cdot kg^{-1}=49460kJ\cdot kmol^{-1}$$

热量衡算　　$Q=\Delta H=0$（由于废热锅炉绝热操作）

$$n_{水}(H_{出}-H_{进})_{水}=n_{醇}(H_{出}-H_{进})_{醇}$$

$$(H_{水})_{进}=1507kJ\cdot kmol^{-1}$$

$$(H_{水})_{出}=49460kJ\cdot kmol^{-1}$$

$$(H_{醇})_{进}=0(基准)$$

$$(H_{醇})_{进}=\left\{\int_{723}^{T}[19.05+9.15\times10^{-2}(T/K)]dT\right\}kJ\cdot kmol^{-1}$$

$$=\left\{19.05[(T/K)-723]+\frac{9.15\times10^{-2}}{2}[(T/K)^2-723^2]\right\}kJ\cdot kmol^{-1}$$

$$=[4.575\times10^{-2}(T/K)^2+19.05(T/K)-37688]kJ\cdot kmol^{-1}$$

代入热量衡算式：

$$\{0.2\times(49460-1507)+[4.57\times10^{-2}(T/K)^2+19.05(T/K)-37688]\}kJ\cdot kmol^{-1}=0$$

即　$[4.575\times10^{-2}(T/K)^2+19.05(T/K)-28097]kJ\cdot kmol^{-1}=0$

解得　　$T_1=602K$，即为329℃　　$T_2=-1019K$

显然只有329℃才有意义，故CH_3OH（气）的出口温度应为329℃。

二、相变过程的热量衡算

汽化和冷凝、熔化和凝固、升华和凝华这类相变过程往往伴有显著的热力学能和相态变化，这种变化常成为过程热量衡算的主体，不容忽略。相变过程的热量变化体现在物系的相态发生变化而非温度的变化，进行热量衡算时需要利用相变热的数据。

1. 相变热的计算

相变热随温度变化会有明显不同，但相变热随压力变化很微小。例如25℃水，$p=3.17kPa$时汽化热为$2433.9J\cdot g^{-1}$，在$p=101.3kPa$时汽化热为$2445.2J\cdot g^{-1}$，而水在100℃、101.3kPa时$\Delta H=2258.4J\cdot g^{-1}$。因此用图表查相变热时要注意温度一致，而压力即是有中等程度的变化也可不必考虑。

许多纯物质在正常沸点或熔点下的相变热数据可以在有关的手册中查到，在这种条件下计算过程的热量变化可用下式：

蒸发或冷凝时　$$Q=n\Delta H_v \tag{5-33}$$

熔融或凝固时　$$Q=n\Delta H_s \tag{5-34}$$

式中　n——发生相变物质的量，mol；

ΔH_v——蒸发或冷凝热，$kJ\cdot mol^{-1}$，冷凝热为负值；

ΔH_s——熔融或凝固热，kJ·mol^{-1}，凝固热为负值。

由于相变热随相变温度的变化会有显著的差异，如果实际过程与所查数据的条件不符合，可设计一个计算途径来计算。例如，已知 T_1，p_1 条件下某物质 1mol 的汽化热为 ΔH_1，可用图 5-13 所示的方法求得在 T_2，p_2 条件下的汽化热 ΔH_4：

$$\Delta H_4 = \Delta H_1 + \Delta H_3 - \Delta H_2$$

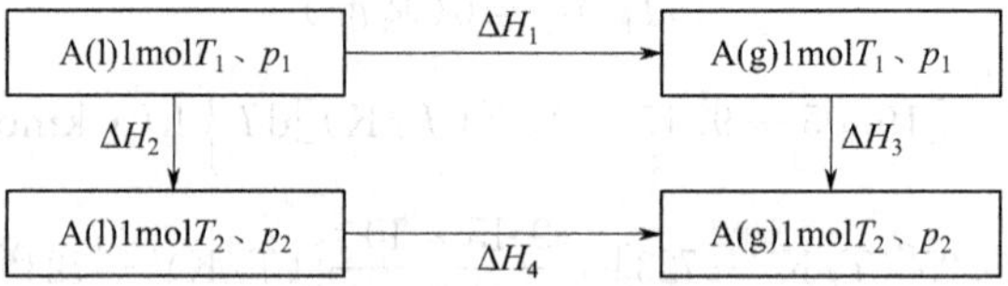

图 5-13 设计计算途径

其中 ΔH_2 是液体的焓变，忽略压力对焓的影响。

$$\Delta H_2 = \int_{T_1}^{T_2} C_{p(l)} \mathrm{d}T$$

ΔH_3 是温度、压力变化时的气体焓变，如将蒸气看作理想气体，可忽略压力的影响，则

$$\Delta H_3 = \int_{T_1}^{T_2} C_{p(g)} \mathrm{d}T$$

所以
$$\Delta H_4 = \Delta H_1 + \int_{T_1}^{T_2} C_{p(g)} \mathrm{d}T - \int_{T_1}^{T_2} C_{p(l)} \mathrm{d}T$$

或
$$\Delta H_4 = \Delta H_1 + \int_{T_1}^{T_2} (C_{p(g)} - C_{p(l)}) \mathrm{d}T$$

求相变热的通式可表示为

$$\Delta H_\alpha^\beta(T_2) = \Delta H_\alpha^\beta(T_1) + \int_{T_1}^{T_2} [C_p(\beta) - C_p(\alpha)] dT \tag{5-35}$$

式中 $\Delta H_\alpha^\beta(T_1)$——$T_1$ 下从 α 相态到 β 的相变热，kJ·mol^{-1}；

$\Delta H_\alpha^\beta(T_2)$——$T_2$ 下从 α 相态到 β 的相变热，kJ·mol^{-1}；

$C_p(\alpha)$——α 相态下的恒压摩尔热容，kJ·mol^{-1}·K^{-1}；

$C_p(\beta)$——β 相态下的恒压摩尔热容，kJ·mol^{-1}·K^{-1}。

【例 5-10】 每小时 100mol 液体正己烷，在 25℃、709.1kPa 下恒压汽化并加热至 300℃。忽略压力对焓的影响，计算每小时的加热量和实际相变时的相变热。

解 根据题意，$W=0$，$\Delta E_k=0$，$\Delta E_p=0$，所以能量衡算式变为：

$$Q = \Delta H$$

因此算出 ΔH 便为所求的加热量。

从手册中查得 101.3kPa 正己烷的沸点为 342K，$\Delta H_v = 28.87$kJ·mol^{-1}，

而正己烷在 709.1kPa 时的沸点为 419K，但由于无法查到 419K 时的汽化热数据，因此设计如图 5-14 所示的途径，使正己烷在 342K 由液体汽化为蒸气，而不是在实际温度 419K 下汽化。

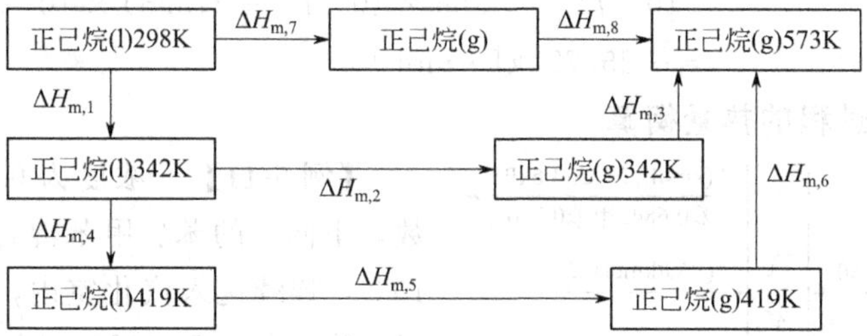

图 5-14 设计途径

图 5-14 表示从 298K 液态正己烷汽化并加热为 573K 正己烷蒸气的几条可能的途径。如果已知 419K 的 ΔH_v，ΔH 可由 $\Delta H_{m,1}+\Delta H_{m,4}+\Delta H_{m,5}+\Delta H_{m,6}$ 计算，如果已知 298K 的 ΔH_v，ΔH 可由 $\Delta H_{m,7}+\Delta H_{m,8}$ 计算，由于只有 342K 时的 ΔH_v，ΔH 应由 $\Delta H_{m,1}+\Delta H_{m,2}+\Delta H_{m,3}$ 计算。

查液体正己烷　　$C_{p,m(l)}=215.5\text{kJ}\cdot\text{kmol}^{-1}\cdot\text{K}^{-1}$

$$\Delta H_{m,1}=C_{p,m(l)}(T_2-T_1)=[215.5\times(342-298)\times10^{-3}]\text{kJ}\cdot\text{mol}$$
$$=9.482\text{kJ}\cdot\text{mol}^{-1}$$
$$\Delta H_{m,2}=\Delta H_{v(342K)}=28.87\text{kJ}\cdot\text{mol}^{-1}$$

气体正己烷：

$$C_{p,m(g)}=[6.93+55.19\times10^{-2}(T/\text{K})-28.64\times10^{-5}(T/\text{K})^2+57.66\times10^{-9}(T/\text{K})^3]\text{kJ}\cdot\text{kmol}^{-1}\cdot\text{K}^{-1}$$

$$\Delta H_{m,3}=\int_{342}^{573}C_{p,m(g)}\,dT$$
$$=\left\{\int_{342}^{573}[6.93+55.19\times10^{-2}(T/\text{K})-28.64\times10^{-5}(T/\text{K})^2dT+57.66\times10^{-9}(T/\text{K})^3]dT\right\}\text{kJ}\cdot\text{mol}^{-1}$$
$$=47.1\text{kJ}\cdot\text{mol}^{-1}$$

$$Q=\Delta H=n(\Delta H_{m,i})=n(\Delta H_{m,1}+\Delta H_{m,2}+\Delta H_{m,3})$$
$$=[100\times(9.482+28.87+47.1)]\text{kJ}\cdot\text{h}^{-1}$$
$$=8545\text{kJ}\cdot\text{h}^{-1}$$

所以每小时的加热量为 8545kJ。

实际温度 419K 汽化时的相变热：

$$\Delta H_1^g(419K)=\Delta H_1^g(342K)+\int_{342}^{419}[C_p(g)-C_P(l)]dT$$

$$=28.87+\int_{342}^{419}(6.93+55.19\times10^{-2}T-28.64\times10^{-5}T^2+57.66\times10^{-9}T^3-215.5)\times10^{-3}dT$$

$$=-25.77(\mathrm{kJ\cdot mol^{-1}})$$

2. 相变过程的热量衡算

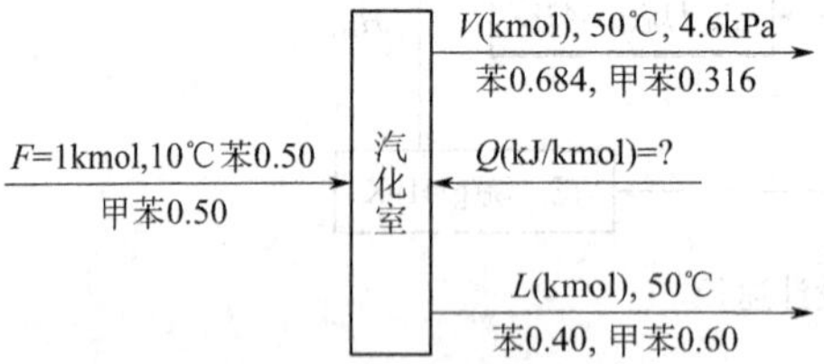

图 5-15 例 5-11 流程示意图

【例 5-11】 浓度为 0.50（摩尔分数，下同）的苯、甲苯混合液，温度为10℃，连续送入汽化室内，在汽化室内混合物被加热至 50℃，压力为 4.6kPa。液相中苯的浓度为 0.40，气相中苯的浓度为 0.684，问 1kmol 进料要多少热量？

图中 V—气相混合物的量，kmol；

L—液相混合物的量，kmol。

解 根据题意画出流程示意图 5-15。

(1) 由物料衡算求 V 和 L

基准：1kmol 进料混合物，即 $F=1$kmol。

总物料衡算 $$F=V+L \tag{1}$$

苯衡算 $$F\times0.5=0.684V+0.4L \tag{2}$$

代入数据，联立求解方程式 (1)、式 (2) 得

$$V=0.352\text{kmol}$$

$$L=0.648\text{koml}$$

(2) 由热量衡算求 Q

基准：苯 (l) 10℃，甲苯 (l) 10℃。

忽略混合热（因是同系物），所以每流股的总焓等于流股中各组分焓之和。各流股及其组分的焓的计算如下。

由手册可查得

$$C_{p,苯(l)}=[62.55+23.4\times10^{-2}(T/\mathrm{K})]\mathrm{kJ\cdot kmol^{-1}\cdot K^{-1}}$$

$$C_{p,甲苯(l)}(273\sim323\mathrm{K})=157\mathrm{kJ\cdot kmol^{-1}\cdot K^{-1}}$$

$$C_{p,甲苯(l)}(273\sim373\mathrm{K})=165\mathrm{kJ\cdot kmol^{-1}\cdot K^{-1}}$$

$$C_{p,苯(g)}=[-36.21+48.46\times10^{-2}(T/\mathrm{K})-31.56\times10^{-5}(T/\mathrm{K})^2]\mathrm{kJ\cdot kmol^{-1}\cdot K^{-1}}$$

$$C_{p,甲苯(g)}=[-34.40+55.92\times10^{-2}(T/\mathrm{K})-34.45\times$$

$10^{-5}(T/\mathrm{K})^2]\mathrm{kJ\cdot kmol^{-1}\cdot K^{-1}}$

$$\Delta H_{\mathrm{v,苯}}=30760\mathrm{kJ\cdot kmol^{-1}}$$

$$\Delta H_{\mathrm{v,甲苯}}=33470\mathrm{kJ\cdot kmol^{-1}}$$

① 苯(l) 50℃

$$\Delta H_{\mathrm{m,1}}=\int_{283}^{323}C_{p,\mathrm{苯(l)}}\mathrm{d}T=5338\mathrm{kJ\cdot kmol^{-1}}$$

② 甲苯(l) 50℃

$$\Delta H_{\mathrm{m,2}}=C_{p,\mathrm{甲苯(l)}}[(50-10)\mathrm{K}]=[157(50-10)]\mathrm{kJ\cdot kmol^{-1}}$$
$$=6280\mathrm{kJ\cdot kmol^{-1}}$$

③ 苯(g) 50℃

苯(l，10℃)—— 苯(l，80.26℃)—— 苯(g，80.26℃)—— 苯(g，50℃)

$$\Delta H_{\mathrm{m,3}}=\int_{283}^{353}C_{p,\mathrm{苯(l)}}\mathrm{d}T+\Delta H_{\mathrm{v}}+\int_{353}^{323}C_{p,\mathrm{苯(g)}}\mathrm{d}T$$
$$=37600\mathrm{kJ\cdot kmol^{-1}}$$

④ 甲苯(g) 50℃

甲苯(l，10℃)—— 甲苯(l，110.8℃)—— 甲苯(g，110.8℃)—— 甲苯(g，50℃)

$$\Delta H_{\mathrm{m,4}}=C_{p,\mathrm{甲苯(l)}}[(110.8-10)\mathrm{K}]+\Delta H_{\mathrm{v,甲苯}}+\int_{384}^{323}C_{p,\mathrm{甲苯(g)}}\mathrm{d}T$$
$$=42780\mathrm{kJ\cdot kmol^{-1}}$$

将计算填入进出口焓表5-3。

表5-3 计算结果列表［参考态：苯(l) 10℃，甲苯 (l) 10℃］

物　质	$n_{进}$/kmol	$H_{\mathrm{m,进}}$/kJ·kmol^{-1}	$n_{出}$/kmol	$H_{\mathrm{m,出}}$/kJ·kmol^{-1}
苯(液)	0.5	0	0.259	5338
甲苯(液)	0.5	0	0.389	6280
苯(气)	—	—	0.241	37600
甲苯(气)	—	—	0.111	42780

总热量衡算如下：

$$Q=\Delta H=\sum n_{出}H_{\mathrm{m,出}}-\sum n_{进}H_{\mathrm{m,进}}$$
$$=[(0.259\times5338)+(0.389\times6280)+(0.241\times37600)+$$
$$(0.111\times42780)-0]\mathrm{kJ\cdot kmol^{-1}}(进料)$$
$$=17630\mathrm{kJ\cdot kmol^{-1}}(进料)$$

三、溶解与混合过程的热量衡算

溶解过程是指气体或固体溶于液体，混合过程往往是指液体和液体间的混合。由于发生溶解或混合后，分子间的相互作用与它们在纯态时不同，伴随这些过程的进行就会有能量的放出或吸收，因而造成纯组分与混合物之间热力学能和焓的差别，这两种过程的能量变化分别称为溶解热和混合热。

对于气体混合物，或结构相似的液体混合物，由于分子间相互作用和纯态时比较变化很小，而认为混合物的焓等于纯态时的焓，因此可以忽略溶解或混合时的能量变化。但是另外一些溶解和混合过程，能量的变化是比较明显的，这时在进行热量衡算时就需加以考虑。

1. 摩尔溶解热

1mol 溶质（气体或固体）于恒温、恒压下溶于 n(mol) 溶剂中，形成溶液时引起的焓的变化，称为该组成溶液的摩尔溶解热，记作 $\Delta H_s(T, n)$。由某一浓度 c_1 加入 1mol 溶质使浓度变为 c_2 的热效应称为积分溶解热。随着 c_1 浓度的增大，即溶液的浓度无限稀释，ΔH_s 趋于一极限值，称为无限稀释积分溶解热 $\Delta H_s(T, \infty)$。在保持浓度不变的条件下，大量溶液在溶解 1mol 溶质时的热效应称为微分溶解热。

一些物质在 25℃时的微分溶解热数据可以从《化学工程手册》第一分册中查到（本书附录十八列有部分酸碱溶液的标准摩尔生成热 $\Delta H_f^{\ominus}$、摩尔溶解热 ΔH_s 及微分溶解热 ΔH_d），借助这些数据可以直接计算 25℃的溶液相对于该温度下纯组分的焓。对于含有 n(mol) H_2O 的溶液，其焓值为：

$$\Delta H(\text{以 25℃ 纯溶质和纯溶剂为基准}) = \Delta H_s(n) \tag{5-36}$$

$$\Delta H(\text{以 25℃ 纯溶质和无限稀溶液为基准}) = \Delta H_s(n) - \Delta H_s(\infty) \tag{5-37}$$

2. 溶解与混合过程的热量衡算

当配制、浓缩或稀释一种溶液，且要作热量衡算时，可以列出物料进、出口焓表，列表时将混合溶液看作是一种物质，并列出溶质的量或流率，焓的单位取 $J \cdot mol^{-1}$（溶质）。

如果溶解与混合过程物料中有纯溶质，宜选用 25℃（或已知 ΔH_s 的其他温度）溶质和溶剂作为计算焓的基准；如果进出口物料是稀溶液，则选无限稀释的溶液和纯溶剂为基准比较好。

当要计算任意温度下的溶解热或混合热，可先按式(5-36) 或式(5-37) 算出 25℃时的焓变，再加上 25℃至该温度的焓变（可根据溶液的热容计算）。

根据式(5-36) 和式(5-37) 可以导出溶液从（n_1）变化到（n_2）的溶解或混合过程的焓变，可用下式计算：

$$\Delta H = \Delta H_s(n_2) - \Delta H_s(n_1) \tag{5-38}$$

式中　$\Delta H_s(n_2)$——每摩尔溶质在 n_2(mol) 溶剂中的积分溶解热或混合热；

$\Delta H_s(n_1)$——每摩尔溶质在 n_1(mol) 溶剂中的积分溶解热或混合热。

【例 5-12】　盐酸由气态 HCl 用水吸收而制得，如果用 25℃的 H_2O 吸收

100℃的 HCl 气体，每小时生产 40℃、25%（质量分数）HCl 水溶液 2000kg，计算吸收设备应加入或移出多少热量？

解 先作物料衡算，计算 HCl（气体）和 H_2O（液体）的流率。

基准：2000kg25%（质量分数）HCl 水溶液。

$$n_{HCl}=\frac{2000\times0.25}{36.5}\text{kmol}\cdot\text{h}^{-1}=13.7\text{kmol}\cdot\text{h}^{-1}$$

$$n_{H_2O}=\frac{2000\times0.75}{18}\text{kmol}\cdot\text{h}^{-1}=83.333\text{kmol}\cdot\text{h}^{-1}$$

根据题意画流程示意图如图 5-16 所示。

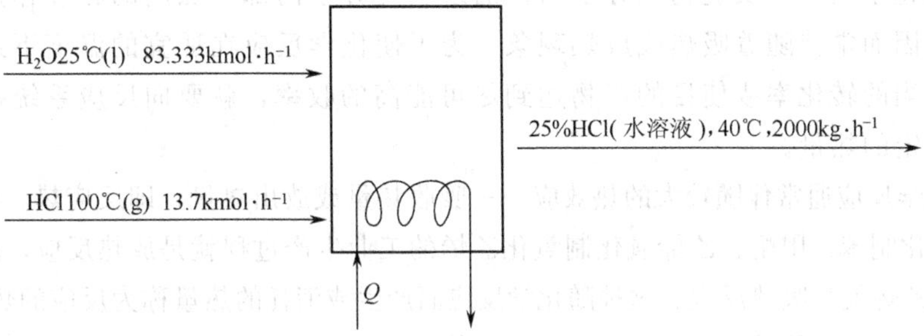

图 5-16 例 5-12 流程示意图

热量衡算基准：由于 25℃ HCl 的 ΔH_s 已知，又过程中有纯 HCl(g)，所以选 25℃、HCl(g)、H_2O(l) 为基准。

设 HCl 带入的焓为 ΔH_1，其过程表示为

$$\text{HCl(g, 100°C)}\longrightarrow\text{HCl(g, 25°C)}$$

由附录十六查得 HCl 的平均摩尔热容 $\overline{C}_{p,m}=29.17\text{J}\cdot\text{mol}^{-1}\cdot\text{K}^{-1}$

$$\Delta H_{m,1}=[29.17\times(100-25)\times10^{-3}]\text{kJ}\cdot\text{mol}^{-1}$$
$$=2.188\text{kJ}\cdot\text{mol}^{-1}$$

溶解过程的焓变为 ΔH_s，其过程表示为

$$\text{HCl(g, 25℃)}+n\text{H}_2\text{O(l, 25℃)}\longrightarrow\text{HCl(水溶液, 25℃)}$$

$$n=\frac{83.333\text{molH}_2\text{O}}{13.7\text{molHCl}}=6.084(\text{molH}_2\text{O})\cdot(\text{molHCl})^{-1}$$

由附录十八查得摩尔溶解热为

$$\Delta H_s(25℃,\ 6.084)=-65.23\text{kJ}\cdot(\text{molHCl})^{-1}$$

设 HCl 水溶液带出的热量为 ΔH_2，其过程表示为

$$\text{HCl(水溶液, 25℃)}\longrightarrow\text{HCl(水溶液, 40℃)}$$

由手册查得 25%（质量分数）盐酸的摩尔热容为 $0.4185\text{kJ}\cdot\text{mol}^{-1}$。

$$\Delta H_{m,2}=[0.4185\times(40-25)]\mathrm{kJ\cdot mol^{-1}}=6.278\mathrm{kJ\cdot mol^{-1}}$$

$$Q=\Delta H=\sum(n_iH_{m,i})_{出}-\sum(n_iH_{m,i})_{进}$$

$$=[13.7\times10^{-3}(-65.23+6.278)-13.7\times10^{3}\times2.188]\mathrm{kJ\cdot h^{-1}}$$

$$=-8.375\times10^{5}\mathrm{kJ\cdot h^{-1}}$$

吸收装置每小时需移出 8.375×10^{5}kJ 热量。

第五节　化学反应过程的热量衡算

在化学反应中反应物质分子结构的改变使分子内部质点间的相互作用发生变化，因而常伴随着吸热或放热现象。为了使化学反应在适宜的温度下进行以达到适当的转化率或使目的产物达到尽可能高的收率，就要向反应系统提供或移出一定的热量。

化学反应通常伴随较大的热效应——吸收热量或放出热量，即反应热。如邻二甲苯氧化制苯二甲酐、乙烯氧化制氧化乙烯的工业生产过程就是放热反应，乙苯脱氧制苯乙烯就是吸热反应。这种随化学反应而产生或消耗的热量称为反应的热效应。有些反应过程的热效应是很明显的，为了使反应温度得到控制，必须及时地从反应体系排出热量或向反应体系提供热量，能否有效地做到这一点，有时会成为决定反应设备优劣的关键因素。因此反应过程热效应的计算对于反应设备的结构类型和尺寸的确定是至关重要的，并且与工艺过程中能量的合理利用有密切的关系。

有关反应热的定义及标准摩尔反应热的定义和计算方法，在第二章化工基础数据有关章节中已作较详细的介绍，在此不再叙述，直接将反应热结合到能量衡算中去。

一、化学反应过程的热量衡算

对于化学反应过程，同反应系统中物料的焓变相比，其位能、动能的变化皆可忽略，系统与环境间一般也无功的传递。这样，反应系统的能量衡算就简化为热量衡算即焓衡算。

当体系进行化学反应时，应将化学反应热列入热量衡算中。反应体系热量衡算的方法按计算焓时的基准区分，主要有两种，下面讨论这两种基准以及每种基准计算 ΔH 的方法。

1. 基准一：298K、101.3kPa 各反应物及产物状态

此基准适合已知标准摩尔反应热，且化学反应式单一。对非反应物质可另选适当的温度为基准（如反应器的进、出口温度，或热容表的参考温度）。此时反应过程的焓变用下式计算：

$$\Delta H = n_A \times \frac{\Delta H^{\ominus}_{r,m}}{\mu_A} + \sum_{输出} n_i H_{m,i} - \sum_{输入} n_i H_{m,i} \tag{5-39}$$

式中　A——任意一种反应物或产物；

n_A——过程中物质 A 生成或消耗的物质的量（注意此数不是 A 在进料或产物中的物质的量）；

μ_A——物质 A 在化学反应方程式中的化学计量系数；

$\Delta H^{\ominus}_{r,m}$——标准摩尔反应热。

式(5-39) 中右边第一项是一个化学反应产生的焓变，如果过程中有多个反应，在式(5-39) 中就要有每一个反应的 $n_A \times \frac{\Delta H^{\ominus}_{r,m}}{\mu_A}$ 项，所以对于同时有多个反应发生的过程即复杂反应体系，这个基准的选取对于化学反应过程的热量衡算是不可取的。

【例 5-13】 氨氧化反应器的热量衡算，在 25℃、101.3kPa 下氨氧化反应的标准摩尔反应热为 $\Delta H^{\ominus}_{r,m} = -904.6\text{kJ} \cdot \text{mol}^{-1}$，其氨氧化反应式为：

$$4NH_3(g) + 5O_2(g) \longrightarrow 4NO(g) + 6H_2O(g)$$

现将每小时 200molNH_3 和 400molO_2 在 25℃下连续送入反应器，氨在反应器内全部反应，产物于 300℃呈气态离开反应器。如操作压力为 101.3kPa，计算反应器所需要输入或输出的热量。

解　由物料衡算得到的各组分流率示于流程图中（图 5-17）。

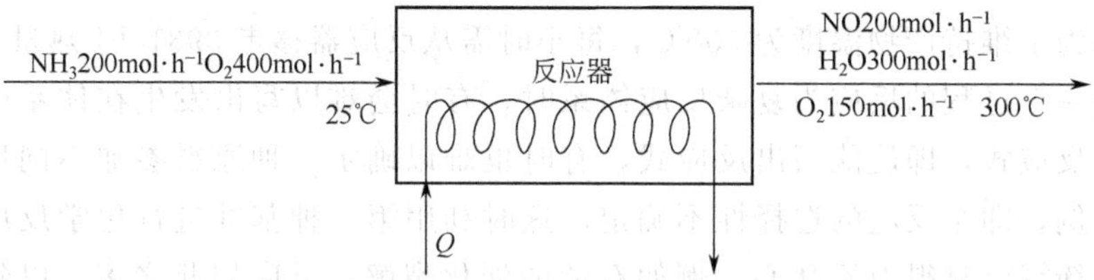

图 5-17　例 5-13 流程示意图

基准：25℃，101.3kPa，物料均为气态。

① 输入物料的焓

因进口的两股物料的温度均为 298K，故焓均为零。

② 输出物料的焓

查手册，300℃时：

O_2　$\overline{C}_{p,m(O_2)} = 30.50\text{J} \cdot \text{mol}^{-1} \cdot \text{K}^{-1}$

H_2O　$\overline{C}_{p,m(H_2O)} = 34.80\text{J} \cdot \text{mol}^{-1} \cdot \text{K}^{-1}$

NO　$C_{p,m}=[29.50+0.88188\times10^{-2}(T/K)-0.2925\times10^{-5}(T/K)^2+0.3652\times10^{-9}(T/K)^3]J\cdot mol^{-1}\cdot K^{-1}$

计算：$H_{(NO)}=n\int_{298}^{573}C_{p,m}dT$

$$=\{200\int_{298}^{573}[29.50+0.88188\times10^{-2}(T/K)-0.2925\times10^{-5}(T/K)^2+0.3652\times10^{-9}(T/K)^3]dT\}\times10^{-3}kJ\cdot h^{-1}=1690.4kJ\cdot h^{-1}$$

$$H_{(O_2)}=n\overline{C}_{p,m}[(573-298)K]=(150\times30.50\times275)\times10^{-3}kJ\cdot h^{-1}=1258.1kJ.h^{-1}$$

$$H_{(H_2O)}=n\overline{C}_{p,m}[(573-298)K]=(300\times34.80\times275)\times10^{-3}kJ\cdot h^{-1}=2971kJ\cdot h^{-1}$$

③ 已知氨的消耗量为 200mol·h^{-1}

$$n_A\times\frac{\Delta H^{\ominus}_{r,m}}{\mu_A}=\left[200\times\frac{(-904.6)}{4}\right]kJ\cdot h^{-1}=-45230kJ\cdot h^{-1}$$

④ 此过程的焓

根据式(5-39) 计算：

$$\Delta H=n_A\times\frac{\Delta H^{\ominus}_{r,m}}{\mu_A}+\sum_{输出}n_iH_{m,i}-\sum_{输入}n_iH_{m,i}$$
$$=[-45230+(1258.1+1690.4+2971)-0]kJ\cdot h^{-1}$$
$$=-39310.5kJ\cdot h^{-1}$$

即为了维持产物温度为 300℃，每小时需从反应器移走 39310kJ 热量。

当一个过程的反应为复杂反应体系时，有时会难以写出发生在体系中的各个化学反应式，即使能写出反应式，有时也难以确定一种原料参加不同反应的量的比例，即个反应的选择性不确定，这时利用第一种基准进行化学反应过程的热量衡算就显得力不从心。例如石油的催化裂解，反应如此之多，以致无法判别出每个单独的反应，更谈不上各反应间的比例关系，标准摩尔反应热也无法知道，这时可用下列基准二求解。

2. 基准二：298K，101.3kPa，组成反应物及产物各稳定态的单质时焓为零

非反应分子以任意适当的温度为基准，此时反应过程的总焓变用下式计算：

$$\Delta H=\sum_{输出}n_iH_{m,i}-\sum_{输入}n_iH_{m,i}\qquad(5\text{-}40)$$

式中　n_i ——进出体系各物质的量，mol；

$H_{m,i}$——进出体系各物质的比焓，J·mol^{-1}。

这里反应物或产物的 $H_{m,i}$ 是各物质 25℃的摩尔生成热与物质由 25℃变到它进口状态或出口状态所需显热（相变热）和潜热（物体在加热或冷却过程中，温度升高或降低而不改变其原有相态所需吸收或放出的热量）之和，可以分为单质和化合物两种情况来讨论。

① 物质为化合物时

$$H_{m,i}=\Delta H^{\ominus}_{f,i}+\int_{298}^{T}C_{p,m}\mathrm{d}T$$

或
$$H_{m,i}=\Delta H^{\ominus}_{f,i}+\overline{C}_{p,m}\Delta T \tag{5-41}$$

式中 $H_{m,i}$——1mol 物质 i 在 T 温度下相对于基准温度 298K 时的焓，$J\cdot mol^{-1}$；

$\Delta H^{\ominus}_{f,i}$——物质 i 的标准摩尔生成热，$J\cdot mol^{-1}$；

② 物质为稳定态的单质时

$$H_{m,i}=\int_{298}^{T}C_{p,m}\mathrm{d}T$$

或
$$H_{m,i}=\overline{C}_{p,m}\Delta T \tag{5-42}$$

基准二中的物质 i，是组成反应物和产物的、以自然形态存在的原子。

【例 5-14】 甲烷在连续反应器中用空气氧化生产甲醛，副反应是甲烷完全氧化生成 CO_2 和 H_2O。化学反应式为：

$$CH_4(g)+O_2\longrightarrow HCHO(g)+H_2O(g)$$

$$CH_4(g)+2O_2\longrightarrow CO_2(g)+2H_2O(g)$$

若反应在足够低的压力下进行，气体可看作理想气体。甲烷于 25℃进反应器，空气于 100℃进反应器，如要保持出口产物温度为 150℃，需从反应器中取走多少热量？以 100mol 进反应器的甲烷为基准，物料流程图如图 5-18 所示。

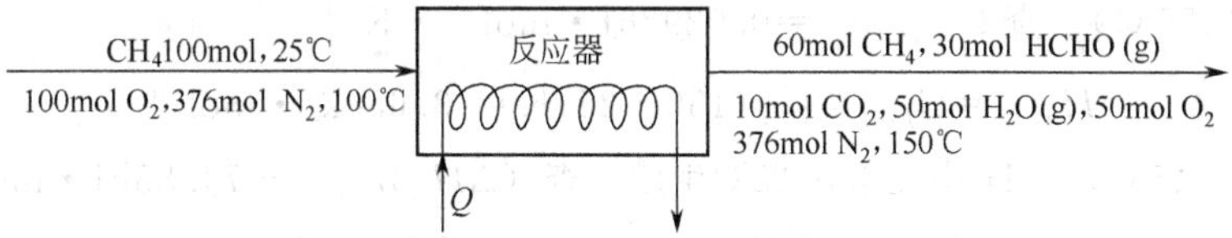

图 5-18 例 5-14 流程示意图

解 物料基准：100mol 进反应器的甲烷。

由已知的流程示意图可知，进出口流股中各组分量均已知，故可直接进行热量衡算。

反应物和产物：25℃，101.3kPa 各物质稳定态单质（即 C、O_2、H_2）为基准。

非反应物质：N_2，25℃为基准（因 25℃是气体平均摩尔热容的参考温度）。

先列出进出口物料量及所要计算得到的物料焓表。如表 5-4 所示。

表 5-4 各物料的进出口焓表

物　质	$n_{进}$/mol	$H_{m,进}$/kJ·mol^{-1}	$n_{出}$/mol	$H_{m,出}$/kJ·mol^{-1}
CH_4	100	—	60	—
HCHO(气)	—	—	30	—
CO_2	—	—	10	—
H_2O(气)	—	—	50	—
O_2	100	—	50	—
N_2	376	—	376	—

各焓值计算如下。

单质焓的计算采用以下公式：

$$H_i=\int_{298}^{T}C_{p,\mathrm{m}}\mathrm{d}T \text{ 或 } H_i=\overline{C}_{p,\mathrm{m}}\Delta T$$

化合物焓的计算采用以下公式：

$$H_i=\Delta H_{\mathrm{f},i}^{\ominus}+\int_{298}^{T}C_{p,\mathrm{m}}\mathrm{d}T \text{ 或 } H_i=\Delta H_{\mathrm{f},i}^{\ominus}+\overline{C}_{p,\mathrm{m}}\Delta T$$

各物质在进出中状态下焓的计算：

O_2(100℃)　查 $\overline{C}_{p,\mathrm{m}(100℃)}=0.02966\mathrm{kJ\cdot mol^{-1}\cdot K^{-1}}$

$$H_{\mathrm{m},进}=\overline{C}_{p,\mathrm{m}(100℃)}[(100-25)\mathrm{K}]=2.225\mathrm{kJ\cdot mol^{-1}}$$

O_2(150℃)　查 $\overline{C}_{p,\mathrm{m}(150℃)}=0.02986\mathrm{kJ\cdot mol^{-1}\cdot K^{-1}}$

$$H_{\mathrm{m},出}=\overline{C}_{p,\mathrm{m}(150℃)}[(150-25)\mathrm{K}]=3.733\mathrm{kJ\cdot mol^{-1}}$$

N_2(100℃)　查 $\overline{C}_{p,\mathrm{m}(100℃)}=0.0292\mathrm{kJ\cdot mol^{-1}\cdot K^{-1}}$

$$H_{\mathrm{m},进}=\overline{C}_{p,\mathrm{m}(100℃)}[(100-25)\mathrm{K}]=2.19\mathrm{kJ\cdot mol^{-1}}$$

N_2(150℃)　查 $\overline{C}_{p,\mathrm{m}(150℃)}=0.02926\mathrm{J\cdot mol^{-1}\cdot K^{-1}}$

$$H_{\mathrm{m},出}=\overline{C}_{p,\mathrm{m}(150℃)}[(150-25)\mathrm{K}]=3.658\mathrm{kJ\cdot mol^{-1}}$$

CH_4 (25℃)　CH_4由元素在25℃生成，查 $(\Delta H_{\mathrm{f}}^{\ominus})_{CH_4}=-74.85\mathrm{kJ\cdot mol^{-1}}$

$$H_{\mathrm{m},进}=(\Delta H_{\mathrm{f}}^{\ominus})_{CH_4}=-74.85\mathrm{kJ\cdot mol^{-1}}$$

CH_4(150℃)　查 $\overline{C}_{p,\mathrm{m}(150℃)}=0.03898\mathrm{kJ\cdot mol^{-1}\cdot K^{-1}}$

$$H_{\mathrm{m},出}=(\Delta H_{\mathrm{f}}^{\ominus})_{CH_4}+\overline{C}_{p,\mathrm{m}(150℃)}\times(150-25)\mathrm{K}$$
$$=(-74.85+4.87)\mathrm{kJ\cdot mol^{-1}}=-69.98\mathrm{kJ\cdot mol^{-1}}$$

CO_2(150℃)　查$(\Delta H_{\mathrm{f}}^{\ominus})_{CO_2(g)}=-393.7\mathrm{kJ\cdot mol^{-1}}$

CO_2(150℃)　查 $\overline{C}_{p,\mathrm{m}(150℃)}=0.03944\mathrm{kJ\cdot mol^{-1}\cdot K^{-1}}$

$$H_{\mathrm{m},出}=(\Delta H_{\mathrm{f}}^{\ominus})_{CO_2(g)}+\overline{C}_{p,\mathrm{m}(150℃)}[(150-25)\mathrm{K}]$$
$$=(-393.7+4.93)\mathrm{kJ\cdot mol^{-1}}=-388.8\mathrm{kJ\cdot mol^{-1}}$$

$H_2O(150℃)$ 查$(\Delta H_f^{\ominus})_{H_2O(g)} = -242.2\text{kJ}\cdot\text{mol}^{-1}$

$H_2O(150℃)$ 查$\overline{C}_{p,m(150℃)} = 0.03405\text{kJ}\cdot\text{mol}^{-1}\cdot\text{K}^{-1}$

$$H_{m,出} = (\Delta H_f^{\ominus})_{H_2O(g)} + \overline{C}_{p,m(150℃)}[(150-25)\text{K}]$$

$$= (-242.2+4.26)\text{kJ}\cdot\text{mol}^{-1} = -237.94\text{kJ}\cdot\text{mol}^{-1}$$

HCHO(g,150℃) 查$(\Delta H_f^{\ominus})_{HCHO} = -118.4\text{kJ}\cdot\text{mol}^{-1}$

$$C_{p,m(HCHO)} = [22.79+4.075\times10^{-2}(T/\text{K})+0.711\times10^{-5}(T/\text{K})^2-8.964\times10^{-9}(T/\text{K})^3]\text{J}\cdot\text{mol}^{-1}\cdot\text{K}^{-1}$$

$$H_{m,出} = (\Delta H_f^{\ominus})_{HCHO} + \int_{298}^{423} C_{p,m(HCHO)}\,dT$$

$$= (-118.4+1.14)\text{kJ}\cdot\text{mol}^{-1} = -117.26\text{kJ}\cdot\text{mol}^{-1}$$

将结果填入进出口焓表中。如表 5-5 所示。

表 5-5　各物料的进出口焓计算结果

物　质	$n_{进}$/mol	$H_{m,进}$/kJ·mol^{-1}	$n_{出}$/mol	$H_{m,出}$/kJ·mol^{-1}
CH_4	100	−74.85	60	−69.98
HCHO(气)	—	—	30	−117.26
CO_2	—	—	10	−388.8
H_2O(气)	—	—	50	−237.94
O_2	100	2.225	50	3.733
N_2	376	2.19	376	3.658

根据式(5-40)，代入数据可得

$$\Delta H = \sum_{输出} n_i H_{m,i} - \sum_{输入} n_i H_{m,i}$$

$$= [60\times(-69.98)+30\times(-117.26)+10\times(-388.8)+50\times(-237.94)+50\times3.733+376\times3.658-100\times(-74.85)-100\times2.225-376\times2.19]\text{kJ} = -15500\text{kJ}$$

计算结果得到的焓变为负值，说明过程须移走热量，即要保持出口产物的温度为 150℃，需从反应器移走 15500kJ 热量。

二、典型反应器的热量衡算

工业反应器按换热方式不同，可分为典型的两大类，即换热式反应器和绝热式反应器。

(1) 换热式反应器　具有专门的换热设备，借助与外界的换热使反应维持合适的温度条件，因此有时也称这种反应器为等温反应器。但这里等温的含义并不是指反应器内部各点温度相等，而是指物料进出口温度通过换热来保持相对恒定，其内部各点往往存在一定的温度分布，从而使反应温度处于最佳操作温度范围。

（2）绝热式反应器　这类反应器除了热量的自然损失外没有专门的换热设施，或者由于反应速度很快而无法及时换热，反应过程的热效应将导致反应物料温度的上升或下降，反应热效应越大，温度上升或下降的效果越明显，所以这类反应器只适合于反应热效应不大，单程转化率不高的场合。

1. 换热式反应器的热量衡算

这类反应过程借助与外界换热，使反应维持在合适的温度条件。在连续稳定的操作条件下，通过能量衡算，算出与外界交换的热量，为换热设备的设计提供依据。如果反应是吸热的，就要有蒸汽管道、载热体、锅炉或加热炉；相反的，如果反应是放热的，就要有移热装置，如换热器、冷凝器等。对这种反应器主要是计算反应过程的总焓差，总焓差即是所需的换热量。

【例 5-15】　甲烷和水蒸气在反应器中反应，生成 H_2、CO 和 CO_2。物料衡算结果列于表 5-6。设进料和出料均为 500℃。求为保持反应器恒温所需的加热量。

表 5-6　物料衡算结果

组　分	进料/kmol·h^{-1}	出料/kmol·h^{-1}
CH_4	1.00	0.25
H_2O (g)	2.50	1.50
CO	0	0.5
CO_2	0	0.25
H_2	0	2.50
共计	3.50	5.00

解　分析反应过程，反应过程为复杂反应，所以选择第二种基准进行能量衡算。

基准：计算时间基准为 1h，温度基准 25℃各元素稳定单质。

由已知物料流量表，画出流程示意图如图 5-19 所示。

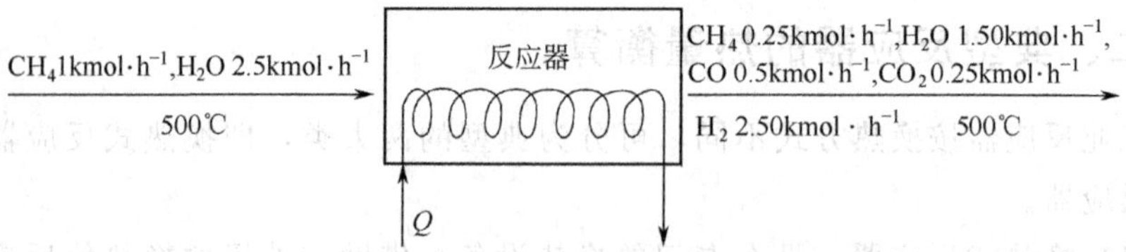

图 5-19　例 5-15 流程示意图

根据式（5-40）：

$$\Delta H=\sum_{输出} n_i H_{m,i}-\sum_{输入} n_i H_{m,i}$$

本题中由于进出口温度相同，即同一种物质的 $H_{m,i(输出)}=H_{m,i(输入)}$，则上式可化成：

$$\Delta H=\sum H_{m,i}(n_{i输出}-n_{i输入})$$

查附录十九及手册，计算各组分在 500℃的焓值：

CH_4 $\Delta H^{\ominus}_{f,CH_4}=-74.85kJ\cdot mol^{-1}$，$\bar{C}_{p,m(500℃)}=48.76\ kJ\cdot kmol^{-1}\cdot K^{-1}$

$$H_{CH_4}=(\Delta H^{\ominus}_{f,CH_4}+\bar{C}_{p,m(500℃)}[(773-298)K]$$
$$=(-74.85\times10^3+23161)kJ\cdot kmol^{-1}=-51689kJ\cdot kmol^{-1}$$

H_2O $\Delta H^{\ominus}_{f,H_2O(g)}=-242.2kJ\cdot mol^{-1}$，$\bar{C}_{p,m(500℃)}=35.76kJ\cdot kmol^{-1}\cdot K^{-1}$

$$H_{H_2O}=\Delta H^{\ominus}_{f,H_2O}+\bar{C}_{p,m(500℃)}(773-298)K$$
$$=(-242.2\times10^3+16986)kJ\cdot kmol^{-1}$$
$$=-225214kJ\cdot kmol^{-1}$$

CO $\Delta H^{\ominus}_{f,CO}=-110.6kJ\cdot mol^{-1}$，$\bar{C}_{p,m(500℃)}=30.19kJ\cdot kmol^{-1}\cdot K^{-1}$

$$H_{CO}=\Delta H^{\ominus}_{f,CO}+\bar{C}_{p,m(500℃)}[(773-298)K]$$
$$=(-110.6\times10^3+14340)kJ\cdot kmol^{-1}$$
$$=-96260kJ\cdot kmol^{-1}$$

CO_2 $\Delta H^{\ominus}_{f,CO_2(g)}=-393.7kJ\cdot mol^{-1}$，$\bar{C}_{p,m(500℃)}=45.11\ kJ\cdot kmol^{-1}\cdot K^{-1}$

$$H_{CO_2}=\Delta H^{\ominus}_{f,CO_2(g)}+\bar{C}_{p,m(500℃)}[(773-298)K]$$
$$=(-393.7\times10^3+21427)kJ\cdot kmol^{-1}$$
$$=-372273kJ\cdot kmol^{-1}$$

H_2 $\Delta H^{\ominus}_{f,H_2(g)}=0$，$\bar{C}_{p,m(500℃)}=29.29kJ\cdot kmol^{-1}\cdot K^{-1}$

$$H_{H_2}=\bar{C}_{p,m(500℃)}[(773-298)K]=13913kJ\cdot kmol^{-1}$$

总焓变应为

$$\Delta H=\sum H_{m,i}(n_{i输出}-n_{i输入})$$
$$=[-51689(0.25-1.0)-225214(1.5-2.5)-96260\times 0.5-372273\times0.25+13.913\times2.5]kJ\cdot h^{-1}$$
$$=157566kJ\cdot h^{-1}$$

所以每小时的加热量为 157566kJ。

2. 绝热式反应器的热量衡算

绝热反应器与外界没有热量交换，此时 $Q=\Delta H=0$。

按第一种基准计算时，下式成立：

$$\sum_{输入}n_iH_{m,i}=n_A\frac{\Delta H^{\ominus}_{r,m}}{\mu_A}+\sum_{输出}n_iH_{m,i} \tag{5-43}$$

按第二种基准计算时，下式成立：

$$\sum_{输入} n_i H_{m,i} = \sum_{输出} n_i H_{m,i} \tag{5-44}$$

由绝热反应器的特征，在化学反应过程中与外界无热量交换，无论采用哪一种基准，绝热反应过程进出物料的总焓是相等的，但它们的温度是不同的。当化学反应是吸热反应时，即 $\Delta H^{\ominus}_{r,m}>0$，出料温度低于进料温度，即出料温度下降；当化学反应是放热反应时，即 $\Delta H^{\ominus}_{r,m}<0$，出料温度高于进料温度，即出料温度上升。对绝热反应过程的热量衡算，通常是根据反应热计算物料的出口温度。

【例 5-16】 在绝热反应器中发生乙醇脱氢生成乙醛的化学反应，反应式如下：

$$C_2H_5OH(g) \longrightarrow CH_3CHO(g)+H_2(g)$$

已知标准摩尔反应热为：$\Delta H^{\ominus}_{r,m}=68.95\text{kJ}\cdot\text{mol}^{-1}$，乙醇蒸气于 300℃进入反应器，转化率为 30%，在该操作温度范围内各物质的平均摩尔热容值为

$$C_2H_5OH(g):\bar{C}_{p,m}=0.110\text{kJ}\cdot\text{mol}^{-1}\cdot\text{K}^{-1}$$

$$CH_3CHO(g):\bar{C}_{p,m}=0.080\text{kJ}\cdot\text{mol}^{-1}\cdot\text{K}^{-1}$$

$$H_2(g):\bar{C}_{p,m}=0.029\text{kJ}\cdot\text{mol}^{-1}\cdot\text{K}^{-1}$$

求反应器出口产物的温度。

解 由题意进行简单的物料衡算后将得到的结果示于流程示意图 5-20 上。

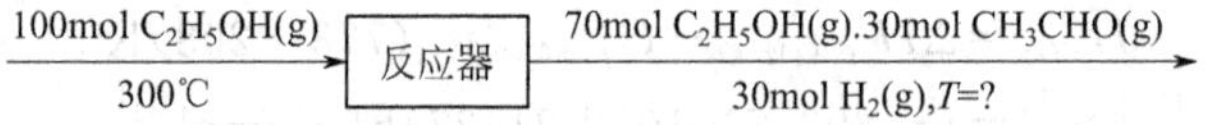

图 5-20 例 5-16 流程示意图

基准：物料基准 100mol 乙醇进料；

温度基准 第一种基准 25℃(298K)。

由第一种基准，热量衡算式为

$$\Delta H = n_A \times \frac{\Delta H^{\ominus}_{r,m}}{\mu_A} + \sum_{输出} n_i H_{m,i} - \sum_{输入} n_i H_{m,i}$$

25℃反应的焓 $n_A \times \dfrac{\Delta H^{\ominus}_{r,m}}{\mu_A} = 30\text{mol} \times \dfrac{68.95\text{kJ}\cdot\text{mol}^{-1}}{1} = 2069\text{kJ}$

计算各物质焓值如下。

因本题已知平均摩尔热容，各物质焓值的计算采用以下公式：

$$H_i=\bar{C}_{p,m}\Delta T=\bar{C}_{p,m}[(T/\text{K})-298]$$

C_2H_5OH $H_{m,(C_2H_5OH)输入}=[0.110\times(573-298)]\text{kJ}\cdot\text{mol}^{-1}$

$=30.25\text{kJ}\cdot\text{mol}^{-1}$

$H_{m,(C_2H_5OH)输出}=\{0.110\times[(T/\text{K})-298]\}\text{kJ}\cdot\text{mol}^{-1}$

CH_3CHO $H_{m,(CH_3CHO)输出}=\{0.080\times[(T/\text{K})-298]\}\text{kJ}\cdot\text{mol}^{-1}$

H_2　$H_{m,(H_2)输出} = \{0.029 \times [(T/K) - 298]\} kJ \cdot mol^{-1}$

根据式（5-43）：

$$\sum_{输入} n_i H_{m,i} = n_A \frac{\Delta H^{\ominus}_{r,m}}{\mu_A} + \sum_{输出} n_i H_{m,i}$$

代入数据得

$$(100 \times 30.25) kJ = \{2069 + 70 \times 0.110[(T/K) - 298] + 30 \times 0.080 [(T/K) - 298] + 30 \times 0.029[(T/K) - 298]\} kJ$$

$$956 = 11.0[(T/K) - 298]$$

解得：$T = 384.9K$，即为 111.9℃

在本题中，由于假定所有的热容数据在操作温度范围内均采用平均摩尔热容即常数，求出料温度的热量衡算式成为了温度的一次线性方程，所以计算起来比较简单，但得到的结果就只是一个近似值，尤其是热容在操作温度范围内变化较大时。如果热容采用 $C_{p,m} = a + bT$ 的形式，需解二次方程，如果热容采用 $C_{p,m} = a + bT + cT^2 + dT^3$ 的形式，所得的热量衡算式在求解温度的时候就是温度的非线性方程，即高次方程，就得用试差法来进行计算，这样大大增加了解题的难度，往往就需要借助计算机来解题了。

第六节　稳态流动过程物能联合衡算

我们分别讨论了物料衡算和能量衡算，一般应在进行作能量衡算之前先要进行物料衡算；但有时根据物料衡算式不能直接计算出物料量，还需对物料衡算和能量衡算进行联立求解。本节主要讨论物料衡算和能量衡算联合应用的问题。

一、物能联算的一般解法

对于任何一个体系，都可以写出：总的物料算式；每一组分的物料算式；总能量衡算式。

图 5-21　具有化学反应的流动过程

对于图 5-21 所示的过程：

令：x_{Ai}、x_{Bi}…——i 组分分别在 A、B…流股中的质量分数；

H_A、H_B…——单位质量的 A、B…流股分别相对于参考温度的焓。

可写出下列衡算式：

总物料衡算式　　$A + B = C + D$

组分 1 的物料衡算式　　$Ax_{A1} + Bx_{B1} = Cx_{C1} + Dx_{D1}$

组分 2 的物料衡算式　　$Ax_{A2} + Bx_{B2} = Cx_{C2} + Dx_{D2}$

总能量衡算式（忽略动能和位能的变化）$AH_A+BH_B+W+Q=CH_C+DH_D$

对于较为复杂的过程（见图 5-22），可以对每一台设备 1、2、3 作物料衡算和能量衡算，也可以列出整个体系的物料衡算和能量衡算式。当然，所有这些方程并不都是独立的。

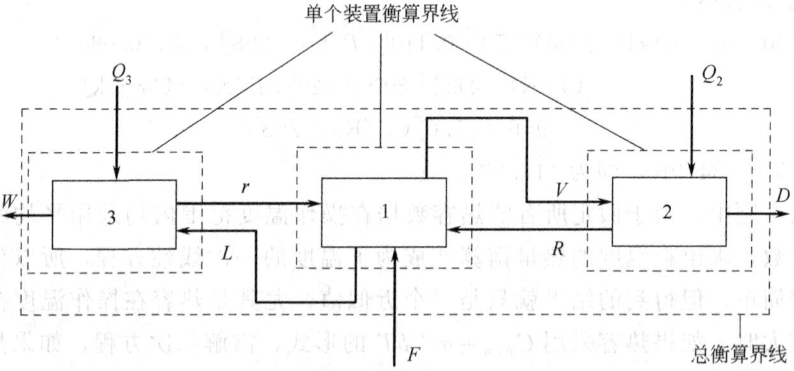

图 5-22　多设备体系的衡算

对于图 5-22 所示的过程，可以列出以下一些衡算式：

整个体系：

总物料衡算式　$F=D+W$

组分物料衡算式　$Fx_{Fi}=Dx_{Di}+Wx_{Wi}$

热量衡算式　$Q_2+Q_3+FH_F=DH_D+WH_W$

设备 1：

总物料衡算式　$F+R+r=V+L$

组分物料衡算式　$Fx_{Fi}+Rx_{Ri}+rx_{ri}=Vx_{Vi}+Lx_{Li}$

热量衡算式　$FH_F+RH_R+rH_r=VH_v+LH_L$

设备 2：

总物料衡算式　$V=R+D$

组分物料衡算式　$Vx_{Vi}=Rx_{Ri}+Dx_{Di}$

热量衡算式　$Q_2+VH_V=RH_R+DH_D$

设备 3：

总物料衡算式　$L=r+W$

组分物料衡算式　$Lx_{Li}=rx_{ri}+Wx_{Wi}$

热量衡算式　$Q_3+LH_L=rH_r+WH_W$

二、计算举例

【例 5-17】　某连续蒸馏塔每小时分离 10000kg 含 40%（质量分数，下同）苯、

60%氯苯的溶液，进料温度 294K，塔顶液体产物为 99.5%的苯，塔底（从再沸器出来的物料）含 1%苯。冷凝器进水温度为 288.7K，出水温度为 333K，再沸器用温度为 411K 的饱和水蒸气加热，回流比（返回塔顶的液体量与取出塔顶液体产物之比）为 6∶1，设再沸器和冷凝器均在 101.3kPa 下操作，冷凝器的计算温度为 354K，再沸器温度为 404K，算得再沸器气相中苯为 3.9%（摩尔分数为 5.5%）。计算下列各项：①塔顶产物（D）和塔底产物（W）每小时各为多少千克？②每小时回流量（L）为多少千克？③进再沸器的液体（L_b）和出再沸器的蒸气（V_b）每小时各为多少千克？④每小时耗用的水蒸气和冷却水（B）各为多少千克？

解 ① 根据题意画出流程示意图如图 5-23 所示，并注明已知条件。

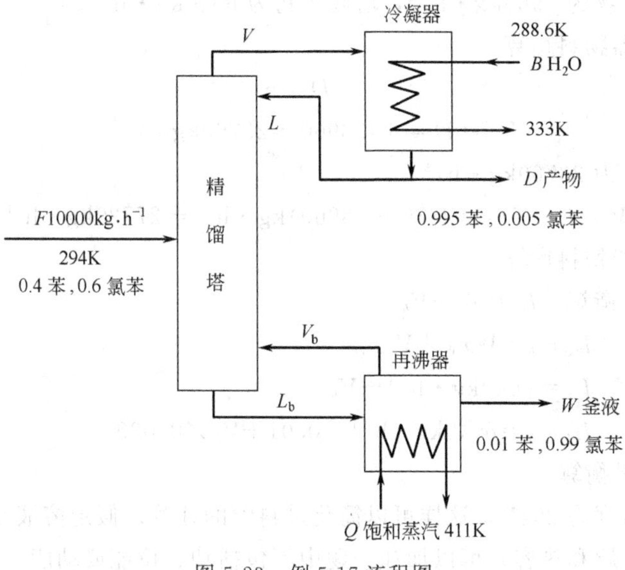

图 5-23　例 5-17 流程图

② 已知液态苯和氯苯的热容数据如表 5-7 所示。

表 5-7　液态苯和氯苯的热容数据

温度/K	C_p/kJ·kg^{-1}·K^{-1}		H_v/kJ·kg^{-1}	
	氯苯	苯	氯苯	苯
294	1.255	1.695		
305	1.339	1.736		
322	1.402	1.799		
339	1.443	1.883		
355	1.506	1.966	325.43	395.18
372	1.569	2.029	313.80	385.97
389	1.632	2.092	302.17	371.92
405	1.674	2.176	292.88	357.73

基准：每小时 10000kg 进料

③ 整个系统物料衡算

总物料衡算 $F=D+W$

$$10000\text{kg}\cdot\text{h}^{-1}=D+W$$

苯的衡算 $Fx_{Fi}=Dx_{Di}+Wx_{Wi}$

$$(10000\times0.4)\text{kg}\cdot\text{h}^{-1}=D\times0.995+W\times0.01$$

$$(10000\times0.4)\text{kg}\cdot\text{h}^{-1}=D\times0.995+(10000-D)\times0.01$$

$$D=3960\text{kg}\cdot\text{h}^{-1}$$

$$W=6040\text{kg}\cdot\text{h}^{-1}$$

即塔顶产物为 $3960\text{kg}\cdot\text{h}^{-1}$，塔底产物为 $6040\text{kg}\cdot\text{h}^{-1}$。

④ 冷凝器物料衡算

$$L/D=6$$

$$L=6D=6\times3960=23760\text{kg}\cdot\text{h}^{-1}$$

即回流量为 $23760\text{kg}\cdot\text{h}^{-1}$。

$$V=L+D=(23760+3960)\text{kg}\cdot\text{h}^{-1}=27720\text{kg}\cdot\text{h}^{-1}$$

⑤ 再沸器物料衡算

总物料衡算 $L_b=W+V_b$

苯衡算 $L_bx_{Lb}=Wx_W+V_bx_{Vb}$

$$L_b=6040\text{kg}\cdot\text{h}^{-1}+V_b$$

$$L_bx_{Lb}=6040\text{kg}\cdot\text{h}^{-1}\times0.01+V_b\times0.039$$

⑥ 总热量衡算

选基准温度为 294K，这样可以简化进料焓的计算。假定溶液是理想的，则热力学性质（焓和热容）可以加和。题中不包括功、位能或动能。因此

$$Q_{水蒸气}+Q_{冷凝}=D\int_{294}^{354}C_{p_D}\,\mathrm{d}t+W\int_{294}^{404}C_{p_W}\,\mathrm{d}t-F\int_{294}^{294}C_{p_F}\,\mathrm{d}t$$

上式中 $Q_{水蒸气}$ 与 $Q_{冷凝}$ 为未知数，其他各项均为已知，所以仍然需要另外的方程。

⑦ 冷凝器的热量衡算

设基准温度为 354K，这样可以简化计算，使 L 和 D 都不包括进去。假设产物是在冷凝器的饱和温度为 354K 时离开的。则有

$$VH_v=BC_{p,水}(T_2-T_1)$$

$$[27720\times(395.18\times0.995+325.43\times0.005)]\text{kJ}\cdot\text{h}^{-1}$$

$$=B\times4.187\times[(333-288.6)\text{K}]$$

$$=-Q_{冷凝}$$

解得：$Q_{冷凝}=-1.09\times10^{7}\text{kJ}\cdot\text{h}^{-1}$（放出的热量）

冷凝水用量 $B=5.87\times10^{4}\text{kg}\cdot\text{h}^{-1}$ ［忽略进冷凝器气体（处于露点状态）冷却到 354K 的显热］

⑧ 水蒸气用量

用第 6 步的总热量算式：

$$Q_{水蒸气}=(3960\times109.2+6040\times158.6+1.09\times10^{7})\text{kJ}\cdot\text{h}^{-1}$$

式中，109.2 和 158.6 分别为塔顶和塔底物料的焓（$\text{kJ}\cdot\text{kg}^{-1}$），它们采用如下方法计算：根据题中所给的苯、氯苯的$C_p\sim T$ 数据表，用数值积分法，算出塔顶各组分的焓 H_{Di} 和塔底各组分的焓 H_{Wi}：

$$H_{Di}=\int_{294}^{354}C_{p,D}\,\text{d}t$$

$$H_{Wi}=\int_{294}^{404}C_{p,W}\,\text{d}t$$

然后乘以相应的质量分数，即得塔顶、塔底物料焓（$\text{kJ}\cdot\text{kg}^{-1}$），具体计算数据如表 5-8 所示：

表 5-8 塔顶与塔底物料的焓值

物质	塔顶产物（354K）			塔底产物（404K）		
名称	质量分数	H_i /$\text{kJ}\cdot\text{kg}^{-1}$	m_iH_i /$\text{kJ}\cdot\text{kg}^{-1}$	质量分数	H_i /$\text{kJ}\cdot\text{kg}^{-1}$	m_iH_i /$\text{kJ}\cdot\text{kg}^{-1}$
苯	0.995	109.3	108.8	0.01	204.9	2.049
氯苯	0.005	84.2	0.42	0.99	158.1	156.51

以上计算 $Q_{水蒸气}$ 的式子中，前两项塔顶与底产物的显热比第三项 $Q_{冷凝}$ 要小一个数量级。因此，计算时可以简化。假定塔顶产物 D 是纯苯，而塔底产物 W 是纯氯苯。现仍按上式计算：

$$\begin{aligned}Q_{水蒸气}&=(432432+957944+1.09\times10^{7})\text{kJ}\cdot\text{h}^{-1}\\&=1.23\times10^{7}\text{kJ}\cdot\text{h}^{-1}\end{aligned}$$

由饱和水蒸气表查得：404K 的 $H_v=2175.7\text{kJ}\cdot\text{kg}^{-1}$。假定蒸汽离开时为饱和温度而不过冷，则

$$每小时耗用水蒸气量\quad\frac{1.23\times10^{7}}{2175.7}\text{kg}\cdot\text{h}^{-1}=5653\text{kg}\cdot\text{h}^{-1}$$

⑨ 再沸器的热量衡算式

$$Q_{水蒸气}+L_bH_{Lb}=V_bH_{Vb}+WH_W$$

现在已知 $Q_{水蒸气}=1.23\times10^{7}\text{kJ}\cdot\text{h}^{-1}$，但 L_b 和 H_{Lb} 值不知道。尽管 H_{Lb} 为未知数，由于进再沸器液流 L_b 的温度一般不会比离塔底下的温度 404K 低 10K 以

上，而其热容与氯苯差不多，所以可以假定 L_b 的温度比 404K 低 10K。但在以下的计算中可以看出，H_{Lb} 这项影响不大。

V_b 和 L_b 值可以用再沸器的热量衡算和总物料衡算式联立解得。

基准温度：404K。

热量衡算 $1.23\times10^7\text{kJ}\cdot\text{h}^{-1}+L_b\times[1.632\times(-10)\text{kJ}\cdot\text{kg}^{-1}]=V_b(0.99\times292.88\text{kJ}\cdot\text{kg}^{-1}+0.01\times357.73\text{kJ}\cdot\text{kg}^{-1})+W\times0$ (1)

物料衡算 $L_b=W+V_b=6040+V_b$ (2)

解式 (1)、式(2) 得

$$V_b=(1.22\times10^7/309.8)\text{kg}\cdot\text{h}^{-1}=39380\text{kg}\cdot\text{h}^{-1}$$

$$L_b=(6040+39380)\text{kg}\cdot\text{h}^{-1}=45420\text{kg}\cdot\text{h}^{-1}$$

故进再沸器的液体为 $45420\text{kg}\cdot\text{h}^{-1}$，出再沸器的蒸气为 $39380\text{kg}\cdot\text{h}^{-1}$。如果忽略 L_b 物料的焓，则

$$V_b=(1.23\times10^7/293.5)\text{kg}\cdot\text{h}^{-1}=41908\text{kg}\cdot\text{h}^{-1}$$

误差约为 7.7%。

【例 5-18】 某工厂按图 5-24 所示的流程制造工业乙醇。原料经换热器加热到 77℃，进入 1 号蒸馏塔，从 1 号塔顶得到浓度为 60%（质量分数，下同）的乙醇溶液，塔底不含乙醇，浓度为 60%的乙醇溶液进入 2 号蒸馏塔，进一步分馏成 95%的乙醇和水。两塔均以 3∶1 的回流比操作，用水蒸气在塔底加热。冷凝器的进水温度均为 27℃，操作条件和物料性质如图 5-24 和表 5-9 所示。求：

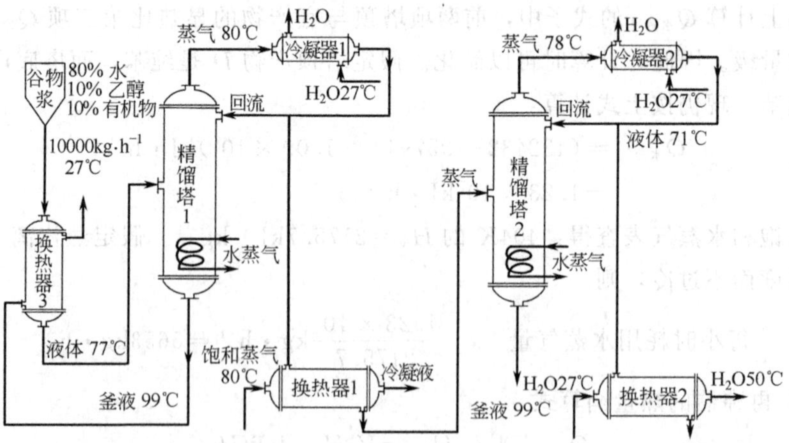

图 5-24 工业乙醇生产流程图

表 5-9 相关物料性质

物料	状态	沸点/℃	C_p/kJ·kg^{-1}·K^{-1}		汽化热/kJ·kg^{-1}
			液体	蒸气	
原料	液	77	4.02	—	2209.9
60%乙醇	液或蒸气	80	3.56	2.34	1570.1
1号釜液	液	100	4.19	2.09	2256.4
95%乙醇	液或蒸气	78	3.01	2.01	1511.9
2号釜液	液	100	4.19	2.09	2256.4

(1) 每小时流过的下列物料的质量：①精馏塔1的塔顶产物，回流量及塔底釜液；②精馏塔2的塔顶产物，回流量及塔底釜液。(2) 离开换热器3的釜液。(3) 加入系统的总热量。(4) 如果这些设备的冷却水出口最高温度为50℃，每台冷凝器及换热器2所需的水量。

解 将乙醇简称为A，有机物为M。

(1) 物料衡算

基准：10000kg·h^{-1}原料。

① 精馏塔1和冷凝器1的物料衡算

输入：原料A　10%×10000kg·h^{-1}=1000kg·h^{-1}

H_2O　80%×10000kg·h^{-1}=8000kg·h^{-1}

M　10%×10000kg·h^{-1}=1000kg·h^{-1}

总和　10000kg·h^{-1}

输出：产物A　1000kg·h^{-1}

H_2O　(1000/0.60−1000)kg·h^{-1}=667kg·h^{-1}

釜液H_2O　(8000−667)kg·h^{-1}=7333kg·h^{-1}

M　1000kg·h^{-1}

总和　10000kg·h^{-1}

② 精馏塔2（不包括冷凝器）的物料衡算（回流比3∶1）

输入：原料A　1000kg·h^{-1}

H_2O　8000kg·h^{-1}

M　1000kg·h^{-1}

回流A　3×1000kg·h^{-1}=3000kg·h^{-1}

H_2O　3×667=2000kg·h^{-1}

总和　15000kg·h^{-1}

输出：塔顶蒸气A　4×1000kg·h^{-1}=4000kg·h^{-1}

H_2O　$4\times667kg\cdot h^{-1}=2667kg\cdot h^{-1}$

釜液 H_2O　$7333kg\cdot h^{-1}$

M　$1000kg\cdot h^{-1}$

总和　$15000kg\cdot h^{-1}$

③ 精馏塔 2 和冷凝器 2 的物料衡算

输入：进料A　$1000kg\cdot h^{-1}$

H_2O　$667kg\cdot h^{-1}$

总和　$1667kg\cdot h^{-1}$

输出：塔顶产物A　$1000kg\cdot h^{-1}$

H_2O　$(1000/0.95-1000)kg\cdot h^{-1}=50kg\cdot h^{-1}$

釜液 H_2O　$(667-50)kg\cdot h^{-1}=617kg\cdot h^{-1}$

总和　$1667kg\cdot h^{-1}$

④ 精馏塔 2（不包括冷凝器）的物料衡算

输入：进料 A　$1000kg\cdot h^{-1}$

H_2O　$667kg\cdot h^{-1}$

回流A　$3\times1000kg\cdot h^{-1}=3000kg\cdot h^{-1}$

H_2O　$3\times50kg\cdot h^{-1}=150kg\cdot h^{-1}$

总和　$4817kg\cdot h^{-1}$

输出：塔顶蒸气A　$4\times1000kg\cdot h^{-1}=4000kg\cdot h^{-1}$

H_2O　$4\times50kg\cdot h^{-1}=200kg\cdot h^{-1}$

釜液 H_2O　$(667-50)kg\cdot h^{-1}=617kg\cdot h^{-1}$

总和　$4817kg\cdot h^{-1}$

(2) 能量衡算

① 换热器 3 的热量衡算（见图 5-25）

基准温度：27℃(300K)。

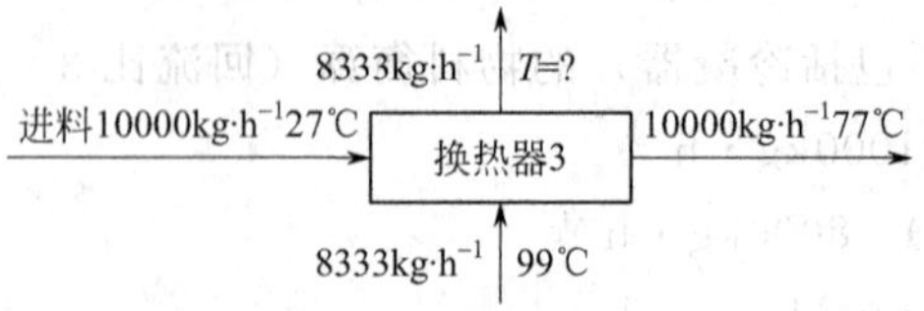

图 5-25　3 号换热器热量衡算

输入：进料$[10000\times4.02\times(27-27)]kJ\cdot h^{-1}=0$

釜液$[(7333+1000)\times4.19\times(99-27)]kJ\cdot h^{-1}=2510000kJ\cdot h^{-1}$

输出：进料$[10000\times4.02\times(77-27)]kJ\cdot h^{-1}=2010000kJ\cdot h^{-1}$

釜液 $(7333+1000)\times4.19\times[(T/K)-300]$ kJ·h^{-1} $=34915[(T/K)-300]$ kJ·h^{-1}

列出衡算式：2510000kJ·h^{-1} =2010000kJ·h^{-1} +34915 $[(T/K)-300]$ kJ·h^{-1}

$$T=314.3\text{，即 }41.3℃$$

② 以换热器 3 与精馏塔 1 为体系作热量衡算

基准温度：80℃。

输入：进料 $[10000\times4.02\times(27-80)]$ kJ·h^{-1} $=-2130600$ kJ·h^{-1}

回流 $[(3000+2000)\times3.56\times(80-80)]$ kJ·h^{-1} $=0$

加热水蒸气 $\Delta H_{水蒸气1}$

输出：釜液 $[8333\times4.19\times(41.3-80)]$ kJ·h^{-1} $=-1351200$ kJ·h^{-1}

塔顶蒸气 $[(4000+2667)\times3.56\times(80-80)+(4000+2667)\times1570.1]$ kJ·h^{-1} $=10500000$ kJ·h^{-1}

列出衡算式：$\Delta H_{水蒸气1}+(-2130600)$ kJ·h^{-1} $=10500000$ kJ·h^{-1} -1351200 kJ·h^{-1}

$$\Delta H_{水蒸气1}=11279400\text{kJ}\cdot\text{h}^{-1}$$

③ 精馏塔 2 的总热量衡算

基准温度：78℃。

输入：进料 $[1667\times3.56\times(80-78)+1667\times1570.1]$ kJ·h^{-1} $=2629226$ kJ·h^{-1} ≈2630000 kJ·h^{-1}

回流 $[3150\times3.01\times(71-78)]$ kJ·h^{-1} $=-66370.5$ kJ·h^{-1} ≈-66400 kJ·h^{-1}

加热水蒸气 $\Delta H_{水蒸气2}$

输出：塔顶蒸气 $[4200\times3.01\times(78-78)+4200\times1511.9]$ kJ·h^{-1} $=6349980$ kJ·h^{-1} ≈6350000 kJ·h^{-1}

釜液 $[617\times4.19\times(99-78)]$ kJ·h^{-1} $=54290$ kJ·h^{-1} ≈54300 kJ·h^{-1}

列出衡算式：$\Delta H_{水蒸气2}+2630000$ kJ·h^{-1} -66400 kJ·h^{-1} $=6350000$ kJ·h^{-1} $+54300$ kJ·h^{-1}

$$\Delta H_{水蒸气2}=3840700\text{kJ}\cdot\text{h}^{-1}$$

④ 对换热器 1 作热量衡算

计算出所需的加热蒸气提供的热量为

$$1667\times1570.1\text{kJ}\cdot\text{h}^{-1}=2617356.7\text{kJ}\cdot\text{h}^{-1}\approx2617000\text{kJ}\cdot\text{h}^{-1}$$

⑤ 加入系统的总热量

$$\Delta H_{水蒸气1}+\Delta H_{水蒸气2}+蒸气加热=[11279400+3840700+2617000]\text{kJ}\cdot\text{h}^{-1}$$

$$=17737100\text{kJ}\cdot\text{h}^{-1}$$

⑥ 冷凝器1的热量衡算

基准温度：80℃。

输入：蒸气[6667×3.56×(80−80)+6667×1570.1]$kJ \cdot h^{-1}$=10468000$kJ \cdot h^{-1}$

冷却水 W×[4.19×(27−80)]=−222W

输出：冷凝液[6667×3.56×(80−80)]$kJ \cdot h^{-1}$=0

冷却水 W×4.19×(50−80) =−125.7W

列出衡算式：−222W+10468000$kJ \cdot h^{-1}$=−125.7W

$$W=108700\ kg \cdot h^{-1}=108.7m^3 \cdot h^{-1}$$

⑦ 冷凝器2的热量衡算

基准温度：78℃。

输入：蒸气[4200×3.01×(78−78)+4200×1511.9]$kJ \cdot h^{-1}$=6349980$kJ \cdot h^{-1}$

冷却水 W×4.19×(27−78)=−213.7W

输出：冷凝液[4200×3.01×(71−78)]$kJ \cdot h^{-1}$=−88500$kJ \cdot h^{-1}$

冷却水 W×4.19×(50−78) =−117.3W

列出衡算式：−213.7W+6349980$kJ \cdot h^{-1}$=−117.3W−88500$kJ \cdot h^{-1}$

$$W=66789kg \cdot h^{-1}=66.79\ m^3 \cdot h^{-1}$$

⑧ 换热器2的热量衡算

基准温度：27℃。

输入：冷凝液[1050×3.01×(71−27)]$kJ \cdot h^{-1}$=139100$kJ \cdot h^{-1}$

冷却水 W×4.19×(27−27)=0

输出：产物[1050×3.01×(38−27)]$kJ \cdot h^{-1}$=34800$kJ \cdot h^{-1}$

冷却水 W×4.19×(50−27)=96W

列出衡算式：139100$kJ \cdot h^{-1}$=96W+34800$kJ \cdot h^{-1}$

$$W=1086kg \cdot h^{-1}\approx 1.09\ m^3 \cdot h^{-1}$$

习　题

1. 甲烷在30℃、1013kPa进入内径为30mm的管子，在管内的平均流速为5$m \cdot s^{-1}$，流出点位于进口管以下200m处，30℃、900kPa。若甲烷可视为理想气体，试计算甲烷ΔE_K和ΔE_P。

2. 有一小型水力发电站，落水高度为75m，落水的流率为$10^5 m^3 \cdot h^{-1}$，如果用户每周耗电量为2.76kJ，计算理论上落水的最大功率，是否能满足用户的需要。

3. 根据饱和水蒸气表，计算50kg水在下列过程中的ΔH(kJ)和ΔU(kJ)。

$$H_2O(l,20℃,1013kPa)\longrightarrow H_2O(g,400℃,1013kPa)$$

4. 一台汽轮机流出0.1MPa的饱和蒸汽1000$kg \cdot h^{-1}$，将其与另一种0.1MPa、400℃过热蒸汽混合成0.1MPa、300℃的过热蒸汽，以用于换热器。假定混合过程是绝热的，试计算

300℃蒸汽的产量及所需400℃蒸汽的体积流量。

5. 要将进燃烧炉前的空气由25℃预热到150℃，空气流量为每小时100kmol。在此过程中空气的比焓变化为3642J·mol^{-1}。如忽略位能和动能的变化，计算所需的热量（kW）。

6. 丙烷用100%过量空气燃烧，进入燃烧反应器前需将进料混合物（丙烷和空气）从30℃预热到300℃，计算为达到此温度，需供给的热量［kJ·(kgC_3H_8)$^{-1}$］。

7. 300℃的饱和水蒸气，在绝热换热器中将CH_4蒸气从65℃加热到260℃，CH_4流率为（标准状况）80L·min^{-1}，水蒸气冷凝后在90℃离换热器，计算水蒸气的流率（g·min^{-1}）。

8. 50kg、294K的液体乙醇和30kg、298K的液体水，在密闭的、绝热良好的容器中混合。忽略蒸发和混合热，计算混合物的最终温度。

9. 将100mol·h^{-1}、25℃、709kPa的液体正己烷恒压汽化并加热至300℃，估算供热速率。忽略压力对焓的影响。

10. 含50%（质量分数）苯和50%甲苯的液体在60℃加入连续单级蒸发器中蒸发，进料中苯的60%汽化，气相中有63.1%（质量分数）是苯，液相和气相产物均在150℃下引出蒸发器，计算过程所需的热量［kg·(kg进料)$^{-1}$］。

11. 正己烷蒸气于140℃、101.3kPa在换热器中冷却到60℃，冷却水在换热器中由20℃加热到50℃，正己烷的流率为1.5m^3·min^{-1}，计算所需的水量（L·min^{-1}）。

12. 正庚烷在催化剂作用下脱氢生成甲苯，其反应式如下：

$$C_7H_{16} \longrightarrow C_6H_5CH_3 + 4H_2$$

反应温度为480℃，甲苯收率为35%。已知：正庚烷25～480℃，比热容C_p=2.34kJ·kg^{-1}·K^{-1}，甲苯25～480℃，比热容C_p=2.59kJ·kg^{-1}·K^{-1}，计算生产1000kg甲苯所需供给的热量。

13. 早期工业生产氯的方法是迪肯法，即：

$$4HCl(g) + O_2(g) \longrightarrow 2Cl_2(g) + 2H_2O(g)$$

此反应在500℃进行，由反应物、产物的生成热数据，计算此温度下的反应热。

14. 在绝热反应器中进行下列反应：

$$CO(g) + H_2O(g) \longrightarrow CO_2(g) + H_2(g)$$

反应物在300℃、0.1MPa下按化学计量比进入反应器，无惰性物质，反应进行完全，试计算该绝热反应器出口物料的温度。

15. 25℃、103.3×10^{3}kPa氨氧化反应的标准摩尔反应热$\Delta H^{\ominus}_{r,m}$=−904.6kJ·mol^{-1}。

$$4NH_3(g) + 5O_2(g) \longrightarrow 4NO(g) + 6H_2O(g)$$

25℃时NH_3 100mol·h^{-1}和O_2 200mol·h^{-1}加入反应器，氨在反应器内完全消耗掉。产物流股于300℃呈气态离开反应器。如操作压力约为103.3×10^{3}kPa，计算应传给反应器或从反应器传出多少热量。

16. 工业上用一氧化碳与水的交换反应生产氢：

$$CO(g) + H_2O(g) \longrightarrow CO_2(g) + H_2(g)$$

某厂用此法设计的生产能力为每天100kgH_2，水蒸气和一氧化碳于150℃进入反应器，反应产物于500℃放出，水蒸气以50%过量加入，反应进行完全。反应器用水夹套包围，水于65.6℃加入夹套。如果保持水的温升小于10℃，计算所需冷却水的流率。

附录

附录一　不同计量单位的换算

1. 质量

kg	t	lb
1	0.001	2.20462
1000	1	2204.62
0.4536	4.536×10^{-4}	1

2. 长度

m	in	ft	yd
1	39.3701	3.2808	1.09361
0.025400	1	0.073333	0.02778
0.30480	12	1	0.33333
0.9144	36	3	1

3. 力

N	kgf	lbf	dyn
1	0.102	0.2248	1×10^{5}
9.80665	1	2.2046	9.80665×10^{5}
4.448	0.4536	1	4.448×10^{5}
1×10^{-5}	1.02×10^{-6}	2.248×10^{-6}	1

4. 压力

Pa	bar	$kgf \cdot cm^{-2}$	atm	mmH_2O	mmHg	$lb \cdot ft^{-2}$
1	1×10^{-5}	1.02×10^{-5}	0.99×10^{-5}	0.102	0.0075	14.5×10^{-5}
1×10^{5}	1	1.02	0.9869	10197	750.1	14.5
98.07×10^{3}	0.9807	1	0.9678	1×10^{4}	735.56	14.2
1.01325×10^{5}	1.013	1.0332	1	1.0332×10^{4}	760	14.697
9.807	9.807×10^{-5}	0.0001	0.9678×10^{-4}	1	0.0736	1.423×10^{-3}
133.32	1.333×10^{-3}	0.136×10^{-2}	0.00132	13.6	1	0.01934
6894.8	0.06895	0.703	0.068	703	51.71	1

5. 流量

$L \cdot s^{-1}$	$m^3 \cdot s^{-1}$	gl（美）$\cdot min^{-1}$	$ft^3 \cdot s^{-1}$
1	0.001	15.850	0.03531
0.2778	2.778×10^{-4}	4.403	9.810×10^{-3}
1000	1	1.5850×10^{-4}	35.31
0.06309	6.309×10^{-5}	1	0.002228
7.866×10^{-3}	7.866×10^{-6}	0.12468	2.778×10^{-4}
28.32	0.02832	448.8	1

6. 功、能和热

J（即 $N \cdot m$）	$kgf \cdot m$	$kW \cdot h$	$bh \cdot h$	kcal	Btu	$ft \cdot lb$
1	0.102	2.778×10^{-7}	3.725×10^{-7}	2.39×10^{-4}	9.485×10^{-4}	0.7377
9.8067	1	2.724×10^{-6}	3.653×10^{-6}	2.342×10^{-3}	9.296×10^{-3}	7.233
3.6×10^{6}	3.671×10^{5}	1	1.3410	860.0	3413	2.655×10^{6}
2.685×10^{6}	2.738×10^{5}	0.7457	1	641.33	2544	1.980×10^{6}
4.1868×10^{3}	426.9	1.1622×10^{-3}	1.5576×10^{-3}	1	3.963	3087
1.055×10^{3}	107.58	2.930×10^{-4}	3.926×10^{-4}	0.2520	1	778.1
1.3558	0.1383	0.3766×10^{-6}	0.5051×10^{-6}	3.239×10^{-4}	1.285×10^{-3}	1

7. 动力黏度（简称黏度）

Pa·s	P	cP	$lb \cdot ft^{-1} \cdot s^{-1}$	$kgf \cdot s \cdot m^{-2}$
1	10	1×10^{3}	0.672	0.102
1×10^{-1}	1	1×10^{2}	0.6720	0.0102
1×10^{-3}	0.01	4	6.720×10^{-4}	0.102×10^{-3}
1.4881	14.881	1488.1	1	0.1519
9.81	98.1	9810	6.59	1

8. 运动黏度

$m^2 \cdot s^{-1}$	$cm^2 \cdot s^{-1}$	$ft^2 \cdot s^{-1}$
1	1×10^{4}	10.76
10^{-4}	1	1.076×10^{-3}
92.9×10^{-3}	929	1

9. 功率

W	$kgf \cdot m \cdot s^{-1}$	$ft \cdot lb \cdot s^{-1}$	hp	$kcal \cdot s^{-1}$	$Btu \cdot s^{-1}$
1	0.10197	0.7376	13.341×10^{-3}	0.2389×10^{-3}	0.9486×10^{-3}
9.8067	1	7.23314	0.01315	0.2342×10^{-2}	0.9293×10^{-2}
1.3558	0.13825	1	0.0018182	0.3238×10^{-3}	0.12851×10^{-2}
745.69	76.0375	550	1	0.17803	0.70675
4186.8	426.85	3087.44	5.6135	1	3.9683
1055	107.58	778.168	1.4148	0.251996	1

10. 比热容（热容）

$kJ \cdot kg^{-1} \cdot K^{-1}$	$kcal \cdot kg^{-1} \cdot ℃^{-1}$	$Btu \cdot lb^{-1} \cdot ℉^{-1}$
1	0.2389	0.2389
4.1868	1	1

11. 热导率

$W \cdot m^{-1} \cdot ℃^{-1}$	$J \cdot cm^{-1} \cdot s^{-1} \cdot ℃^{-1}$	$cal \cdot cm^{-1} \cdot s^{-1} \cdot ℃^{-1}$	$kcal \cdot m^{-1} \cdot h^{-1} \cdot ℃^{-1}$	$Btu \cdot lb^{-1} \cdot °F^{-1}$
1	1×10^{-3}	2.389×10^{-3}	0.8598	0.578
1×10^{2}	1	0.2389	86.0	57.79
418.6	4.186	1	360	241.9
1.163	0.0116	0.2778×10^{-2}	1	0.6720
1.73	0.01730	0.4134×10^{-2}	1.488	1

12. 传热系数

$W \cdot m^{-1} \cdot ℃^{-1}$	$kcal \cdot m^{-1} \cdot h^{-1} \cdot ℃^{-1}$	$cal \cdot cm^{-2} \cdot s^{-1} \cdot ℃^{-1}$	$Btu \cdot lb^{-2} \cdot h^{-1} \cdot ℃^{-1}$
1	0.86	2.389×10^{-5}	0.176
1.163	1	2.778×10^{-5}	0.2048
4.186×10^{4}	3.6×10^{4}	1	7374
5.678	4.882	1.356×10^{-4}	1

13. 表面张力

$N \cdot m^{-1}$	$kgf \cdot m^{-1}$	$dyn \cdot m^{-1}$	$lbf \cdot ft^{-1}$
1	0.102	10^{3}	6.854×10^{-2}
9.81	1	9807	0.6720
10^{-3}	1.02×10^{-4}	1	6.854×10^{-5}
14.59	1.488	1.459×10^{4}	1

附录二　某些气体的重要物理性质

名称	密度(20℃，101.3kPa) $/kg \cdot m^{-3}$	恒压比热容 $/kJ \cdot kg^{-1} \cdot K^{-1}$	沸点(101.3kPa) /℃	汽化潜热 $/kJ \cdot kg^{-1}$	临界点		热导率/ $W \cdot m^{-1} \cdot K^{-1}$
					温度/℃	压力 kPa	
空气	1.293	1.009	−195	197	−140.7	3768.4	0.0244
氧	1.429	0.653	−132.98	213	−118.82	5036.6	0.0240
氮	1.251	0.745	−195.78	199.2	−147.13	3392.5	0.0228
氢	0.0899	10.13	−252.75	454.2	−239.9	1296.6	0.163
氦	0.1786	3.18	−258.95	19.5	−267.96	228.94	0.144
氩	1.7820	0.322	−185.87	163	−122.44	4862.4	0.0173
氯	3.217	0.355	−33.8	305	144.0	7708.9	0.0072
氨	0.771	0.67	−33.4	1373	132.4	11295.0	0.0215
一氧化碳	1.250	0.754	−191.48	211	−140.2	3497.9	0.0226
二氧化碳	1.976	0.653	−78.2	574	31.1	7384.8	0.0137
二氧化硫	2.927	0.502	−10.8	394	157.5	7879.1	0.0077
二氧化氮	—	0.615	21.2	712	158.2	10130	0.0400
硫化氢	1.539	0.804	−60.2	548	100.4	19136	0.0131

续表

名称	密度（20℃，101.3kPa）/kg·m^{-3}	恒压比热容 /kJ·kg^{-1}·K^{-1}	沸点（101.3kPa）/℃	汽化潜热 /kJ·kg^{-1}	临界点		热导率/W·m^{-1}·K^{-1}
					温度/℃	压力 kPa	
甲烷	0.717	1.70	−161.58	511	−82.15	4619.3	0.0300
乙烷	1.357	1.44	−88.50	486	32.1	4948.5	0.0180
丙烷	2.020	1.65	−42.1	427	95.6	4355.0	0.0148
丁烷（正）	2.673	1.73	−0.5	385	152	3798.8	0.0135
戊烷（正）	—	1.57	−36.08	151	197.1	3342.9	0.0128
乙烯	1.261	1.222	+103.7	481	9.7	5135.9	0.0164
丙烯	1.914	1.436	−47.7	440	91.4	4599.0	—
乙炔	1.171	1.352	−83.66（升华）	829	35.7	6240.0	0.0184
氯甲烷	2.308	0.582	−24.1	406	148	6685.8	0.0085
苯	—	1.139	+80.2	394	288.5	4832.0	0.0088

附录三　某些液体的重要物理性质

名　　称	化学式	摩尔质量 /kg·$kmol^{-1}$	密度（20℃）/kg·m^{-3}	沸点（101.3kPa）/℃	汽化热（101.3kPa）/kJ·kg^{-1}
水	H_2O	18.02	998	100	2258
盐水（25%NaCl）	—	—	1185（25°）	107	—
盐水（25%$CaCl_2$）	—	—	1228	107	—
硫酸（98%）	H_2SO_4	98.08	1831	340（分解）	—
硝酸	HNO_3	63.02	1513	86	481.1
盐酸（30%）	HCl	36.47	1149	—	—
二硫化碳	CS_2	76.13	1262	46.3	352
戊烷	C_5H_{12}	72.15	626	36.07	357.4
己烷	C_6H_{14}	86.17	659	68.74	335.1
庚烷	C_7H_{16}	100.20	684	98.43	316.5
辛烷	C_8H_{18}	114.22	703	125.67	306.4
四氯化碳	CCl_4	153.82	1594	76.8	195

续表

名　　称	化学式	摩尔质量/kg·kmol^{-1}	密度（20℃）/kg·m^{-3}	沸点（101.3kPa）/℃	汽化热（101.3kPa）/kJ·kg^{-1}
苯	C_6H_6	78.11	879	80.10	393.9
甲苯	C_7H_8	92.13	867	110.63	363
邻二甲苯	C_8H_{10}	106.16	880	144.42	347
间二甲苯	C_8H_{10}	106.16	864	139.10	343
对二甲苯	C_8H_{10}	106.16	861	138.35	340
氯苯	C_6H_5Cl	112.56	1106	131.8	325

名　　称	比热容（20℃）/kJ·kg^{-1}·K^{-1}	黏度（20℃）/mPa·s	热导率（20℃）/W·m^{-1}·K^{-1}	体积膨胀系数（20℃）$\beta\times10^4$/℃$^{-1}$	表面张力（20℃）$\sigma\times10^3$/N·m^{-1}
水	4.187	1.005	0.599	1.82	72.8
盐水（25%NaCl）	3.39	2.3	0.57（30°）	（4.4）	—
盐水（25%$CaCl_2$）	2.89	2.5	0.57	（3.4）	—
硫酸（98%）	1.47（98%）	23	0.38	（5.7）	—
硝酸	—	1.17（10°）	—	—	—
盐酸（30%）	2.25	2（31.5%）	0.42	—	—
二硫化碳	1.005	0.38	0.16	12.1	32
戊烷	2.24（15.6°）	0.229	0.113	15.9	16.2
己烷	2.31（15.6°）	0.313	0.119	—	18.2
庚烷	2.21（15.6°）	0.411	0.123	—	20.1
辛烷	2.19（15.6°）	0.540	0.131	—	21.8
四氯化碳	0.850	1.0	0.138（30°）	—	26.8
苯	1.704	0.737	0.14（50°）	12.4	28.6
甲苯	1.70	0.675	0.138	10.9	27.9
邻二甲苯	1.74	0.811	0.142	—	30.2
间二甲苯	1.70	0.611	0.167	10.1	29.0
对二甲苯	1.704	0.643	0.129	—	28.0
氯苯	1.298	0.85	0.14（30°）	—	32

附录四　空气的重要物理性质

（p＝101.3kPa）

温度/℃	密度/$kg \cdot m^{-3}$	恒压比热容/$kJ \cdot kg^{-1} \cdot K^{-1}$	热导率/$W \cdot m^{-1} \cdot K^{-1}$	黏度/$\mu Pa \cdot s$	运动黏度/$10^{-3} m^2 \cdot s^{-1}$
−50	1.548	1.013	0.0204	14.6	9.23
−40	1.515	1.013	0.0212	15.2	10.04
−30	1.453	1.013	0.0220	15.7	10.80
−20	1.395	1.009	0.0228	16.2	12.79
−10	1.342	1.009	0.0236	16.7	12.43
0	1.293	1.005	0.0244	17.2	13.28
10	1.247	1.005	0.0251	17.7	14.16
20	1.205	1.005	0.0259	18.1	15.06
30	1.165	1.005	0.0267	18.6	16.00
40	1.128	1.005	0.0276	19.1	16.96
50	1.093	1.005	0.0283	19.6	17.95
60	1.060	1.005	0.0290	20.1	18.97
70	1.029	1.009	0.0297	20.6	20.02
80	1.000	1.009	0.0305	21.1	21.09
90	0.972	1.009	0.0313	21.5	22.10
100	0.946	1.009	0.0321	21.9	23.13
120	0.898	1.009	0.0334	22.9	25.45
140	0.854	1.013	0.0349	23.7	27.80
160	0.815	1.017	0.0364	24.5	30.09
180	0.779	1.022	0.0378	25.3	32.49
200	0.746	1.026	0.0393	26.0	34.85
250	0.674	1.038	0.0429	27.4	40.61
300	0.615	1.048	0.0461	29.7	48.33

续表

温度/℃	密度/kg·m^{-3}	恒压比热容/kJ·kg^{-1}·K^{-1}	热导率/W·m^{-1}·K^{-1}	黏度/μPa·s	运动黏度/$10^{-3}m^2$·s^{-1}
350	0.566	1.059	0.0491	31.4	55.46
400	0.524	1.068	0.0521	33.0	63.09
500	0.456	1.093	0.0576	36.2	79.38
600	0.404	1.114	0.0622	39.1	96.89
700	0.362	1.135	0.0671	41.8	115.4
800	0.329	1.156	0.0718	44.3	134.8
900	0.301	1.173	0.0763	46.7	155.1
1000	0.277	1.185	0.0804	49.0	177.1

附录五 水的重要物理性质

温度/℃	外压/×100kPa	密度/kg·m^{-3}	焓/kJ·kg^{-1}	比热容/kJ·kg^{-1}·K^{-1}	热导率/W·m^{-1}·K^{-1}	黏度/mPa·s	运动黏度 10^{-2}/m^2·s^{-1}	体积膨胀系数 10^{-2}/℃	表面张力/mN·m^{-1}
0	1.013	999.9	0	4.212	0.551	1.789	0.1789	−0.063	75.6
10	1.013	999.7	42.04	4.191	0.575	1.305	0.1306	+0.070	74.1
20	1.013	998.2	83.90	4.183	0.599	1.005	0.1006	0.182	72.7
30	1.013	995	125.8	4.174	0.618	0.801	0.0805	0.321	71.2
40	1.013	992.21	167.5	4.174	0.634	0.653	0.659	0.387	69.6
50	1.013	988.1	209.3	4.174	0.648	0.549	0.0556	0.449	67.7
60	1.013	983.2	251.1	4.178	0.669	0.470	0.0478	0.511	66.2
70	1.013	977.8	293.0	4.187	0.668	0.406	0.0415	0.570	64.3
80	1.013	971.3	334.9	4.195	0.675	0.355	0.0365	0.632	62.6
90	1.013	965.3	377.0	4.208	0.680	0.315	0.0326	0.695	60.7
100	1.013	958.4	419.1	4.220	0.683	0.283	0.0295	0.752	58.8
110	1.433	951.0	461.3	4.223	0.685	0.259	0.0272	0.808	56.9

续表

温度/℃	外压/×100kPa	密度/kg·m⁻³	焓/kJ·kg⁻¹	比热容/kJ·kg⁻¹·K⁻¹	热导率/W·m⁻¹·K⁻¹	黏度/mPa·s	运动黏度 10^{-2} /$m^2 \cdot s^{-1}$	体积膨胀系数 10^{-2} /℃	表面张力/mN·m⁻¹
120	1.986	943.1	503.7	4.250	0.686	0.237	0.0252	0.864	54.8
130	2.702	934.8	546.4	4.266	0.686	0.218	0.0233	0.919	52.8
140	3.624	926.1	589.1	4.287	0.685	0.201	0.0217	0.972	50.7
150	4.761	917.0	632.2	4.312	0.684	0.186	0.0203	1.03	48.5
160	6.181	907.4	675.3	4.346	0.683	0.173	0.0191	1.07	46.6
170	7.924	897.3	719.3	4.385	0.679	0.163	0.0181	1.13	45.3
180	10.03	886.9	763.3	4.417	0.675	0.153	0.0173	1.19	42.3
190	12.55	876.0	807.6	4.459	0.670	0.144	0.0165	1.26	40.0
200	15.54	863.0	852.4	4.505	0.663	0.136	0.0158	1.33	37.7
210	19.07	852.8	897.6	4.555	0.655	0.139	0.0153	1.41	35.4
220	23.20	840.3	943.7	4.614	0.645	0.124	0.0148	1.48	33.1
230	27.98	827.3	900.2	4.681	0.637	0.120	0.0145	1.59	31.0
240	33.47	813.6	1038	4.756	0.628	0.115	0.0141	1.68	28.5
250	39.77	799.0	1086	4.844	0.618	0.110	0.0137	1.81	26.2
260	46.93	784.0	1135	4.949	0.604	0.106	0.0135	1.97	23.8
270	55.03	767.9	1185	5.070	0.590	0.102	0.0133	2.16	21.5
280	64.15	750.7	1237	5.229	0.575	0.098	0.0131	2.37	19.1
290	74.42	732.3	1290	5.485	0.558	0.094	0.0129	2.62	16.9
300	85.81	712.6	1345	5.736	0.540	0.091	0.0128	2.92	14.4
310	98.76	691.1	1402	6.071	0.523	0.088	0.0128	3.29	12.1
320	113.0	667.1	1462	6.573	0.506	0.085	0.0128	3.82	9.81
330	128.7	640.2	1526	7.24	0.484	0.081	0.0127	4.33	7.57
340	146.1	610.1	1595	8.16	0.457	0.077	0.0127	5.34	5.67
350	165.3	674.4	1671	9.50	0.43	0.073	0.0126	6.68	3.81

附录六　水的黏度（0～100℃）

温度/℃	黏度/mPa·s	温度/℃	黏度/mPa·s	温度/℃	黏度/mPa·s	温度/℃	黏度/mPa·s
0	1.7921	25	0.8937	51	0.5404	77	0.3702
1	1.7313	26	0.8737	52	0.5315	78	0.3655
2	1.6728	27	0.8545	53	0.5229	79	0.3610
3	1.6191	28	0.8360	54	0.5146	80	0.3565
4	1.5674	29	0.8180	55	0.5064	81	0.3521
5	1.5188	30	0.8007	56	0.4985	82	0.3478
6	1.4728	31	0.7840	57	0.4907	83	0.3436
7	1.4284	32	0.7679	58	0.4832	84	0.3395
8	1.3860	33	0.7523	59	0.4759	85	0.3355
9	1.3462	34	0.7371	60	0.4688	86	0.3315
10	1.3077	35	0.7225	61	0.4618	87	0.3276
11	1.2713	36	0.7085	62	0.4550	88	0.3239
12	1.2363	37	0.6947	63	0.4483	89	0.3202
13	1.2028	38	0.6814	64	0.4418	90	0.3165
14	1.1709	39	0.6685	65	0.4355	91	0.3130
15	1.1404	40	0.6560	66	0.4293	92	0.3095
16	1.1111	41	0.6439	67	0.4233	93	0.3060
17	1.0828	42	0.6321	68	0.4174	94	0.3027
18	1.0559	43	0.6207	69	0.4117	95	0.2994
19	1.0299	44	0.6097	70	0.4061	96	0.2962
20	1.0050	45	0.5988	71	0.4006	97	0.2930
20.2	1.0000	46	0.5883	72	0.3952	98	0.2899
21	0.9810	47	0.5782	73	0.3900	99	0.2868
22	0.9579	48	0.5683	74	0.3849	100	0.2838
23	0.9359	49	0.5588	75	0.3799		
24	0.9142	50	0.5494	76	0.3750		

附录七　液体在常压下黏度共线图及密度

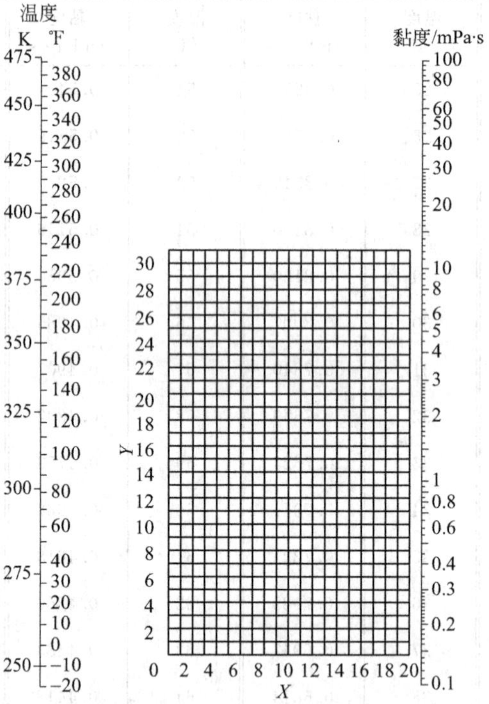

液体黏度共线图的坐标值及液体的密度列于下表：

序号	液体	X	Y	密度（293K）/kg·m⁻³	序号	液体	X	Y	密度（293K）/kg·m⁻³
1	醋酸 100%	12.1	14.2	1049	13	甲酚（间位）	2.5	20.8	1034
2	70%	9.5	17.0	1069	14	二溴乙烷	12.7	15.8	2495
3	丙酮 100%	14.5	7.2	792	15	二氯乙烷	13.2	12.2	1258
4	氨 100%	12.6	2.0	817（194K）	16	二氯甲烷	14.6	8.9	1336
5	26%	10.1	13.9	904	17	乙酸乙酯	13.7	9.1	901
6	苯	12.5	10.9	880	18	乙醇 100%	10.5	13.8	789
7	氯化钠盐水 25%	10.2	16.6	1186（298K）	19	95%	9.8	14.3	804
8	溴	14.2	13.2	3119	20	40%	6.5	16.6	935
9	丁醇	8.6	17.2	810	21	乙苯	13.2	11.5	867
10	二氧化碳	11.6	0.3	1101（236K）	22	氯乙烷	14.8	6.0	917（279K）
11	二硫化碳	16.1	7.5	1263	23	乙醚	14.6	5.3	708（298K）
12	四氯化碳	12.7	13.1	1595	24	乙二醇	6.0	23.6	1113

续表

序号	液体	X	Y	密度（293K）/kg·m^{-3}	序号	液体	X	Y	密度（293K）/kg·m^{-3}
25	甲酸	10.7	15.8	220	37	酚	6.9	20-8	1071（298K）
26	氟里昂-11（CCl_3F）	14.4	9.0	1494（290K）	38	钠	16.4	13.9	970
27	氟里昂-21（$CHCl_2F$）	15.7	7.5	1426（273K）	39	氢氧化钠 50%	3.2	26.8	1525
28	甘油 100%	2.0	30.0	1261	40	二氧化硫	15.2	7.1	1434（273K）
29	盐酸 31.5%	13.0	16.6	1157	41	硫酸 110%	7.2	27.4	1980
30	异丙醇	8.2	16.0	789		98%	7.0	24.8	1836
31	煤油	10.2	16.9	780～820		60%	10.2	21.3	1498
32	水银	18.4	16.4	13546	42	甲苯	13.7	10.4	866
33	萘	7.8	18.1	1145	43	醋酸乙烯	14.0	8.8	932
34	硝酸 95%	12.8	13.8	1493	44	水	10.2	13.0	998.2
35	80%	10.8	17.0	1367	45	二甲苯（对位）	13.9	10.9	861
36	硝基苯	10.5	16.2	1205（288K）					

附录八 气体在常压下黏度共线图

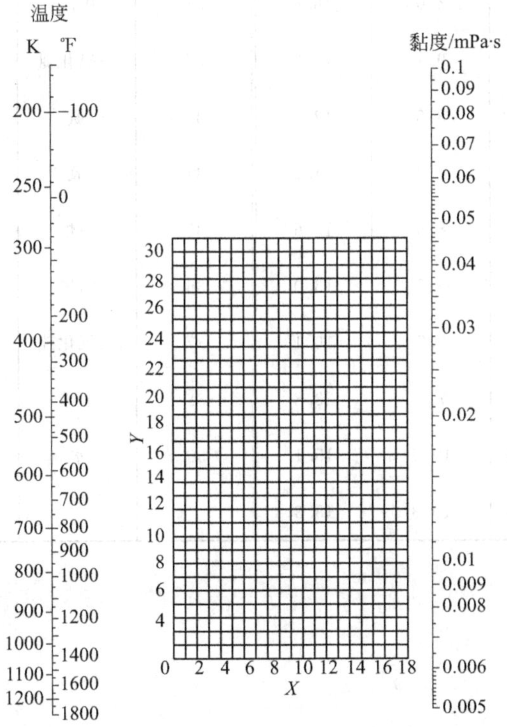

气体黏度共线图的坐标值列于下表：

序号	气体	X	Y	序号	气体	X	Y
1	醋酸	7.7	14.3	21	氦	10.9	20.5
2	丙酮	8.9	13.0	22	己烷	8.6	11.8
3	乙炔	9.8	14.9	23	氢	11.2	12.4
4	空气	11.0	20.0	24	$3H_2+N_2$	11.2	17.2
5	氨	8.4	16.0	25	溴化氢	8.8	20.9
6	苯	8.5	13.2	26	氯化氢	8.8	18.7
7	溴	8.9	19.2	27	硫化氢	8.0	18.0
8	丁烯	9.2	13.7	28	碘	9.0	18.4
9	二氧化碳	9.5	18.7	29	水银	5.3	22.9
10	一氧化碳	11.0	20.0	30	甲烷	9.9	15.5
11	氯	9.0	18.4	31	甲醇	8.5	15.6
12	乙烷	9.1	14.5	32	一氧化氮	10.9	20.5
13	乙酸乙酯	8.5	13.2	33	氮	10.6	20.0
14	乙醇	9.2	14.2	34	氧	11.0	21.3
15	氯乙烷	8.5	15.6	35	丙烷	9.7	12.9
16	乙醚	8.9	13.0	36	丙烯	9.0	13.8
17	乙烯	9.5	16.1	37	二氧化硫	9.6	17.0
18	氟	7.3	23.8	38	甲苯	8.6	12.4
19	氟里昂-11	10.6	15.1	39	水	8.0	16.0
20	氟里昂-21	10.8	15.3				

附录九　气体的比热容共线圈（p=101.3kPa）

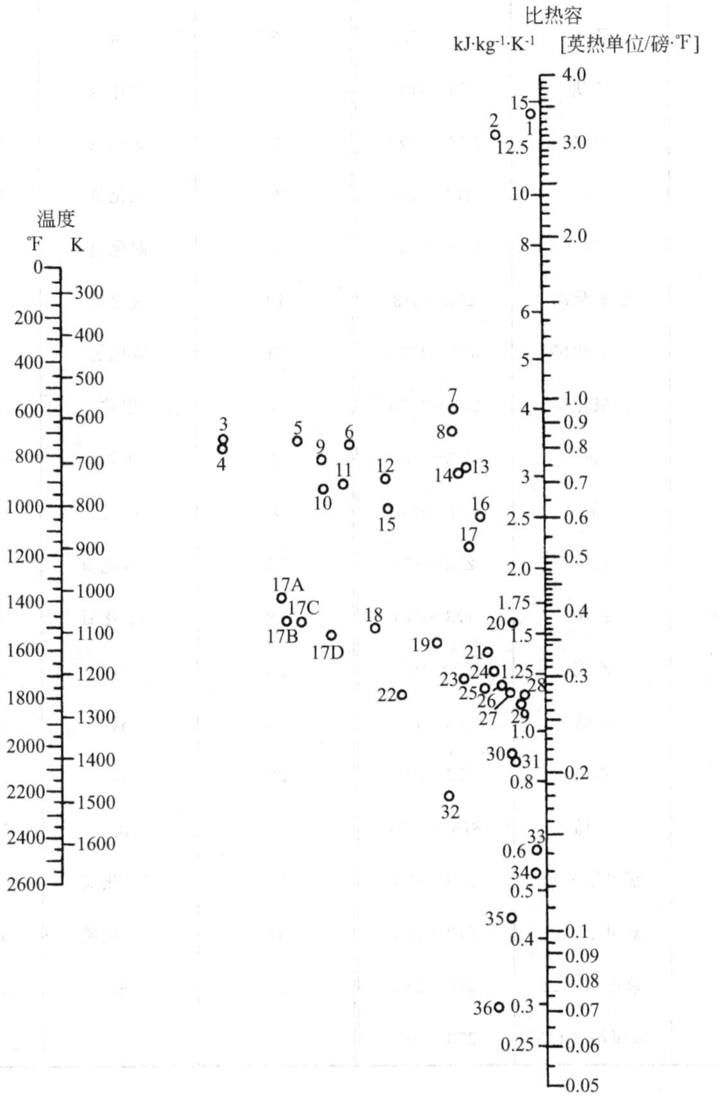

气体比热容共线图的坐标值列于下表：

序号	气体	温度范围/K	序号	气体	温度范围/K
10	乙炔	273～473	1	氢	273～873
15	乙炔	473～673	2	氢	873～1673
16	乙炔	673～1673	35	溴化氢	273～1673
27	空气	273～1673	30	氯化氢	273～1673
12	氨	273～873	20	氟化氢	273～1673
14	氨	873～1673	36	碘化氢	273～1673
18	二氧化碳	273～673	19	硫化氢	273～973
24	二氧化碳	673～1673	21	硫化氢	973～1673
26	一氧化碳	273～1673	5	甲烷	273～573
32	氯	273～473	6	甲烷	573～973
34	氯	473～1673	7	甲烷	273～1673
3	乙烷	273～473	25	一氧化氮	273～973
9	乙烷	473～873	28	一氧化氮	973～1673
8	乙烷	873～1673	26	氮	273～1673
4	乙烯	273～473	23	氧	273～773
11	乙烯	473～873	29	氧	773～1673
18	乙烯	873～1673	33	硫	573～1673
17B	氟里昂－11	273～423	22	二氧化硫	273～673
17C	氟里昂－21	273～423	31	二氧化硫	673～1673
17A	氟里昂－22	273～423	17	水	273～1673
17D	氟里昂－113	273～423			

附录十　液体的比热容共线图

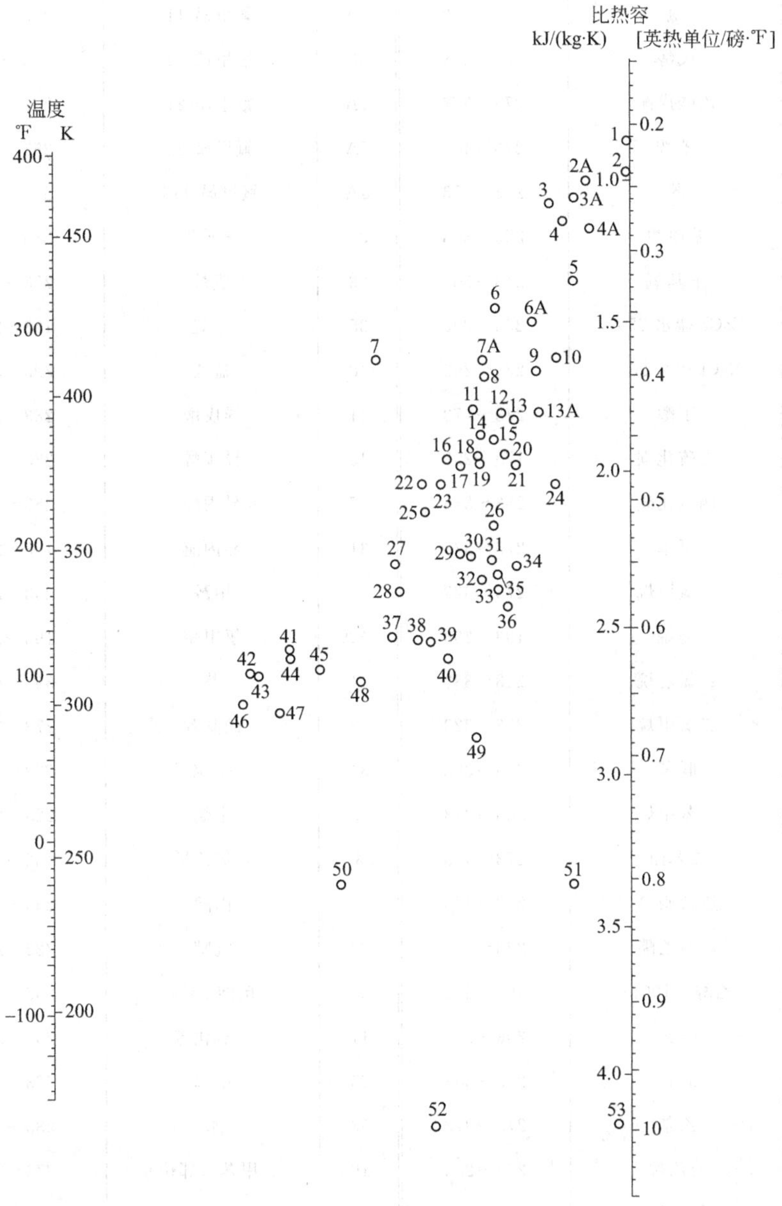

液体比热容共线图坐标值列于下表：

序号	液体	温度范围/K	序号	液体	温度范围/K
29	醋酸 100%	273～353	7	碘乙烷	273～373
32	丙酮	293～323	39	乙二醇	233～473
52	氨	203～323	2A	氟里昂-11	253～343
37	戊醇	223～298	6	氟里昂-12	233～288
26	乙酸戊酮	273～373	4A	氟里昂-21	253～343
30	苯胺	273～403	7A	氟里昂-22	253～333
23	苯	283～353	3A	氟里昂-113	253～343
27	苯甲醇	253～303	38	三元醇	233～293
10	卞基氧	243～303	28	庚烷	273～333
49	$CaCl_2$盐水 25%	233～293	35	己烷	193～293
51	NaCl 盐水 25%	233～293	48	盐酸	293～373
44	丁醇	273～373	41	异戊醇	283～373
2	二硫化碳	173～298	43	异丁醇	273～373
3	四氯化碳	283～333	47	异丙醇	253～323
8	氯苯	273～373	31	异丙醚	193～293
4	三氯甲烷	273～323	40	甲醇	233～293
21	癸烷	193～298	13A	氯甲烷	193～293
6A	二氯乙烷	243～333	14	萘	363～473
5	二氯甲烷	233～323	12	硝基苯	273～373
15	联苯	353～398	34	壬烷	223～398
22	二苯甲烷	303～373	33	辛烷	223～298
16	二苯醚	273～473	3	过氯乙烯	432～413
16	道舍姆 A	273～473	45	丙醇	253～373
24	乙酸乙酯	223～298	20	吡啶	222～298
42	乙醇 100%	303～353	9	硫酸 98%	253～318
46	95%	293～353	11	二氧化硫	253～373
50	50%	293～353	23	甲苯	273～333
25	乙苯	273～373	53	水	283～473
1	溴乙烷	278～298	19	二甲苯（邻位）	273～373
13	氯乙烷	243～313	18	二甲苯（间位）	273～373
36	乙醚	173～298	17	二甲苯（对位）	273～373

附录十一　液体汽化潜热共线图

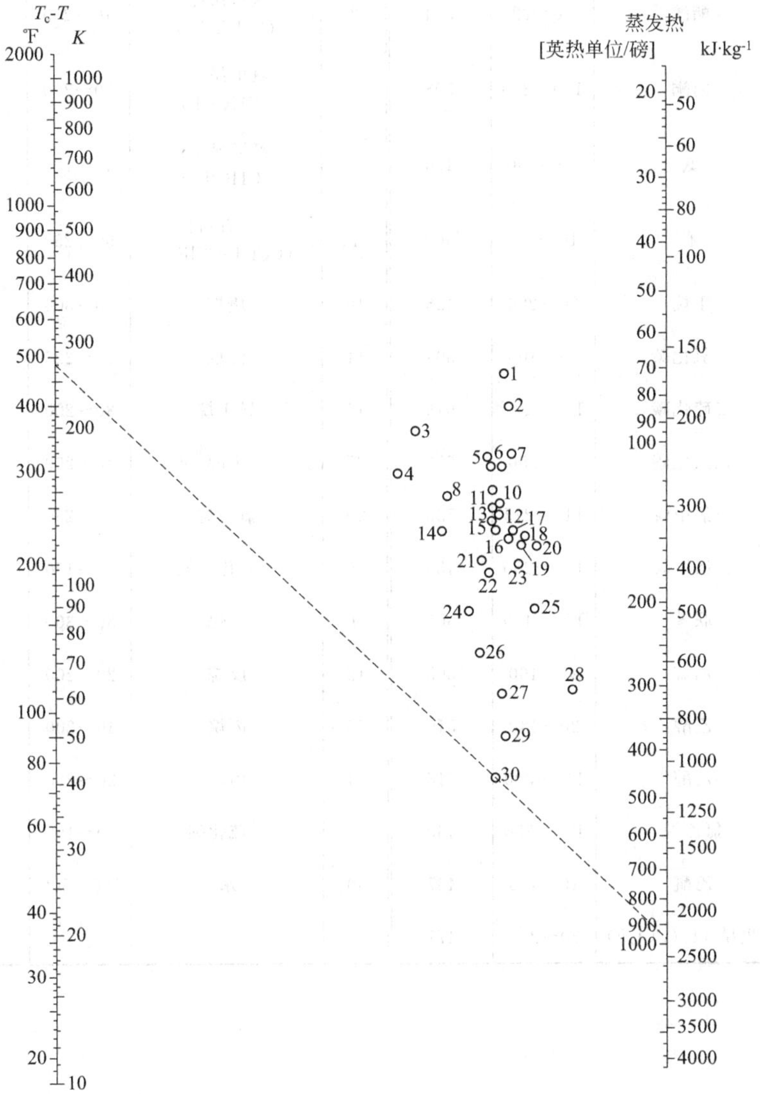

汽化潜热共线图坐标值列于下表：

序号	化合物	(T_c-T)/K	临界温度 T_c/K	序号	化合物	(T_c-T)/K	临界温度 T_c/K
18	醋酸	100～225	594	2	氟里昂-12 ($CHCl_2F_2$)	40～200	384
22	丙酮	120～210	508	5	氟里昂-21 ($CHCl_2F$)	70～250	451
29	氨	50～200	406	6	氟里昂-22 ($CHClF_2$)	50～170	369
13	苯	10～400	562	1	氟里昂-113 (CCl_2F-$CClF_2$)	90～250	487
16	丁烷	80～200	426	10	庚烷	20～300	540
21	二氧化碳	10～100	304	11	己烷	50～225	608
4	二硫化碳	140～275	646	15	异丁烷	80～200	407
2	四氯化碳	90～250	656	27	甲醇	40～250	513
7	三氯甲烷	140～275	536	20	氯甲烷	70～250	416
8	二氯甲烷	150～250	489	19	一氧化二氮	25～150	209
3	联苯	175～400	800	9	辛烷	30～300	569
25	乙烷	25～160	305	12	戊烷	20～200	470
26	乙醇	20～140	516	23	丙烷	40～200	369
28	乙醇	140～300	516	24	丙醇	20～200	537
17	氯乙烷	100～250	460	14	二硫化碳	90～160	430
13	乙醚	10～400	467	30	水	100～500	647
2	氟里昂-11 (CCl_3F)	70～250	471				

附录十二 某些气体的热导率

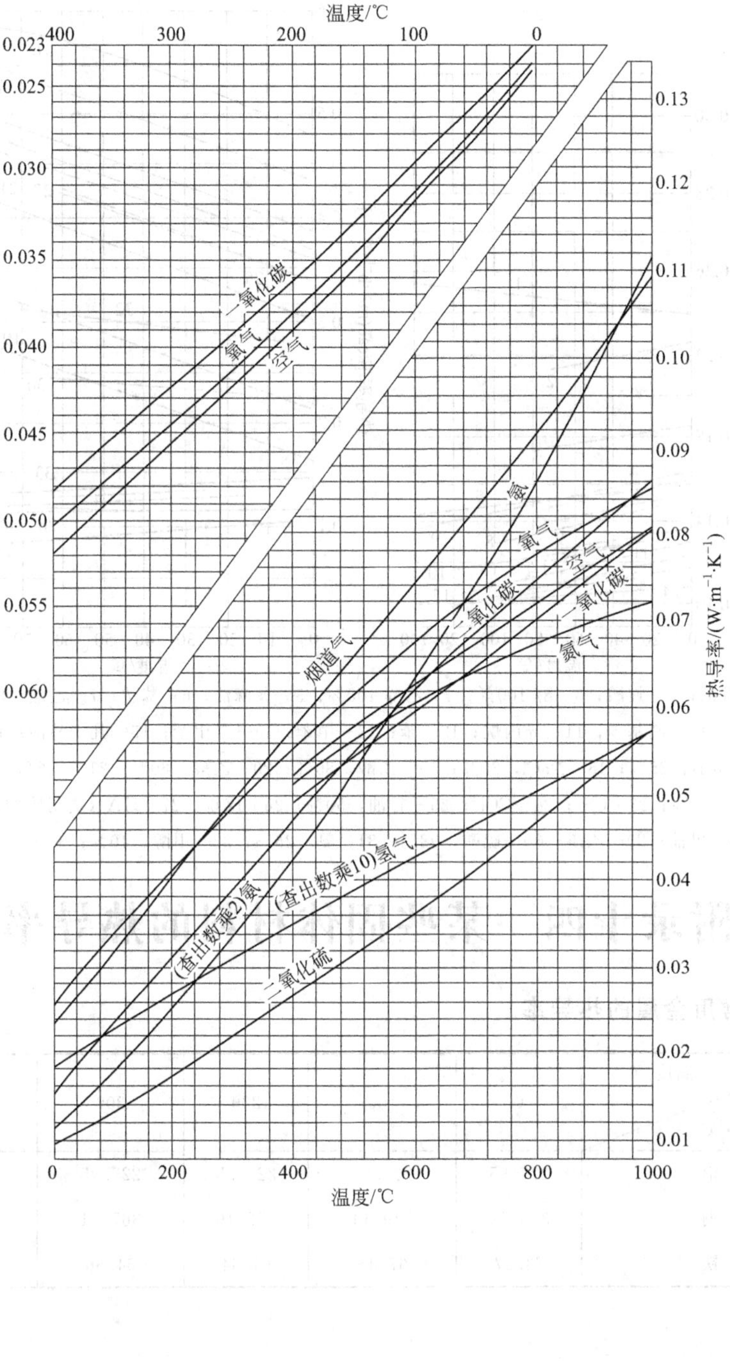

附录十三　某些液体的热导率

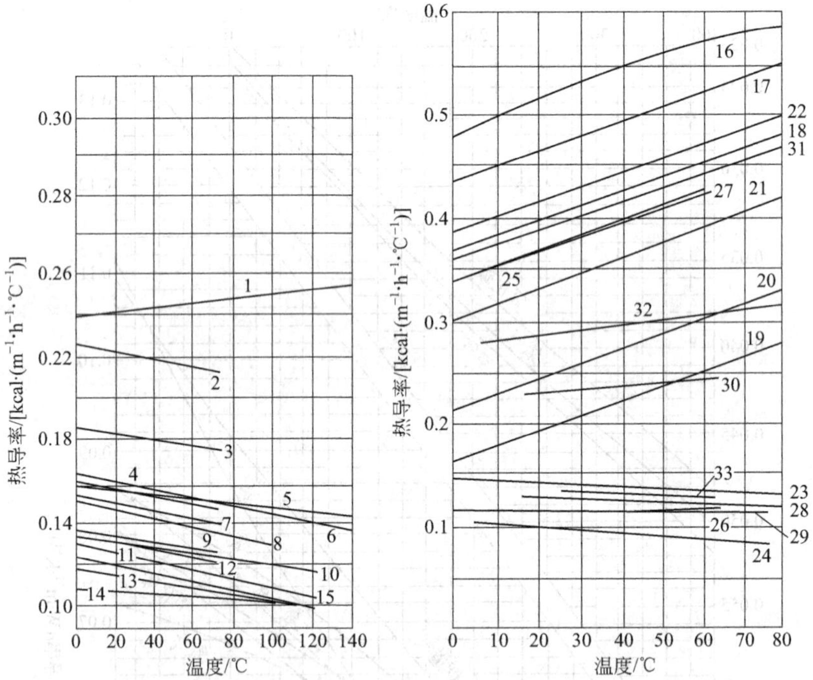

1—无水甘油；2—蚁酸；3—醇 100%；4—乙醇 100%；5—蓖麻油；6—苯胺；7—乙酸；8—丙酮；9—丁醇；10—硝基苯；11—异丙烷；12—苯；13—甲苯；14—二甲苯；15—凡士林油；16—水；17—$CaCl_2$，25%；18—NaCl，25%；19—乙醇，80%；20—乙醇，60%；21—乙醇，40%；22—乙醇，20%；23—CS_2；24—CCl_4；25—甘油，50%；26—戊烷；27—HA（透明质酸），30%；28—煤油；29—乙醚；30—硫酸，98%；31—氨，26%；32—甲醇，40%；33—辛烷

附录十四　某些固体材料的热导率

1. 常用金属的热导率

热导率/W·m^{-1}·℃$^{-1}$ \ 温度/℃	0	100	200	300	400
铝	227.95	227.95	227.95	227.95	227.95
铜	383.79	379.14	372.16	367.61	362.86
铁	73.27	67.45	61.64	54.66	48.85

续表

热导率 /W·m⁻¹·℃⁻¹ \ 温度/℃	0	100	200	300	400
铅	35.12	33.38	31.40	29.77	—
镁	172.12	167.47	162.82	158.17	—
镍	93.04	82.57	73.27	63.97	59.31
银	414.03	409.38	373.32	361.69	359.37
锌	112.81	109.90	105.83	101.18	93.04
碳钢	52.34	48.85	44.19	41.87	34.89
不锈钢	16.28	17.45	17.45	18.49	—

2. 常用非金属材料的热导率

材料	温度/℃	热导率 /W·m⁻¹·℃⁻¹	材料	温度/℃	热导率 /W·m⁻¹·℃⁻¹
软木	30	0.04303		−80	0.003485
玻璃棉	—	0.03489～0.06978	泡沫塑料	—	0.04662
保温灰	—	0.06979	木材（横向）	—	0.1396～0.1745
锯屑	20	0.04652～0.05815	（纵向）	—	0.3833
棉花	100	0.06978	耐火砖	230	0.8723
厚纸	20	0.1396～0.3489		1200	1.6398
玻璃	30	1.0932	混凝土	—	1.2793
	−20	0.7560	绒毛毡	—	0.04652
搪瓷	—	0.8728～1.163	85%氧化镁粉	0～100	0.06978
云母	50	0.4303	聚氯乙烯	—	0.1163～0.1745
泥土	20	0.6978～0.9304	酚醛加玻璃纤维	—	0.2593
冰	0	2.326	聚酯加玻璃纤维	—	0.2594
软橡胶,	—	0.1291～0.1593	聚苯乙烯泡沫	25	0.04187
硬橡胶	0	0.1500		−150	0.001745
聚四氟乙烯	—	0.2419	聚乙烯	—	0.3291
泡沫玻璃	−15	0.004885	石墨	—	139.56

附录十五　无机盐水溶液在101.3kPa下的沸点

溶质	沸点/℃									
	101	102	103	104	105	107	110	115	120	125
	溶液的质量分数/%									
$CaCl_2$	5.66	10.31	14.16	17.36	20.00	24.24	29.33	35.68	40.83	45.80
KOH	4.49	8.51	11.97	14.82	17.01	20.88	25.65	31.97	36.51	40.23
KCl	8.42	14.31	18.96	23.02	26.57	32.62	—	—	—	—
K_2CO_3	10.31	18.37	24.24	28.57	32.24	37.69	43.97	50.86	56.04	60.40
KNO_3	13.19	23.66	32.23	39.20	45.10	54.65	65.34	79.53		
$MgCl_2$	4.67	8.42	11.66	14.31	16.59	20.32	24.41	29.48	33.07	36.02
$MgSO_4$	14.31	22.78	28.31	32.23	35.32	42.86	—	—	—	—
NaOH	4.12	7.40	10.15	12.51	14.53	18.32	23.08	26.21	23.77	37.58
NaCl	6.19	11.03	14.67	17.69	20.32	26.09	—	—	—	—
$NaNO_3$	8.26	15.61	21.87	27.53	32.43	40.47	49.87	60.94	68.94	
Na_2SO_4	15.26	24.81	30.73	—	—	—	—	—	—	—
Na_2CO_3	9.42	17.22	23.72	29.18	33.86	—	—	—	—	—
$CuSO_4$	26.95	39.98	40.83	41.47	—	—	—	—	—	—
$ZnSO_4$	20.00	81.22	37.89	42.92	46.15	—	—	—	—	—
NH_4NO_3	9.09	16.66	23.08	29.08	34.21	42.53	51.92	63.24	71.26	77.11
NH_4Cl	6.10	11.35	15.96	19.80	22.89	28.37	35.98	46.95		
$(NH_4)_2SO_4$	13.34	23.14	30.66	36.71	41.79	49.73	—	—	—	—

溶质	沸点/℃								
	140	160	180	200	220	240	260	280	340
	溶液的质量分数/%								
$CaCl_2$	57.89	68.94	75.86	—	—	—	—	—	—
KOH	48.05	54.89	60.41	64.91	68.73	72.46	75.76	78.95	81.63
KCl	—	—	—	—	—	—	—	—	—
K_2CO_3	—	—	—	—	—	—	—	—	—

续表

溶质	沸点/℃								
	140	160	180	200	220	240	260	280	340
	溶液的质量分数/%								
KNO_3	—	—	—	—	—	—	—	—	—
$MgCl_2$	38.61	—	—	—	—	—	—	—	—
$MgSO_4$	—	—	—	—	—	—	—	—	—
NaOH	48.32	60.13	69.97	77.53	84.03	88.89	93.02	95.92	98.47
NaCl	—	—	—	—	—	—	—	—	—
$NaNO_3$	—	—	—	—	—	—	—	—	—
Na_2SO_4	—	—	—	—	—	—	—	—	—
Na_2CO_3	—	—	—	—	—	—	—	—	—
$CuSO_4$	—	—	—	—	—	—	—	—	—
$ZnSO_4$	—	—	—	—	—	—	—	—	—
NH_4NO_3	87.09	93.20	96.o0	97.61	98.84	—	—	—	—
NH_4Cl	—	—	—	—	—	—	—	—	—
$(NH_4)_2SO_4$	—	—	—	—	—	—	—	—	—

附录十六　常压下气体的平均摩尔热容

[$J \cdot mol^{-1} \cdot K^{-1}$ ($T_{参考}=298K$)]

温度/K	H_2	N_2	CO	空气	O_2	HCl	Cl_2
298	28.84	29.13	29.18	29.18	29.39	29.17	33.99
400	29.01	29.23	29.32	29.32	29.75	19.19	34.57
500	29.15	29.35	29.45	29.45	30.18	29.24	35.15
600	29.15	29.53	29.67	29.69	30.65	29.32	35.58
700	29.24	29.76	29.98	30.02	31.14	29.43	35.86
800	29.31	30.31	30.27	30.34	31.59	29.60	36.10
900	29.36	30.34	30.61	30.64	32.00	29.78	36.30
1000	29.46	30.64	30.93	30.94	32.37	30.00	36.45
1100	29.57	30.93	31.24	31.27	32.70	30.25	36.59
1200	29.69	31.22	31.56	31.56	33.02	30.49	39.74

续表

温度/K	H_2	N_2	CO	空气	O_2	HCl	Cl_2
1300	29.89	31.50	31.84	31.93	33.32	30.75	36.85
1400	30.07	31.77	32.09	32.13	33.60	31.00	36.94
1500	30.23	32.04	32.34	32.38	33.84		
1600	30.39	32.25	32.58	32.61	34.05		
1700	30.56	32.46	32.79	32.79	34.23		
1800	30.75	32.76	33.00	33.01	34.40		
1900	30.97	32.86	33.20	33.24	34.66		
2000	31.12	33.03	33.37	33.41	34.83		
2100	31.32	33.20	33.52	33.56	34.98		
2200	31.48	33.35	33.66	33.70	35.12		

温度/K	H_2O	CO_2	SO_2	SO_3	CH_4	C_2H_4	C_2H_6	NH_3
298	33.57	37.17	40.14	50.69	35.79	43.74	52.87	35.50
400	33.94	39.23	41.68	54.77	38.31	48.85	59.31	37.21
500	34.40	40.07	43.32	58.42	41.03	53.71	65.56	38.76
600	34.93	42.72	44.81	61.03	43.84	58.29	71.56	40.19
700	35.35	44.15	46.11	64.40	46.69	62.46	77.26	41.55
800	35.90	45.43	47.25	66.80	49.46	66.26	83.30	42.89
900	36.49	46.54	48.17	68.85	52.23	69.73	87.39	44.23
1000	37.08	47.56	49.01	70.27	54.66	72.91	91.93	45.56
1100	37.68	48.50	49.75	72.72	57.06	75.91	96.21	46.86
1200	38.29	49.35	50.43	73.72	59.34	78.66	100.15	48.16
1300	38.89	50.10	51.01	75.11	61.49	81.15	103.00	49.44
1400	39.45	39.45	51.53	76.36	63.47	83.51	107.17	50.71
1500	40.01	40.01						
1600	40.56	40.56						
1700	41.03							
1800	41.47							
1900	41.84							
2000	42.53							
2100	42.98							
2200	43.41							

附录十七 气体恒压摩尔热容

$$C_{p,m}=a+(b\times10^{-2})T+(c\times10^{-5})T^2+(d\times10^{-9})T^3 \ (\mathrm{J\cdot mol^{-1}\cdot K^{-1}})$$

物质名称	分子式	a	b	c	d	温度范围/℃
乙醛	CH_3CHO	17.531	13.238	−2.156	−15.899	0～1200
丙酮	CH_3COCH_3	6.799	27.870	−15.636	34.756	0～1200
乙炔	$CH\equiv CH$	21.799	9.209	−6.523	18.196	0～1200
苯	C_6H_6	−36.1916	48.442	−31.547	77.571	0～1200
1,3-丁二烯	C_4H_4	−5.397	34.936	−23.355	59.580	0～1200
正丁烷	C_4H_{10}	3.954	37.125	−18.326	34.978	0～1200
1-丁烯	C_4H_8	−1.004	36.192	−21.380	50.501	0～1200
二氧化碳	CO_2	22.242	5.979	−3.498	7.464	0～1500
二硫化铁	CS_2	30.920	6.230	−4.586	11.548	0～1200
一氧化碳	CO	28.142	0.167	0.536	−2.222	0～1500
四氯化碳	CCl_4	51.212	14.226	−12.531	36.936	0～1200
氯苯	C_6H_5Cl	−25.522	47.907	−31.715	77.571	
氯仿	$CHCl_3$	31.840	14.481	−11.163	30.727	0～1200
环己烷	C_6H_{12}	−66.693	68.844	−38.505	80.626	0～1200
环戊烷	C_5H_{10}	−54.225	54.756	−31.158	68.659	0～1200
乙烷	C_2H_6	6.895	17.255	−6.402	7.280	0～1200
乙醇	C_2H_5OH	19.874	20.945	−10.372	20.041	0～1200
乙苯	$C_6H_5C_2H_5$	−35.137	66.672	−41.853	100.207	0～1200
乙烯	$CH_2=CH_2$	3.950	15.627	−8.339	17.656	0～1200
二氯乙烷	CH_2ClCH_2Cl	23.686	17.970	−12.644	33.016	0～1200
甲醛	$HCHO$	22.790	4.075	0.711	−8.694	0～1200
正己烷	C_6H_{14}	6.933	55.187	−28.635	57.656	0～1200
氢	H_2	29.087	−0.192	0.402	−0.879	0～1200
异丁烷	C_4H_{10}	−7.908	1.589	−22.991	49.873	0～1200
异戊烷	C_5H_{12}	−9.510	52.007	−29.694	66.358	0～1200
异丙醇	C_3H_7OH	3.322	35.564	−20.987	48.367	0～1200
甲烷	CH_4	19.874	5.021	1.268	−9.98	0～1200

续表

物质名称	分子式	*a*	*b*	*c*	*d*	温度范围/℃
甲醇	CH_3OH	19.037	9.146	−1.218	−8.033	0～1200
甲胺	CH_3NH_2	12.535	15.104	−6.883	12.343	0～1200
氯甲烷	CH_3Cl	12.761	10.862	−5.205	9.623	0～1200
萘	$C_{10}H_8$	13.180	45.773	14.560	0.0	0～1200
正辛烷	C_8H_{18}	188.698	0.0	0.0	0.0	0～1200
正戊烷	C_5H_{12}	6.770	45.396	−22.447	42.258	0～1200
光气	$COCl_2$	43.304	6.904	−3.548	0.0	0～1200
丙烷	C_3H_8	−4.042	30.462	−15.771	31.715	0～1200
丙烯	C_3H_6	3.151	23.870	−12.175	24.602	0～1200
正丙醇	C_3H_7OH	−5.468	38.660	−24.267	59.162	0～1200
甲苯	$C_6H_5CH_3$	−34.368	55.898	−39.434	80.333	0～1200
水	H_2O	32.217	0.192	1.054	−3.594	0～1200

附录十八　部分酸、碱溶液的标准摩尔生成热、摩尔溶解热及微分溶解热(25℃)

分子式	说　明	状态	$\frac{-\Delta H_f^\ominus}{kJ \cdot mol^{-1}}$	$\frac{-\Delta H_s}{kJ \cdot mol^{-1}}$	$\frac{-\Delta H_d}{kJ \cdot mol^{-1}}$
HCl		g	92.312		
	在 $1H_2O$ 中	aq	118.536	26.225	26.225
	$2H_2O$	aq	141.130	48.818	22.593
	$3H_2O$	aq	149.163	56.852	8.033
	$4H_2O$	aq	153.515	61.203	4.351
	$5H_2O$	aq	156.360	64.048	2.845
	$10H_2O$	aq	161.799	69.587	5.439
	$20H_2O$	aq	164.088	71.776	2.288
	$30H_2O$	aq	164.903	72.592	0.815
	$40H_2O$	aq	165.334	73.002	0.410
	$50H_2O$	aq	165.590	73.257	0.255

续表

分子式	说　明	状态	$\frac{-\Delta H_f^\ominus}{kJ \cdot mol^{-1}}$	$\frac{-\Delta H_s}{kJ \cdot mol^{-1}}$	$\frac{-\Delta H_d}{kJ \cdot mol^{-1}}$
HCl	$100H_2O$	aq	166.159	73.847	0.589
	$200H_2O$	aq	166.514	74.203	0.355
	$300H_2O$	aq	166.678	74.366	0.163
	$400H_2O$	aq	166.770	74.458	0.092
	$500H_2O$	aq	166.832	74.521	0.062
	$700H_2O$	aq	166.920	74.609	0.087
	$1000H_2O$	aq	166.995	74.684	0.075
	$2000H_2O$	aq	167.134	74.822	0.138
	$3000H_2O$	aq	167.192	74.881	0.058
	$4000H_2O$	aq	167.223	74.914	0.451
	$5000H_2O$	aq	167.242	74.931	0.016
	$7000H_2O$	aq	167.284	74.973	0.041
	$10000H_2O$	aq	167.305	74.993	0.020
	$20000H_2O$	aq	167.351	75.040	0.046
	$50000H_2O$	aq	167.389	75.077	0.037
	$100000H_2O$	aq	167.410	75.098	0.020
	∞H_2O		167.456	75.144	0.046
NaOH	结晶		426.726		
	在 $3H_2O$ 中	aq	455.612	28.869	28.869
	$4H_2O$	aq	461.156	34.434	5.564
	$5H_2O$	aq	464.483	37.739	3.305
	$10H_2O$	aq	469.227	42.509	4.769
	$20H_2O$	aq	469.591	42.844	0.334
	$30H_2O$	aq	469.457	42.718	0.125
	$40H_2O$	aq	469.340	42.593	0.125
	$50H_2O$	aq	469.252	42.509	0.083
	$100H_2O$	aq	469.059	42.342	0.167
	$200H_2O$	aq	469.026	42.258	0.083

续表

分子式	说　明	状态	$\frac{-\Delta H_f^\ominus}{kJ \cdot mol^{-1}}$	$\frac{-\Delta H_s}{kJ \cdot mol^{-1}}$	$\frac{-\Delta H_d}{kJ \cdot mol^{-1}}$
NaOH	$300H_2O$	aq	469.047	42.300	0.041
	$500H_2O$	aq	469.097	42.383	0.083
	$1000H_2O$	aq	469.189	42.467	0.083
	$2000H_2O$	aq	469.285	42.551	0.083
	$5000H_2O$	aq	469.383	42.676	0.125
	$10000H_2O$	aq	469.448	42.718	0.041
	$50000H_2O$	aq	469.528	42.802	0.083
	∞H_2O	aq	469.595	42.886	0.083
H_2SO_4		liq	811.319		
	在 $0.5H_2O$ 中	aq	827.051	15.730	15.731
	$1.0H_2O$	aq	839.394	28.074	12.343
	$1.5H_2O$	aq	848.222	36.902	8.823
	$2H_2O$	aq	853.243	41.923	5.023
	$3H_2O$	aq	860.314	48.994	7.071
	$4H_2O$	aq	865.376	54.057	5.063
	$5H_2O$	aq	839.351	58.032	3.975
	$10H_2O$	aq	878.347	67.027	8.995
	$25H_2O$	aq	833.618	72.299	5.272
	$50H_2O$	aq	884.664	73.345	1.046
	$100H_2O$	aq	835.292	73.973	0.623
	$500H_2O$	aq	888.054	76.734	2.760
	$1000H_2O$	aq	889.894	78.575	1.841
	$5000H_2O$	aq	895.752	84.433	5.858
	$10000H_2O$	aq	898.388	87.039	2.633
	$100000H_2O$	aq	904.957	93.637	6.566
	$500000H_2O$	aq	906.630	95.311	1.674
	∞H_2O	aq	907.509	93.190	0.879

附录十九　化合物的标准摩尔生成热和标准摩尔燃烧热(25℃)

物　质	分子式	状态	$\frac{-\Delta H_f^\ominus}{kJ \cdot mol^{-1}}$	$\frac{-\Delta H_c^\ominus}{kJ \cdot mol^{-1}}$
乙酸	CH_3COOH	l	409.19	871.69
		g		919.73
乙醛	CH_3CHO	g	166.4	1192.36
丙酮	C_3H_6O	aq	410.03	
		g	216.69	1821.36
乙炔	C_2H_2	g	−226.75	1299.61
氨	NH_3	l	67.2	
		g	49.191	382.58
碳酸铵	$(NH_4)_2CO_3$	s		
		aq	941.86	
氯化铵	NH_4Cl	s	315.4	
氨水	$NH_3 \cdot H_2O$	aq	366.5	
硝酸铵	NH_4NO_3	s	366.1	
		aq	339.4	
硫酸铵	$(NH_4)_2SO_4$	s	1179.3	
		aq	1173.1	
苯甲醛	C_6H_5CHO	l	88.83	
		g	40.0	
苯	C_6H_6	l	−48.66	3267.6
		g	−82.927	3301.5
溴	Br_2	l	0	
		g	−30.7	
环戊烷	C_5H_{10}	l	105.8	3290.9
		g	77.23	3319.5
乙烷	C_2H_6	g	84.667	1559.9
乙醇	C_2H_5OH	l	277.63	1366.91

续表

物　　质	分子式	状态	$\frac{-\Delta H_f^\ominus}{kJ\cdot mol^{-1}}$	$\frac{-\Delta H_c^\ominus}{kJ\cdot mol^{-1}}$
		g	235.31	1409.25
乙烯	C_2H_4	g	−52.283	1410.99
氯乙烯	C_2H_3Cl	g	−31.38	1271.5
正辛烷	C_8H_{18}	l	250.5	5470.12
		g	210.9	5509.78
氯化铁	$FeCl_3$	s	403.34	
氧化铁	Fe_2O_3	s	822.156	
氯化亚铁	$FeCl_2$	s	342.67	303.76
氧化亚铁	FeO	s	267	
硫化亚铁	FeS	s	95.06	
甲醛	$HCHO$	g	115.89	563.46
氢	H_2	g	0	285.84
溴化氢	HBr	g	36.23	
氯化氢	HCl	g	92.312	
氰化氢	HCN	g	−130.54	
硫化氢	H_2S	g	20.15	562.589
二硫化亚铁	FeS_2	s	177.9	
氯化镁	$MgCl_2$	s	641.83	
氢氧化镁	$Mg(OH)_2$	s	924.66	
氧化镁	MgO	s	601.83	
甲烷	CH_4	g	74.85	
甲醇	CH_3OH	l	238.64	890.4
		g	201.25	726.55
氯甲烷	CH_3Cl	g	81.923	766.63
乙苯	$C_6H_5C_2H_5$	l	12.46	4564.87
		g	−29.79	4607.17
氯乙烷	C_2H_5Cl	g	105	5470.12
3-乙基己烷	C_8H_{18}	l	250.5	5509.78
		g	210.9	4816.91

续表

物　质	分子式	状态	$\frac{-\Delta H_f^\ominus}{kJ\cdot mol^{-1}}$	$\frac{-\Delta H_c^\ominus}{kJ\cdot mol^{-1}}$
正庚烷	C_7H_{16}	l	224.4	4853.48
		g	187.8	4163.1
正己烷	C_6H_{14}	l	198.8	4194.753
		g	167.2	2855.6
正丁烷	C_4H_{10}	l	147.6	2878.52
		g	124.73	2849.0
异丁烷	C_4H_8	l	158.5	2868.6
		g	134.5	2718.58
1-丁烯	C_4H_8	g	−1.172	
碳化钙	CaC_2	s	62.7	
碳酸钙	$CaCO_3$	s	1206.9	
氯化钙	$CaCl_2$	s	794.9	
氢氧化钙	$Ca(OH)_2$	s	986.59	
氧化钙	CaO	s	635.6	
磷酸钙	$Ca_3(PO_4)_2$	s	4137.6	
硅酸钙	$CaSiO_3$	s	1584	
硫酸钙	$CaSO_4$	s	1432.7	
		aq	1450.5	
硫酸钙石膏	$CaSO_4\cdot 2H_2O$	s	2021.1	
碳(石墨)	C	s	0	393.51
二氧化碳	CO_2	g	393.70	
		l	412.92	
二硫化碳	CS_2	l	−87.86	1075.2
		g	−115.3	1102.6
一氧化碳	CO	g	110.60	282.99
四氯化碳	CCl_4	l	139.5	352.2
		g	106.69	384.9
氯乙烷	C_2H_5Cl	g	105.0	1021.1
硫酸铜	$CuSO_4$	s	769.86	

续表

物　质	分子式	状态	$\frac{-\Delta H_f^\ominus}{kJ \cdot mol^{-1}}$	$\frac{-\Delta H_c^\ominus}{kJ \cdot mol^{-1}}$
		aq	843.12	
环己烷	C_6H_{12}	l	156.2	3919.9
		g	123.1	3953.0
正戊烷	C_5H_{12}	l	173.0	3509.5
		g	146.4	3536.15
正丙醇	C_3H_7OH	g	255	2068.6
正丙苯	$C_6H_5CH_2CH_2CH_3$	l	38040	5218.2
		g	−7.824	5264.5
硝酸钠	$NaNO_3$	s	466.68	
间二甲苯	$C_6H_4(CH_3)_2$	l	25.42	4551.86
		g	−17.24	4594.53
邻二甲苯	$C_6H_4(CH_3)_2$	l	24.44	4552.86
		g	−19.00	4596.29
对二甲苯	$C_6H_4(CH_3)_2$	l	24.43	4552.86
		g	−17.95	4595.25
硝酸	HNO_3	l	173.23	
		aq	206.57	
一氧化氮	NO	g	−90.374	
二氧化氮	NO_2	g	−33.85	
氧化亚氮	N_2O	g	−81.55	
磷酸	H_3PO_4	s	1231	
		aq($1H_2O$)	1273	
五氧化二磷	P_2O_5	s	1506	
丙烷	C_3H_8	l	119.84	2204.0
		g	103.84	2220.0
丙烯	C_3H_6	g	−20.41	2058.47
二氧化硅	SiO_2	s	851.0	
碳酸氢钠	$NaHCO_3$	s	945.6	
硫酸氢钠	$NaHSO_4$	s	1126	

续表

物　质	分子式	状态	$\frac{-\Delta H_f^\ominus}{kJ \cdot mol^{-1}}$	$\frac{-\Delta H_c^\ominus}{kJ \cdot mol^{-1}}$
碳酸钠	Na_2CO_3	s	1130	
氯化钠	NaCl	s	411.0	
硫酸钠	Na_2SO_4	s	1384.5	
硫化钠	Na_2S	s	373	
二氧化硫	SO_2	g	296.90	
氯化硫	S_2Cl_2	l	60.3	
三氧化硫	SO_3	g	395.18	
硫酸	H_2SO_4	l	811.19	
		aq	907.51	
甲苯	$C_6H_5CH_3$	l	−11.99	3909.9
		g	−50.000	3947.9
水	H_2O	l	285.84	
		g	242.20	
硫酸锌	$ZnSO_4$	s	978.55	
		aq	1059.93	

附录二十　饱和水蒸气表(一)(以温度为准)

温度 /℃	压强(绝对压) /kPa	蒸汽的密度 /kg·m^{-3}	液体的焓 /kJ·kg^{-1}	蒸汽的焓 /kJ·kg^{-1}	蒸发热 /kJ·kg^{-1}
0	0.6080	0.00484	0	2491.3	2491.3
5	0.8728	0.00680	20.94	2500.9	2480.0
10	1.226	0.00940	41.87	2510.5	2468.6
15	1.706	0.01283	62.81	2520.6	2457.8
20	2.334	0.01719	83.74	2530.1	2446.3
25	3.168	0.02304	104.68	2538.06	2433.9
30	4.246	0.03036	125.60	2549.5	2412.6
35	5.619	0.03960	146.55	2559.1	2410.1
40	7.375	0.05114	167.47	2563.7	2389.5

续表

温度/℃	压强(绝对压)/kPa	蒸汽的密度/kg·m^{-3}	液体的焓/kJ·kg^{-1}	蒸汽的焓/kJ·kg^{-1}	蒸发热/kJ·kg^{-1}
45	9.581	0.06543	183.42	2577.9	2378.1
50	12.34	0.0830	209.34	2587.6	2366.5
55	15.74	0.1043	230.29	2596.8	2355.1
60	19.92	0.1301	251.21	2606.3	2343.4
65	25.01	0.1611	272.16	2615.6	2331.2
70	31.16	0.1979	293.08	2624.4	2315.7
75	38.54	0.2416	314.03	2629.7	2307.3
80	47.37	0.2929	334.94	2624.4	2295.3
85	57.86	0.3531	355.90	2651.2	2283.1
90	70.12	0.4229	376.81	2660.0	2271.0
95	84.54	0.5039	397.77	2668.8	2285.4
100	101.3	0.5970	418.68	2677.2	2258.4
105	120.8	0.7036	439.64	2685.1	2245.5
110	143.3	0.8454	460.97	2693.5	2232.4
115	169.1	0.9635	481.51	2702.5	2221.0
120	198.6	1.1199	503.67	2703.9	2205.2
125	232.1	1.293	526.38	2716.5	2193.1
130	270.2	1.494	546.38	2723.9	2177.6
135	313.0	1.715	565.25	2731.2	2166.0
140	361.4	1.962	589.08	2737.8	2148.7
145	415.6	2.238	607.12	2744.6	2137.5
150	476.6	2.543	932.21	2750.7	2118.5
160	618.1	3.252	675.75	2762.9	2087.1
170	792.4	4.113	719.29	2773.3	2054.0
180	1003	5.145	763.25	2782.6	2019.3
190	1255	6.378	807.63	2790.1	1982.5
200	1554	7.840	852.01	2795.5	1943.5
210	1917	9.567	897.23	2799.3	1902.1
220	2320	11.600	942.45	2801.0	1858.5
230	2798	13.98	988.50	2800.1	1811.6

续表

温度 /℃	压强(绝对压) /kPa	蒸汽的密度 /kg·m^{-3}	液体的焓 /kJ·kg^{-1}	蒸汽的焓 /kJ·kg^{-1}	蒸发热 /kJ·kg^{-1}
240	3347	16.76	1034.56	2796.8	1762.2
250	3977	20.01	1081.45	2790.1	1708.6
260	4693	23.82	1128.76	2780.9	1652.1
270	5503	28.27	1176.91	2760.3	1591.4
280	6220	33.47	1225.48	2752.0	1526.5
290	7442	39.60	1274.46	2732.3	1457.8
300	8591	46.93	1325.54	2708.0	1382.5
310	9876	55.59	1378.71	2680.0	1301.3
320	11298	65.95	1436.07	2648.2	1212.1
330	12877	78.53	1446.78	2610.5	1113.7
340	14612	93.98	1562.93	2568.06	1005.7
350	16535	113.2	1632.20	2516.7	880.5
360	18663	139.6	1729.15	2442.6	713.4
370	21036	171.0	1888.25	2301.9	411.1

附录二十一　饱和水蒸气表(二)
(以压强为准)

压强(绝对压) /kPa	温度 /℃	蒸汽的密度 /kg·m^{-3}	液体的焓 /kJ·kg^{-1}	蒸汽的焓 /kJ·kg^{-1}	蒸发热 /kJ·kg^{-1}
1	6.3	0.00773	26.48	2503.1	2746.8
1.5	12.5	0.01133	52.26	2515.3	2463.0
2	17.0	0.01486	71.21	2524.2	2452.9
2.5	20.9	0.01836	87.45	2531.8	2444.3
3	23.5	0.02179	98.38	2536.8	2438.4
3.5	26.1	0.02523	109.30	2541.8	2432.5
4	28.7	0.02867	120.23	2546.8	2426.6
4.5	30.8	0.03205	129.00	2550.9	2421.9

续表

压强(绝对压)/kPa	温度/℃	蒸汽的密度/kg·m⁻³	液体的焓/kJ·kg⁻¹	蒸汽的焓/kJ·kg⁻¹	蒸发热/kJ·kg⁻¹
5	32.4	0.03537	135.69	2554.0	2418.3
6	35.6	0.04200	149.06	2560.1	2411.0
7	38.8	0.04864	162.44	2566.3	2403.8
8	41.3	0.05514	172.73	2571.0	2398.2
9	43.3	0.06156	181.16	2574.8	2393.6
10	45.3	0.06798	189.59	2578.5	2388.9
15	53.5	0.09956	224.03	2594.0	2370.0
20	60.1	0.13068	251.51	2606.4	2354.9
30	66.5	0.19393	188.77	2622.4	2333.7
40	78.0	0.24975	315.93	2634.1	2312.2
50	81.2	0.30799	339.80	2644.3	2304.5
60	85.6	0.36514	358.21	2652.1	2293.9
70	89.9	0.42229	376.61	2659.8	2283.2
80	93.2	0.474807	390.08	2665.3	2275.3
90	96.4	0.53384	403.49	2670.8	2267.4
100	99.5	0.58961	416.90	2676.3	2259.5
120	104.5	0.69868	137.51	2684.3	2246.8
140	109.2	0.80758	457.67	2692.1	2234.4
160	113.01	0.82981	473.88	2698.1	2224.2
180	116.6	1.0209	489.32	2703.7	2214.3
200	120	1.1273	493.91	2709.2	2204.6
250		1.3904	534.39	2719.7	2185.4
300		1.6501	560.38	2728.5	2168.0
350		1.9074	583.76	2736.1	2152.3
400	143.4	2.1618	603.61	2742.1	2138.5
450	147.7	2.4152	622.42	2747.8	2125.4
500	151.7	2.6673	639.59	2752.8	2113.2
600	158.7	3.1686	670.22	2761.4	2091.1
700	164.7	3.6657	696.27	2767.8	2071.5

续表

压强(绝对压)/kPa	温度/℃	蒸汽的密度/kg·m^{-3}	液体的焓/kJ·kg^{-1}	蒸汽的焓/kJ·kg^{-1}	蒸发热/kJ·kg^{-1}
800	170.4	4.1614	720.96	2773.7	2052.7
900	175.1	4.6525	741.82	2778.1	2036.2
1000	179.9	5.1432	762.68	2782.5	2019.7
1100	180.2	5.6339	780.34	2785.5	2005.1
1200	187.8	6.1241	797.92	2788.5	1990.6
1300	191.5	6.6141	814.25	2790.9	1976.7
1400	194.8	7.1033	829.06	2792.4	1963.7
1500	193.2	7.5935	843.86	2794.5	1950.7
1600	201.3	8.0814	857.77	2796.0	1938.2
1700	204.1	8.5674	870.59	2797.1	1926.5
1800	206.9	9.0533	883.39	2798.1	1914.8
1900	209.8	9.5392	896.21	2799.2	1903.0
2000	212.2	10.0388	907.32	2799.7	1892.4
3000	233.7	15.0075	1005.4	2798.9	1793.5
4000	250.3	20.0969	1082.9	2789.8	1706.8
5000	263.8	25.3663	1146.9	2776.2	1629.2
6000	275.4	30.8494	1203.2	2759.5	1556.3
7000	285.7	36.5744	1253.2	2740.8	1487.6
8000	294.8	42.5768	1299.2	2720.5	1403.7
9000	303.2	48.8945	1343.4	2699.1	1355.7
10000	310.9	55.5407	1384.0	2677.1	1293.1
12000	324.5	70.3075	1463.4	2631.2	1167.7
14000	336.5	87.3020	1567.9	2583.2	1043.4
16000	347.2	107.8010	1615.8	2531.1	915.4
18000	356.9	134.4813	1619.8	2466.0	766.1
20000	365.6	176.5961	1817.8	2364.2	544.9

参 考 文 献

[1] 时钧，汪家鼎，余国琮，陈敏恒. 化学工程手册. 第 2 版. 北京：化学工业出版社，1996.
[2] R. H. Perry. 化学工程手册. 上卷. 第 6 版. 北京：化学工业出版社，1992.
[3] 卢焕章. 石油化工基础数据手册. 北京：化学工业出版社，1982.
[4] 李有法. 数值计算方法. 第 2 版. 北京：高等教育出版社，2005.
[5] 葛婉华，陈鸣德. 化工计算. 北京：化学工业出版社，2004.
[6] 倪进方. 化工设计. 上海：华工理工大学出版社，1994.
[7] 廖传华，顾国亮，袁连山. 工业化学过程与计算. 北京：化学工业出版社，2005.
[8] 理查德·M·费尔德，罗纳德·W·鲁索著. 化工计算基本原理. 陈鸣德等译. 江苏：江苏科学技术出版社，1987.
[9] 王福安，蒋登高. 化工数据引导. 北京：化学工业出版社，1995.
[10] 郁浩然，鲍浪. 化工计算. 北京：中国石化出版社，1990.
[11] 吴指南. 基本有机化工工艺学. 第 2 版. 北京：化学工业出版社，1995.
[12] 廖巧丽，米镇涛. 化学工艺学. 北京：化学工业出版社，2001.
[13] 曾繁芯. 化学工艺学概论. 第 2 版. 北京：化学工业出版社，2005.
[14] 朱宝轩，霍琪. 化工工艺基础. 第 2 版. 北京：化学工业出版社，2008.
[15] 刘光启，马连湘. 化工工艺算图手册. 北京：化学工业出版社，2002.
[16] 胡伟光. 无机化学. 第 3 版. 北京：化学工业出版社，2012.
[17] 薛雪，吕利霞，汪武. 化工单元操作与设备. 北京：化学工业出版社，2009.
[18] 李文原. 化工计算. 第 2 版. 北京：化学工业出版社，2011.
[19] 徐建良. 现代化工计算. 北京化学工业出版社，2009.